普通高等教育土建学科专业"十五"规划教材
高等学校给水排水工程专业指导委员会规划推荐教材

城市水工程建设监理

王季震　主编
金兆丰　主审

中国建筑工业出版社

图书在版编目（CIP）数据

城市水工程建设监理/王季震主编. —北京：中国建筑工业出版社，2004

普通高等教育土建学科专业"十五"规划教材
高等学校给水排水工程专业指导委员会规划推荐教材
ISBN 978-7-112-06153-2

Ⅰ．城… Ⅱ．王… Ⅲ．①市政工程：给水工程-监督管理-高等学校-教材②市政工程：排水工程-监督管理-高等学校-教材 Ⅳ．TU991

中国版本图书馆 CIP 数据核字（2004）第 045892 号

普通高等教育土建学科专业"十五"规划教材
高等学校给水排水工程专业指导委员会规划推荐教材
城市水工程建设监理

王季震　主编
金兆丰　主审

*

中国建筑工业出版社出版、发行（北京西郊百万庄）
各地新华书店、建筑书店经销
化学工业出版社印刷厂印刷

*

开本：787×960 毫米　1/16　印张：17　字数：350 千字
2004 年 8 月第一版　2011 年 11 月第五次印刷
定价：**30.00** 元
ISBN 978-7-112-06153-2
（21646）

版权所有　翻印必究
如有印装质量问题，可寄本社退换
（邮政编码 100037）

本书根据我国建设工程监理的最新资料，结合给水排水工程学科专业改革的进展情况，系统地分析了城市水工程建设监理的基本理论和方法，特别注重密切联系我国城市污水处理厂等城市水工程建设监理的实际，深入分析实际工作的难点，具有较强的可操作性。

全书共十二章，内容包括：绪论、监理工程师、工程监理企业、城市水工程建设监理合同、城市水工程建设监理目标控制、城市水工程建设监理程序和组织、城市水工程建设监理规划、城市水工程设计阶段监理、城市水工程施工招标阶段监理、城市水工程施工阶段监理、城市水工程建设监理实例和涉外城市水工程建设监理简介。另外，书后附录了《中华人民共和国建筑法》对工程监理的规定、《工程监理企业资质管理规定》、《建设工程监理范围和规模标准规定》和《建设工程监理规范》四个文件，以便于读者随时查阅。

本书为普通高等教育土建学科专业"十五"规划教材，也可供建设工程监理企业、工程建设单位、设计单位、施工单位、建设行政主管部门、计划部门、金融机构的管理和技术人员参阅。

＊　＊　＊

责任编辑：刘爱灵
责任设计：孙　梅
责任校对：刘玉英

前　言

本书是普通高等教育土建学科专业"十五"规划教材,是根据全国高校给水排水工程学科专业指导委员会的本科生教材改革方案,在原高等教育给水排水工程专业系列教材《给水排水工程建设监理》一书的基础上编写的。

原《给水排水工程建设监理》一书自2000年在全国众多设有给水排水工程专业的院校使用以来,对培养学生了解建设工程监理基本知识和基本理论、初步具有从事给水排水工程建设监理工作能力起到了重要作用。近几年,由于国家对城市供水和城市污水处理投资力度的加大,城市供水和污水处理工程增多,建设工程监理工作量增大,许多建筑单位、施工单位和监理企业急需一批在校学习过工程监理知识、并能较快适应监理现场工作需要的毕业生,因此,开设给水排水工程建设监理课对提高毕业生就业率也将起到重要作用。

根据国发［2000］36号文件"国务院关于加强城市供水、节水和水污染防治工作的通知",要求"十五"期间,"所有设市城市都要制定改善水质的计划"、"所有设市城市都必须建设污水处理设施"。因此,社会对从事给水排水工程建设监理的人才需求会越来越大,与此同时,在高等学校给水排水专业开设给水排水工程建设监理课也越来越重要。

随着全国高校给水排水工程学科专业指导委员会对给水排水工程专业的改革不断深入,全国高校给水排水工程学科专业指导委员会会同全国50多所院校,通过召开各种专门会议,开展了大量的改革研究和探索工作,其中包括承担国家"九五"科技改革项目"水工业的学科体系建设研究"和世界银行贷款21世纪高等教育教学改革项目"给水排水专业工程设计类课程改革的实践"等。大量研究成果说明,由于我国水资源匮乏,特别是随着经济的发展、城市化进程的加快,导致水污染加剧和城市水资源短缺日趋严重,给水排水工程专业已经不能适应新形势下的城市建设和发展的需要,因此,全国高校给水排水工程学科专业指导委员会提出拟将给水排水专业拓展为包括水的采集、处理、加工（商品）、使用,回收再利用全过程和能够支持实现水资源可持续利用的城市水工程专业,并且出版了作为城市水工程专业方向导则的高校给水排水工程学科专业指导委员会规划教材"城市水工程概论"。本教材就是在上述背景条件下命名和编写的。

与原《给水排水工程建设监理》教材相比,新版《城市水工程建设监理》有以下的特点:

1. 我国从1988年开始建设工程监理试点以来,至今已有17年的历史,近几年,特别是2001年加入WTO后,我国工程建设领域法制建设不断加强,工程监理实践经验不断丰富，新法规、新规范相继出台，因此，原《给水排水工程建设监理》教材中很多内容已经不能适应新形势的要求，需要改进、增补和完善。本教材根据最新发布的《建设工程监理规范》(GB50319—2000)、《建设工程质量管理条例》(2000年1月30日中华人民共和国国务院令第279号发布)、《工程监理企业资质管理规定》(2001年8月29日中华人民共和国建设部第102号发布)和《建设工程监理范围和规模标准规定》(2001年1月17日中华人民共和国建设部第86号发布)等文件精神，对原教材中相关内容进行了全面和细致的改写，使本教材中的材料最新，更能适应当前建设工程监理的实际需要。

2. 为了突出教材的实用性，新教材增加了第11章"城市水工程建设监理实例"，具体说明对某城市污水处理厂建设进行监理的过程和操作方法，因此更加有利于提高学生对城市水工程建设监理的理解和实际操作能力。

3. 参阅最新国家标准和规范，如《建筑工程施工质量验收统一标准》(2001年7月20日发布)、《城市污水处理厂工程质量验收规范》(2003年1月10日发布)和《建筑给水排水及采暖工程施工质量验收规范》(2002年3月15日发布)等，对原教材中施工监理的质量验收内容进行了详细修改，使之更准确和更规范，便于在监理工作中直接使用。

本教材共12章，第1~7章叙述了建设工程监理的基本理论，第8~10章针对城市水工程建设特点分别论述了设计阶段、施工招标阶段和施工阶段的监理工作内容，第11章为城市水工程建设监理实例，第12章简要介绍涉外城市水工程建设监理知识。

本书由华北水利水电学院王季震教授主编，由同济大学金兆丰教授主审，参加编写人员及具体分工是：第1、2、3、10章由王季震编写；第4、5章由杨开云和蒋蒙宾合写；第6、7章由杨开云和胡静秋合写；第8、9章由蒋蒙宾与陈伟胜合写；第11、12章由胡静秋和陈伟胜合写。另外，王季震、蒋蒙宾和胡静秋完成了附录的整编工作，研究生张美一、葛雷完成了书稿文字校对和计算机录入工作。

本书参考了大量书籍、文件和文献，并使用了"参考文献"中许多经典素材和文字材料，本书编者向这些文献的作者表示诚挚的感谢。

限于编者水平，书中不足之处在所难免，恳请读者批评指正。

目　　录

第1章　绪论 …………………………………………………………………… 1
　　1.1　建设工程监理制度概述 …………………………………………………… 1
　　1.2　建设程序和建设工程管理制度 …………………………………………… 9
　　1.3　城市水工程及城市水工程建设监理概述 ………………………………… 16

第2章　监理工程师 …………………………………………………………… 19
　　2.1　监理工程师与城市水工程建设监理工程师 ……………………………… 19
　　2.2　监理工程师的素质结构与职业道德 ……………………………………… 21
　　2.3　监理工程师执业资格考试、注册和继续教育 …………………………… 22
　　2.4　监理人员的职责 …………………………………………………………… 26

第3章　工程监理企业 ………………………………………………………… 29
　　3.1　工程监理企业概述 ………………………………………………………… 29
　　3.2　工程监理企业的资质管理 ………………………………………………… 30
　　3.3　工程监理企业监理业务主要内容 ………………………………………… 35
　　3.4　工程监理企业经营活动基本准则 ………………………………………… 36

第4章　城市水工程建设监理合同 …………………………………………… 39
　　4.1　城市水工程建设监理合同概述 …………………………………………… 39
　　4.2　建设工程监理合同的订立、履行及管理 ………………………………… 40
　　4.3　《业主、咨询工程师标准服务协议书》简介 …………………………… 48

第5章　城市水工程建设监理目标控制 ……………………………………… 53
　　5.1　城市水工程建设监理目标控制概述 ……………………………………… 53
　　5.2　城市水工程建设监理目标控制原理和方法 ……………………………… 54
　　5.3　城市水工程建设监理协调 ………………………………………………… 59

第6章　城市水工程建设监理程序和组织 …………………………………… 66
　　6.1　城市水工程建设监理程序 ………………………………………………… 66
　　6.2　城市水工程建设监理的组织形式 ………………………………………… 68

第7章　城市水工程建设监理规划 …………………………………………… 76
　　7.1　城市水工程建设监理规划概述 …………………………………………… 76
　　7.2　城市水工程建设监理规划的内容及编制程序 …………………………… 78
　　7.3　城市水工程建设监理规划的实施 ………………………………………… 91

第8章　城市水工程设计阶段监理 …………………………………………… 94
　　8.1　城市水工程设计阶段监理的意义 ………………………………………… 94

8.2 城市水工程设计阶段监理的内容 99
 8.3 城市水工程设计阶段监理的实施 105
第9章 城市水工程施工招标阶段监理 117
 9.1 城市水工程施工招标阶段监理的意义及任务 117
 9.2 城市水工程施工招标阶段监理的程序和内容 119
 9.3 城市水工程施工的国际招标 129
第10章 城市水工程施工阶段监理 133
 10.1 城市水工程施工概述 133
 10.2 城市水工程施工阶段监理的基本任务和主要工作 135
 10.3 城市水工程施工阶段的质量控制 137
 10.4 城市水工程施工阶段的进度控制 170
 10.5 城市水工程施工阶段的投资控制 174
第11章 城市水工程建设监理实例 177
 11.1 工程项目概况 177
 11.2 监理工作范围 177
 11.3 监理工作内容 177
 11.4 监理工作目标 188
 11.5 监理工作依据 188
 11.6 项目监理机构的组织形式 189
 11.7 项目监理机构的人员配备计划 190
 11.8 项目监理机构的人员岗位责任 190
 11.9 监理工作程序 192
 11.10 监理工作方法及措施 199
 11.11 监理工作制度 205
 11.12 监理设施 217
第12章 涉外城市水工程建设监理简介 219
 12.1 涉外城市水工程 219
 12.2 涉外城市水工程建设监理 224
附录 227
 附录Ⅰ 《中华人民共和国建筑法》对工程监理的规定（摘录） 227
 附录Ⅱ 工程监理企业资质管理规定 228
 附录Ⅲ 建设工程监理范围和规模标准规定 239
 附录Ⅳ 建设工程监理规范 241
参考文献 262

第1章 绪 论

1.1 建设工程监理制度概述

讨论城市水工程建设监理，首先必须了解其基础——建设工程监理制度。

1.1.1 建设工程监理制度的起源和发展

建设工程监理制度的起源，可以追溯到西方国家产业革命发生前的16世纪，它的产生发展是和建设领域的专业化分工、社会化生产密切相关的。

16世纪以前的欧洲建设领域中，建筑师受雇或从属于项目业主[①]，全面负责项目设计、采购、雇佣工匠、组织工程施工等工作。进入16世纪后，随着社会对房屋建造技术要求的不断提高，西方传统的建筑业发生了变化，建筑师队伍出现了专业分工，一部分建筑师开始专门从事向社会传授技艺，为项目业主提供技术咨询、解答疑难问题，或受聘监督管理工程施工，建设工程监理制度应运而生。虽然建设工程监理制在西方各工业发达国家推行的时间有先有后，各国使用的名称也不尽相同，但发展至今，实行建设工程监理制已成为工程建设领域中的国际惯例。

我国在工程建设领域中实行建设工程监理制是20世纪80年代才开始的。20世纪80年代初，我国改革开放的政策逐步扩展到工程建设领域。1980年世界银行（The World Bank）理事会通过决议，恢复了我国的合法席位。从1981年开始，我国同世界银行建立了贷款关系。在首批利用世界银行贷款建设的项目中，云南鲁布革水电站引水工程获世界银行承诺资金1.454亿美元。为使这笔资金"用于可靠的、生产性的项目，能对借款国家的经济发展和增加偿还贷款能力有所贡献"，世界银行对鲁布革水电站引水工程项目管理提出了3点要求：

1. 采用国际竞争性招标（ICB）选择施工单位和设备材料供应单位，让世界银行会员国和瑞士的所有合格的预期投标人充分了解项目要求，并为所有的此类投标人提供均等的机会，以便于他们参加投标。

2. 按照国际惯例，明确建立项目业主单位，成立代表项目业主的项目监理班子——工程师单位，由工程师单位代表业主进行科学的项目管理。

[①] 项目业主是指由投资方派代表组成，从建设项目的筹划、筹资、设计、建设实施直至生产经营、归还贷款本息等全面负责并承担投资风险的项目管理班子。随着现代企业制度在建设项目管理领域的应用，从1994年起，项目业主的概念已演变为项目法人。

3. 必须由世界银行派出特别咨询组，并推荐世界知名的挪威 AGN 咨询专家组和澳大利亚 SMEC 咨询专家组，负责工程技术和管理咨询。

世界银行对鲁布革水电站引水工程提出的第 2 点要求，使我国基本建设领域中首次出现了符合国际惯例、具有现代项目管理意义上的建设工程监理。由于该项目采用了国外先进技术和科学的管理方法，创造了当时隧洞掘进的世界最新进尺，获得了良好的经济效益。鲁布革水电站的成功做法，对我国传统的工程建设管理体制产生了巨大的冲击，引起了广大建设工作者对我国传统的工程建设管理体制是否应当进行改革的思考。

1985 年 12 月，全国基本建设管理体制改革会议对我国传统的工程建设管理体制作了深刻的分析，指出："综合管理基本建设是一项专门的学问，需要一大批这方面的专门机构和专门人才。过去这个工作分散在很多部门去做，有的是在工厂，有的是在建设单位的筹建处，有的是在组建的建设指挥部。但工程建设一完，如果没有续建的工程项目，这些人就散了，管理经验积累不起来。要使建设管理工作走上科学管理的道路，不发展专门从事管理工程建设的行业是不行的。"会议的这个分析，既指出了我国传统的工程建设管理体制的弊端，肯定了必须对其进行改革，又指明了改革的目标。这为我国改革传统的工程建设管理体制，实行建设工程监理制奠定了思想基础。

根据上述指示精神，参照国际惯例，1988 年建设部把建立专业化、社会化的建设工程监理和以"规划、协调、监督、服务"为内容的政府监督管理提了出来，并把它列为其负责组织实施的一项重要工作，得到了国务院的认可和支持。1988 年 7 月，建设部在征求有关部门和专家意见的基础上，颁发了《关于开展建设工程监理工作的通知》，此后又组织了一些产业部门和城市开展了建设工程监理工作试点。从此，建设工程监理制在我国建设领域开始探索和逐步发展起来。

我国建设工程监理制的发展可分为以下几个阶段：从 1988 年到 1992 年为试点阶段；1993 年到 1995 年为扩大试点阶段；1995 年年底召开的第六次全国监理工作会议，明确提出了从 1996 年开始在全国全面推行。1997 年《中华人民共和国建筑法》（以下简称《建筑法》）以法律制度的形式作出规定，国家推行建设工程监理制度，从而使建设工程监理在全国范围内进入全面推行阶段。

1.1.2 建设工程监理的基本概念

我国的建设工程监理发展很快，在许多方面取得了成功，但仍有不成熟的地方，目前难以准确地定义。如果从其主要属性来说，大体上可作如下表述：所谓建设工程监理，是指具有相应资质的工程监理企业，接受建设单位的委托承担其项目管理工作，并代表建设单位对承建单位的建设行为进行监控的专业化服务活动。

建设单位,也称为业主、项目法人,是委托监理的一方。建设单位在工程建设中拥有确定建设工程规模、标准、功能以及选择勘察、设计、施工、监理单位等工程建设中重大问题的决定权。

工程监理企业是指取得企业法人营业执照,具有监理资质证书的依法从事建设工程监理业务活动的经济组织。

监理概念由下列要点组成:

1. 建设工程监理的行为主体

《建筑法》明确规定,实行监理的建设工程,由建设单位委托具有相应资质条件的工程监理企业实施监理。建设工程监理只能由具有相应资质的工程监理企业来开展,建设工程监理的行为主体是工程监理企业,这是我国建设工程监理制度的一项重要规定。

建设工程监理不同于建设行政主管部门的监督管理,后者的行为主体是政府部门,它具有明显的强制性,是行政性的监督管理,它的任务、职责、内容不同于建设工程监理。同样,总承包单位对分包单位的监督管理也不能视为建设工程监理。

2. 建设工程监理实施的前提

《建筑法》明确规定,建设单位与其委托的工程监理企业应当订立书面建设工程委托监理合同。也就是说,建设工程监理的实施需要建设单位的委托和授权。工程监理企业应根据委托监理合同和有关建设工程合同的规定实施监理。

建设工程监理只有在建设单位委托的情况下才能进行。只有与建设单位订立书面委托监理合同,明确了监理的范围、内容、权利、义务、责任等,工程监理企业才能在规定的范围内行使管理权,合法地开展建设工程监理。工程监理企业在委托监理的工程中拥有一定的管理权限,能够开展管理活动,是建设单位授权的结果。

承建单位根据法律、法规的规定和它与建设单位签订的有关建设工程合同的规定,接受工程监理企业对其建设行为进行的监督管理、接受并配合监理是其履行合同的一种行为。工程监理企业对哪些单位的哪些建设行为实施监理要根据有关建设工程合同的规定。例如,仅委托施工阶段监理的工程,工程监理企业只能根据委托监理合同和施工合同对施工行为实行监理。而在委托全过程监理的工程中,工程监理企业则可以根据委托监理合同以及勘察合同、设计合同、施工合同对勘察单位、设计单位和施工单位的建设行为实行监理。

3. 建设工程监理的依据

建设工程监理的依据包括工程建设文件、有关的法律法规、规章和标准规范,建设工程委托监理合同和有关的建设工程合同。

(1) 工程建设文件。

包括:批准的可行性研究报告、建设项目选址意见书、建设用地规划许可证、建设工程规划许可证、批准的施工图设计文件、施工许可证等。

（2）有关的法律、法规、规章和标准、规范。

包括：《建筑法》、《中华人民共和国合同法》、《中华人民共和国招标投标法》、《建设工程质量管理条例》等法律、法规，《建设工程监理规定》等部门规章，以及地方性法规等，也包括《工程建设标准强制性条文》、《建设工程监理规范》以及有关的工程技术标准、规范、规程等。

（3）建设工程委托监理合同和有关的建设工程合同。

工程监理企业应当根据两类合同，即工程监理企业与建设单位签订的建设工程委托监理合同和建设单位与承建单位签订的有关建设工程合同进行监理。

工程监理企业依据哪些有关的建设工程合同进行监理，视委托监理合同的范围来决定。全过程监理应当包括咨询合同、勘察合同、设计合同、施工合同以及设备采购合同等；决策阶段监理主要是咨询合同；设计阶段监理主要是设计合同；施工阶段监理主要是施工合同。

4. 建设工程监理的范围

建设工程监理范围可以分为监理的工程范围和监理的阶段范围。

（1）工程范围。

为了有效发挥建设工程监理的作用，加大推行监理的力度，根据《建筑法》，国务院公布的《建设工程质量管理条例》对实行强制性监理的工程范围作了原则性的规定，建设部又进一步在《建设工程监理范围和规模标准规定》中对实行强制性监理的工程范围作了具体规定。下列建设工程必须实行监理：

1）国家重点建设工程：依据《国家重点建设项目管理办法》所确定的对国民经济和社会发展有重大影响的骨干项目。

2）大中型公用事业工程：项目总投资额在 3000 万元以上的供水、供电、供气、供热等市政工程项目；科技、教育、文化等项目；体育、旅游、商业等项目；卫生、社会福利等项目；其他公用事业项目。

3）成片开发建设的住宅小区工程：建筑面积在 5 万 m^2 以上的住宅建设工程。

4）利用外国政府或者国际组织贷款、援助资金的工程：包括使用世界银行、亚洲开发银行等国际组织贷款资金的项目；使用国外政府及其机构贷款资金的项目；使用国际组织或者国外政府援助资金的项目。

5）国家规定必须实行监理的其他工程：项目总投资额在 3000 万元以上，关系社会公共利益、公众安全的交通运输、水利建设、城市基础设施、生态环境保护、信息产业、能源等基础设施项目，以及学校、影剧院、体育场馆项目。

（2）阶段范围。

建设工程监理可以适用于工程建设投资决策阶段和实施阶段，但目前主要是建设工程施工阶段。

在建设工程施工阶段，建设单位、勘察单位、设计单位、施工单位和工程监理企业等工程建设的各类行为主体均出现在建设工程当中，形成了一个完整的建设工程组织体系。在这个阶段，建筑市场的发包体系、承包体系、管理服务体系的各主体在建设工程中会合，由建设单位、勘察单位、设计单位、施工单位和工程监理企业各自承担工程建设的责任和义务，最终将建设工程建成并投入使用。在施工阶段委托监理，其目的是更有效地发挥监理的规划、控制、协调作用，为在计划目标内建成工程提供最好的管理。

1.1.3 建设工程监理制下各方的关系

1. 建筑市场主体

实行建设工程监理制后，我国建筑市场已由传统的二元结构演变为三元结构。在传统的二元结构下，建筑市场的主体是建设单位和施工单位；在三元结构下，建筑市场的主体是项目法人、承包商（包括设计、施工、设备材料供应等承包商）和监理企业，他们之间的关系如图1-1所示。

在建设工程监理制下，项目法人与社会监理企业之间是委托与被委托关系，这种委托关系要通过监理合同来确定。监理委托关系一旦确定，项目法人和监理企业双方都享有一定的权利并承担相应的义务。监理企业接受委托后，一切有关行为是以自己的名义独立开展的，他必须对项目法人负责，但并不是项目法人的从属单位。监理企业和承建单位、勘察设计单位、设备材料供应单位等承包商之间是监理与被监理关系，这种关系不是由监理企业和承包商之间的合同关系

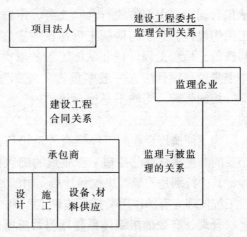

图 1-1 项目法人、监理企业和承包商之间的关系

确定的，而是由项目法人与承包商之间的合同关系、项目法人和监理企业之间的合同关系以及我国建设工程监理制度的规定等共同确定的。

基于项目法人授权委托，监理企业要代表项目法人对承包商的工作实施监理，但监理企业独立工作，尤其是当监理企业在行使处理权（包括发表他的决定、意见、批准或决定价格）所采取的措施可能影响项目法人或承包人的权利和义务时，监理人员应在合同条款范围内顾及所有情况，公正地行使处理权。监理企业可行使与项目法人签订的监理服务合同中规定的或从合同中必然引申的权力。但是，如果项目监理服务合同条款中要求监理工程师在行使一些权力之前要获得项目法人的批准，则必须在合同条款中明确规定。

除监理企业外的其他咨询单位，一般只为项目法人提供专业服务，如法律、技术、管理咨询等。这些咨询单位同承包商之间一般不发生直接的关系。

承包商主要包括设计单位、施工单位及设备材料供应单位等。由于监理企业和承包商之间没有合同关系，因此，为保证监理工作的顺利开展，项目法人与承包商的建设合同中，一般都要明确写入监理条款。

2. 监理企业和项目法人的分工

实行建设工程监理制后，项目法人和监理企业的分工要合理。根据国际惯例和我国现实情况，一般说来，项目法人把建设项目委托给监理企业监理后，其主要精力应当放在积极创造实施工程项目的基本条件和外部环境方面去，包括组织建设投资到位，订购材料设备，申请办理征地拆迁，联系水电供应和对外交通，决定工程建设的重大变更，以及同政府部门、毗邻群众、新闻媒介的组织协调。在上述工作中，遇到技术问题，被委托的监理企业应提供咨询或协助。监理企业除给项目法人提供上述问题的咨询和协助外，其主要的精力应放在搞好工程项目管理的"内务"工作上。这样的工作一般有：协助选择好承包单位，商签好工程承包合同，督促双方履行合同义务，审查设计变更和施工技术方案，组织审核施工组织设计，组织与协调工程建设的实施，检查与验收工程质量，控制工程进度与造价，检验工程计量和掌握工程款项支付，调解各方的争议，处理索赔等。总体上来说，项目法人一般多负责"外部"组织协调，监理企业一般多负责"内部"控制管理。当然不是绝对地"内"、"外"割离，两者是相互配合、相互呼应的。

为了使监理企业的工作能有效地进行，项目法人授予监理企业相应的权力是必要的。包括材料设备和工程质量的确认权与否决权、进度上的确认权和否决权等，其中特别是质量否决权和计量支付的签字认可权必须授予，否则就不能发挥建设工程监理应有的作用。授予监理工程师的权限大小应在监理委托合同中写清楚。

合理、有效的组织体系是项目目标得以有效控制的重要基础。在项目管理中的良好组织体系，有助于控制渠道的畅通，有助于把人的能力引导到目标控制的轨道上来，自然地形成同方向的合力。根据上述原则，一般项目的现场施工监理工作组织结构设置可参照图 1-2 所示。

图示表明项目法人不准干预监理工程师的正常工作，有工作应通过其代表对监理工程师谈话；图示还表明这些代表不可跨过监理工程师直接对承包单位发号施令，有工作应通过监理工程师往下贯彻。这种工作的组织关系就保证了命令源的惟一性，组织上保证了管理工作的有条不紊。

在监理工作中有一种情况值得思考。少数项目法人把工程建设项目委托给监理企业监理的同时，自己却又从四面八方调集人马，成立同监理企业大致相同的机构，做监理企业重复的内务工作，而不是集中精力去完成对外联系等诸方面的工作，其结果往往是"抓了芝麻，丢了西瓜"，这种经验教训应为广大的项目法

1.1 建设工程监理制度概述　　7

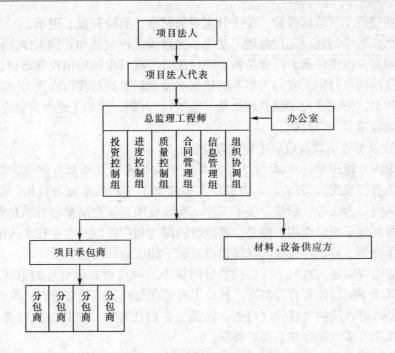

图 1-2　现场监理工作组织结构

人所吸取。产生这种情况的原因也许是多方面的，或出于小生产的观念，或出于不放心的心理，或出于不正确的权力观念，或出于几者兼有。重要的是，工程建设项目的主管部门要做这类观念转变工作，并给予其管理分工的具体指导。

1.1.4　建设工程监理与监工、政府工程质量监督的区别

1. 建设工程监理与监工

这里所说的"监工"不是指艺术化、形象化了的"监工头"，那是不能与监理工程师相提并论的，但如果作为我国古代工官制度中的工程主持人的"监工"，则是值得研究比较的。

清朝为了加强工程施工管理，在工部和内务府中设有"监工"一职，多数由官吏充任。但由于官吏技术水平不高，营建的组织管理工作实际上由技术较高的而职能酷似"工师"和"都料匠"的工匠掌握。

"监工"一词在我国古代工官制度中几经易名而来："工"（商代管理工匠的官吏）→"司空"（周朝管理工匠的官吏）→"匠人"（秦、汉朝之后分担"司空"职能的工官，广义的工程主持人）→"梓人"（唐宋朝代的工程主持人，"梓人"时称"都料匠"）→"工师"（明朝侧重营造组织管理的职业，早在封建社会初期的战国时代就设有"工师"一职）→"监工"（清朝在工部和内务府中设有"监工"一职），其工作性质接近于当代的监理工程师。我国古代劳动人民与工程主持人合作，创造了光辉灿烂的科学文化，为我们留下了丰富多彩的建筑遗产，

其中某些建设工程监理经验，是十分宝贵的财富，有待开发、继承。

当然，当今的建设工程监理不是简单的建设工程监督和管理工作。比如建设工程监理服务范围覆盖着投资结构、项目决策、建筑市场的招投标活动，以及工程建设实施的全过程。我们当然不能依据建设工程监理与我国古代的"监工"在性质上相似，便说建设工程监理就是"监工"。否则，犹如人是由猿猴进化而来，便说人就是猿猴一样荒谬。

2. 建设工程监理与政府工程质量监督

根据国务院国发［1984］123号文《关于改革建筑业和基本建设管理体制若干问题的暂行规定》，各省市、各部门大多成立了工程质量监督机构，拟定了质量监督条例、办法等，积极开展了工作。实践证明，工程质量监督站对确保工程施工质量起到了积极作用。但是，其监督的深度和广度以及专业技术队伍的素质和检测手段等，都还存在着与我国建设发展不相适应的情况。

建设工程监理与政府工程质量监督同属于工程建设监督管理的范畴。但是，它们分属于不同的监督管理层次。建设工程监理是社会的监督管理，政府工程质量监督是政府系统的监督管理行为。因此，它们在性质、依据、执行者、任务、方法和手段等多方面存在着明显差异。

建设工程监理与政府工程质量监督在性质上是有区别的。建设工程监理具有委托性、服务性、公正性、科学性和微观性，而政府工程质量监督则具有强制性、执法性、全面性和宏观性。

建设工程监理的行为主体是社会化、专业化的监理单位，而政府工程质量监督的执行者是政府建设管理部门的专业执行机构——工程质量监督机构。

建设工程监理是接受项目法人的委托和授权为其提供监督管理服务，而政府工程质量监督则是工程质量监督机构代表政府行使工程质量监督职能。

建设工程监理的工作范围大，它包括在整个建设项目实施阶段进行目标规划、动态控制、组织协调、合同管理、信息管理等一系列活动，而政府工程质量监督则侧重于工程质量方面的监督活动。

就工程质量方面的工作而言也存在较大区别。一是工作依据不尽相同。政府工程质量监督以国家颁发的有关法律、法规和规范、标准等为基本依据，维护法律、法规的严肃性。建设工程监理则不仅以法律、法规为依据，还以政府批准的工程建设文件和工程建设合同（含监理合同）为依据，不仅维护法律、法规的严肃性，还要维护合同的严肃性。二是它们的工作内容要求深度与广度也不相同。建设工程监理要针对整个项目总体质量系统地做好计划、组织、控制、协调等工作，要在整个实施阶段一个循环一个循环地做好动态控制各项工作，要采取综合性控制措施。政府工程质量监督则主要在项目建设的施工阶段对工程质量进行阶段性地监督、检查、确认等工作。三是建设工程监理与政府工程质量监督的工作权限不同。例如，政府工程质量监督拥有确认工程质量等级的权力，而建设工程监理则没有这个权力。四是两者的工作方法和手段不完全相同。建设工程监理主要采用项目管理的方法和手段进行项目质量控制，而政府工程质量监督则侧重于行政管理的方法和手段。

在实施建设工程监理制的情况下，建设工程监理与政府工程质量监督两者均不可缺少。在项目建设中，它们应当相互配合、相辅相成。

1.2 建设程序和建设工程管理制度

1.2.1 建设程序

1. 建设程序的概念

所谓建设程序是指一项建设工程从设想、提出到决策，经过设计、施工，直至投产或交付使用的整个过程中，应当遵循的内在规律。

按照建设工程的内在规律，投资建设一项工程应当经过投资决策、建设实施和交付使用三个发展时期。每个发展时期又可分为若干个阶段，各阶段以及每个阶段内的各项工作之间存在着不能随意颠倒的、严格的先后顺序关系。科学的建设程序应当在坚持"先勘察、后设计、再施工"的原则基础上，突出优化决策、竞争择优、委托监理的原则。

从事建设工程活动，必须严格执行建设程序，这是每一位建设工作者的职责，更是建设工程监理人员的重要职责。

新中国建立以来，我国的建设程序经过了一个不断完善的过程。目前我国的建设程序与计划经济时期相比较，已经发生了重要变化。其中，关键性的变化一是在投资决策阶段实行了项目决策咨询评估制度，二是实行了工程招标投标制度，三是实行了建设工程监理制度，四是实行了项目法人责任制度。

建设程序中的这些变化，使我国工程建设进一步顺应了市场经济的要求，并且与国际惯例趋于一致。

按现行规定，我国一般大中型及限额以上项目的建设程序中，将建设活动分成以下几个阶段：提出项目建议书；编制可行性研究报告；根据咨询评估情况对建设项目进行决策；根据批准的可行性研究报告编制设计文件；初步设计批准后，做好施工前各项准备工作；组织施工，并根据施工进度做好生产或动用前准备工作；项目按照批准的设计内容建完，经投料试车验收合格并正式投产交付使用；生产运营一段时间，进行项目后评估。

2. 建设工程各阶段工作内容

(1) 项目建议书阶段

项目建议书是向国家提出建设某一项目的建议性文件，是对拟建项目的初步设想。

1) 作用。项目建议书的主要作用是通过论述拟建项目的建设必要性、可行性,以及获利、获益的可能性,向国家推荐建设项目,供国家选择并确定是否进行下一步工作。

2) 基本内容。

(A) 拟建项目的必要性和依据;

(B) 产品方案、建设规模、建设地点初步设想;

(C) 建设条件初步分析;

(D) 投资估算和资金筹措设想;

(E) 项目进度初步安排;

(F) 效益估计。

3) 审批。项目建议书根据拟建项目规模报送有关部门审批。

大中型及限额以上项目的项目建议书应先报行业归口主管部门,同时抄送国家发改委。行业归口主管部门初审同意后报国家发改委,国家发改委根据建设总规模、生产力总布局、资源优化配置、资金供应可能、外部协作条件等方面进行综合平衡,还要委托具有相应资质的工程咨询单位评估后审批。重大项目由国家发改委报国务院审批。小型和限额以下项目的项目建议书,按项目隶属关系由部门或地方计划委员会审批。

项目建议书批准后,项目即可列入项目建设前期工作计划,可以进行下一步的可行性研究工作。

(2) 可行性研究阶段

可行性研究是指在项目决策之前,通过调查、研究、分析与项目有关的工程、技术、经济等方面的条件和情况,对可能的多种方案进行比较论证,同时对项目建成后的经济效益进行预测和评估的一种投资决策、分析研究方法和科学的分析活动。

1) 作用。可行性研究的主要作用是为建设项目投资决策提供依据,同时也为建设项目设计、银行贷款、申请开工建设、建设项目实施、项目评估、科学实验、设备制造等提供依据。

2) 内容。可行性研究是从项目建设和生产经营全过程分析项目的可行性,主要解决项目建设是否必要,技术方案是否可行,生产建设条件是否具备,项目建设是否经济合理等问题。

3) 可行性研究报告。可行性研究的成果是可行性研究报告。批准的可行性研究报告是项目最终决策文件。可行性研究报告经有关部门审查通过,拟建项目正式立项。

(3) 设计阶段

设计是对拟建工程在技术和经济上进行全面的安排,是工程建设计划的具体化,是组织施工的依据。设计质量直接关系到建设工程的质量,是建设工程的决定性环节。

经批准立项的建设工程，一般应通过招标投标择优选择设计单位。一般工程进行两阶段设计，即初步设计和施工图设计。有些工程，根据需要可在两阶段之间增加技术设计。

1) 初步设计。初步设计是根据批准的可行性研究报告和设计基础资料，对工程进行系统研究、概略计算，作出总体安排，拿出具体实施方案。目的是在指定的时间、空间等限制条件下，在总投资控制的额度内和质量要求下，作出技术上可行、经济上合理的设计和规定，并编制工程总概算。

初步设计不得随意改变已批准的可行性研究报告中所确定的建设规模、产品方案、工程标准、建设地址和总投资等基本条件。如果初步设计提出的总概算超过可行性研究报告总投资的10%以上，或者其他主要指标需要变更时，应重新向原审批单位报批。

2) 技术设计。为了进一步解决初步设计中的重大问题，如工艺流程、建筑结构、设备选型等，根据初步设计和进一步的调查研究资料进行技术设计。这样做可以使建设工程更具体、更完善、技术指标更合理。

3) 施工图设计。在初步设计或技术设计基础上进行施工图设计，使设计达到施工安装的要求。

施工图设计应结合实际情况，完整、准确地表达出建筑物的外形、内部空间的分割、结构体系以及建筑系统的组成和周围环境的协调。

《建设工程质量管理条例》规定，建设单位应将施工图设计文件报县级以上人民政府建设行政主管部门或其他有关部门审查，未经审查批准的施工图设计文件不得使用。

(4) 施工准备阶段

工程开工建设之前，应当切实做好各项施工准备工作。其中包括：组建项目法人；征地、拆迁和平整场地；做到水通、电通、路通；组织设备、材料订货；建设工程报建；委托工程监理；组织施工招标投标，优选施工单位；办理施工许可证等。

按规定做好准备工作，具备开工条件以后，建设单位申请开工。经批准，项目进入下一阶段，即施工安装阶段。

(5) 施工安装阶段

建设工程具备了开工条件并取得施工许可证后才能开工。

按照规定，工程的开工时间是指建设工程设计文件中规定的任何一项永久性工程第一次正式破土开槽的开始日期。不需开槽的工程，以正式打桩作为正式开工日期。铁道、公路、水库等需要进行大量土石方工程的，以开始进行土石方工程作为正式开工日期。工程地质勘察、平整场地、旧建筑物拆除、临时建筑或设施等的施工不算正式开工。

本阶段的主要任务是按设计进行施工安装，建成工程实体。

在施工安装阶段，施工承包单位应当认真做好图纸会审工作，参加设计交底，了解设计意图，明确质量要求；选择合适的材料供应商；做好人员培训；合理组织施工；建立并落实技术管理、质量管理和质量保证体系；严格把好中间质量验收和竣工验收环节。

(6) 生产准备阶段

工程投产前，建设单位应当做好各项生产准备工作。生产准备阶段是由建设阶段转入生产经营阶段的重要衔接阶段。在本阶段，建设单位应当做好相关工作的计划、组织、指挥、协调和控制工作。

生产准备阶段主要工作有：组建管理机构，制定有关制度和规定；招聘并培训生产管理人员；组织有关人员参加设备安装、调试、工程验收；签订供货及运输协议；进行工具、器具、备品、备件等的制造或订货；其他需要做好的有关工作。

(7) 竣工验收阶段

建设工程按设计文件规定的内容和标准全部完成，并按规定将工程内外全部清理完毕后，达到竣工验收条件，建设单位即可组织竣工验收，勘察、设计、施工、监理等有关单位应参加竣工验收。竣工验收是考核建设成果、检验设计和施工质量的关键步骤，是由投资成果转入生产或使用的标志。竣工验收合格后，建设工程方可交付使用。

竣工验收后，建设单位应及时向建设行政主管部门或其他有关部门备案并移交建设项目档案。

建设工程自办理竣工验收手续后，因勘察、设计、施工和材料等原因造成的质量缺陷，应及时修复，费用由责任方承担。保修期限、返修和损害赔偿应当遵照《建设工程质量管理条例》的规定。

3. 坚持建设程序的意义

建设程序反映了工程建设过程的客观规律。坚持建设程序在以下几方面有重要意义：

(1) 依法管理工程建设，保证正常建设秩序

建设工程涉及国计民生，并且投资大、进度长、内容复杂，是一个庞大的系统。在建设过程中，客观上存在着具有一定内在联系的不同阶段和不同内容，必须按照一定的步骤进行。为了使工程建设有序地进行，有必要将各个阶段的划分和工作的次序用法规或规章的形式加以规范，以便于人们遵守。实践证明，坚持了建设程序，建设工程就能顺利进行、健康发展。反之，不按建设程序办事，建设工程就会受到极大的影响。因此，坚持建设程序，是依法管理工程建设的需要，是建立正常建设秩序的需要。

(2) 科学决策，保证投资效果

建设程序明确规定，建设前期应当做好项目建议书和可行性研究工作。在这两个阶段，由具有资格的专业技术人员对项目是否必要、条件是否可行进行研究和论证，并对投资收益进行分析，对项目的选址、规模等进行方案比较，提出技术上可行、经济上合理的可行性研究报告，为项目决策提供依据，而项目审批又从综合平衡方面进行把关。如此，可最大限度地避免决策失误并力求决策优化，从而保证投资效果。

（3）顺利实施建设工程，保证工程质量

建设程序强调了"先勘察、后设计、再施工"的原则。根据真实、准确的勘察成果进行设计，根据深度、内容合格的设计进行施工，在做好准备的前提下合理地组织施工活动，使整个建设活动能够有条不紊地进行，这是工程质量得以保证的基本前提。事实证明，坚持建设程序，就能顺利实施建设工程并保证工程质量。

（4）顺利开展建设工程监理

建设工程监理的基本目的是协助建设单位在计划的目标内把工程建成并投入使用。因此，坚持建设程序，按照建设程序规定的内容和步骤，有条不紊地协助建设单位开展好每个阶段的工作，对建设工程监理是非常重要的。

4. 建设程序与建设工程监理的关系

（1）建设程序为建设工程监理提出了大量规范化的建设行为标准

建设工程监理要根据行为准则对工程建设行为进行监督管理。建设程序对各建设行为主体和监督管理主体在每个阶段应当做什么、如何做、何时做、由谁做等一系列问题都给予了一定的解答。工程监理企业和监理人员应当根据建设程序的有关规定进行监理。

（2）建设程序为建设工程监理提出了监理的任务和内容

建设程序要求建设工程的前期应当做好科学决策的工作。建设工程监理决策阶段的主要任务就是协助委托单位正确地做好投资决策，避免决策失误，力求决策优化。具体的工作就是协助委托单位择优选定咨询单位，做好咨询合同管理，对咨询成果进行评价。

建设程序要求按照"先勘察、后设计、再施工"的基本顺序做好相应的工作。建设工程监理在此阶段的任务就是协助建设单位做好择优选择勘察、设计、施工单位，对他们的建设活动进行监督管理，做好投资、进度、质量控制以及合同管理和组织协调工作。

（3）建设程序明确了工程监理企业在工程建设中的重要地位

根据有关法律、法规的规定，在工程建设中应当实行建设工程监理制。现行的建设程序体现了这一要求。这就为工程监理企业确立了工程建设中的应有地位。随着我国经济体制改革的深入，工程监理企业在工程建设中的地位将越来越重要。在一些发达国家的建设程序中，都非常强调这一点。例如，英国土木工程师学会在它的《土木工程程序》中强调，在土木工程程序中的所有阶段，监理工程师"起着重要作用"。

(4) 坚持建设程序是监理人员的基本职业准则

坚持建设程序、严格按照建设程序办事，是所有工程建设人员的行为准则。对于监理人员而言，更应率先垂范。掌握和运用建设程序，既是监理人员业务素质的要求，也是职业准则的要求。

(5) 严格执行我国建设程序是结合中国国情推行建设工程监理制的具体体现

任何国家的建设程序都能反映这个国家的工程建设方针、政策、法律、法规的要求，反映建设工程的管理体制，反映工程建设的实际水平。而且，建设程序总是随着时代的变化、环境和需求的变化，不断地调整和完善。这种动态的调整总是与国情相适应的。

我国推行建设工程监理应当遵循两条基本原则，一是参用国际惯例，二是结合中国国情。工程监理企业在开展建设工程监理的过程中，严格按照我国建设程序的要求做好监理的各项工作，就是结合中国国情的体现。

1.2.2 建设工程主要管理制度

按照我国有关规定，在工程建设中，应当实行项目法人责任制、工程招标投标制、建设工程监理制、合同管理制等主要制度。这些制度相互关联、相互支持，共同构成了建设工程管理制度体系。

1. 项目法人责任制

为了建立投资约束机制，规范建设单位的行为，建设工程应当按照政企分开的原则组建项目法人，实行项目法人责任制，即由项目法人对项目的策划、资金筹措、建设实施、生产经营、债务偿还和资产的保值增值，实行全过程负责的制度。

(1) 项目法人

国有单位经营性大中型建设工程必须在建设阶段组建项目法人。项目法人可按《中华人民共和国公司法》（以下简称《公司法》）的规定设立有限责任公司（包括国有独资公司）和股份有限公司等。

(2) 项目法人的设立

1) 设立时间。新上项目在项目建议书被批准后，应及时组建项目法人筹备组，具体负责项目法人的筹建工作。项目法人筹备组主要由项目投资方派代表组成。

在申报项目可行性研究报告时，需同时提出项目法人组建方案。否则，其项目可行性报告不予审批。项目可行性研究报告经批准后，正式成立项目法人，并按有关规定确保资金按时到位，同时及时办理公司设立登记。

2) 备案。国家重点建设项目的公司章程须报国家发改委备案，其他项目的公司章程按项目隶属关系分别向有关部门、地方计委备案。

(3) 组织形式和职责

1) 组织形式。国有独资公司设立董事会。董事会由投资方负责组建。国有控股或参股的有限责任公司、股份有限公司设立股东会、董事会和监事会，董事会、监事会由各投资方按照《公司法》的有关规定组建。

2) 建设项目董事会职权

（A）负责筹措建设资金；

（B）审核上报项目初步设计和概算文件；

（C）审核上报年度投资计划并落实年度资金；

（D）提出项目开工报告；

（E）研究解决建设过程中出现的重大问题；

（F）负责提出项目竣工验收申请报告；

（G）审定偿还债务计划和生产经营方针，并负责按时偿还债务；

（H）聘任或解聘项目总经理，并根据总经理的提名，聘任或解聘其他高级管理人员。

3) 总经理职权

（A）组织编制项目初步设计文件，对项目工艺流程、设备选型、建设标准、总图布置提出意见，提交董事会审查；

（B）组织工程设计、工程监理、工程施工和材料设备采购招标工作，编制和确定招标方案、标底和评标标准，评选和确定投、中标单位；

（C）编制并组织实施项目年度投资计划、用款计划和建设进度计划；

（D）编制项目财务预算、决算；

（E）编制并组织实施归还贷款和其他债务计划；

（F）组织工程建设实施，负责控制工程投资、进度和质量；

（G）在项目建设过程中，在批准的概算范围内对单项工程的设计进行局部调整；

（H）根据董事会授权处理项目实施过程中的重大紧急事件，并及时向董事会报告；

（I）负责生产准备工作和培训人员；

（J）负责组织项目试生产和单项工程预验收；

（K）拟订生产经营计划、企业内部机构设置、劳动定员方案及工资福利方案；

（L）组织项目后评估，提出项目后评估报告；

（M）按时向有关部门报送项目建设、生产信息和统计资料；

（N）提请董事会聘请或解聘项目高级管理人员。

(4) 项目法人责任制与建设工程监理制的关系

1) 项目法人责任制是实行建设工程监理制的必要条件。建设工程监理制的产生、发展取决于社会需求。没有社会需求，建设工程监理就会成为无源之水，也就难以发展。

实行项目法人责任制，贯彻执行谁投资、谁决策、谁承担风险的市场经济下的基本原则，这就为项目法人提出了一个重大问题：如何做好决策和承担风险的工作。也因此对社会提出了需求。这种需求，为建设工程监理的发展提供了坚实的基础。

2) 建设工程监理制是实行项目法人责任制的基本保障。有了建设工程监理制，建设单位就可以根据自己的需要和有关的规定委托监理。在工程监理企业的协助下，做好投资控制、进度控制、质量控制、合同管理、信息管理、组织协调工作，就为在计划目标内实现建设项目提供了基本保证。

2. 工程招标投标制

为了在工程建设领域引入竞争机制，择优选定勘察单位、设计单位、施工单位和材料设备供应单位，需要实行工程招标投标制。

我国《招标投标法》对招标范围和规模标准、招标方式和程序、招标投标活动的监督等内容作出了相应的规定。

3. 建设工程监理制

早在1988年建设部发布的"关于开展建设工程监理工作的通知"中就明确提出要建立建设工程监理制度，在《建筑法》中也作了"国家推行建设工程监理制度"的规定。

4. 合同管理制

为了使勘察、设计、施工、材料设备供应单位和工程监理企业依法履行各自的责任和义务，在工程建设中必须实行合同管理制。

合同管理制的基本内容是：建设工程的勘察、设计、施工、材料设备采购和建设工程监理都要依法订立合同。各类合同都要有明确的质量要求、履约担保和违约处罚条款。违约方要承担相应的法律责任。

合同管理制的实施对建设工程监理开展合同管理工作提供了法律上的支持。

1.3 城市水工程及城市水工程建设监理概述

1.3.1 城市水工程

所谓"城市水工程"是根据"全国高校给水排水工程学科专业指导委员会"拟将"给水排水工程学科"拓展为"城市水工程学科"而产生的，是指有别于水利工程的专门为城市用水服务的水工程。

在我国，"给水排水工程"专业建立于20世纪50年代初期，名称是由原苏联引进的，给水排水工程专业经过几代人几十年的建设已经取得了很大的发展，为我国的城市建设培养了大批工程技术人才。但是，随着经济的发展和城市化进程的加快，特别是水污染和城市缺水问题的日趋严重，给水排水工程专业已经不能适应这种新形势下城市建设和发展的需要。因此，将给水排水工程专业拓展为城市水工程专业是社会发展的需要，是学科发展的必然。由给水排水工程专业拓展后的城市水工程专业是一个系统的、完整的，包括水的采集、处理、加工（商品）、使用、回收再利用的水的社会循环全过程，是能够支持实现水资源可持续利用的给水排水工程。根据目前我国城市建设的情况，城市水工程主要包括：城市给水厂工程、城市污水处理厂工程、城市给水排水管道工程、建筑给水排水工程、工业用水与水处理工程以及给水排水设备、仪器仪表制造、城市水环境污染防治和节水工程等。

1.3.2 城市水工程建设监理

我国城市水工程建设监理起步较晚，同工业与民用建筑、水利、交通和电力等部门的工程建设监理相比较，发展较慢。造成这种状况的原因很多，主要原因是由于长期以来城市供水和排水事业发展较慢、工程较少、国家对水污染治理投入不足等。从工程监理的角度来讲，给水排水工程不是单一工程类工程，而是部门交叉类工程，由此导致了城市水工程建设监理不能像单一工程类工程那样，有强有力的专业部门领导开展监理工作。例如，根据建设部发布的《工程监理企业资质管理规定》，我国建设工程划分为14个工程类别：房屋建筑工程，冶炼工程，矿山工程，化工、石油工程，水利水电工程，电力工程，林业及生态工程，铁路工程，公路工程，港口及航道工程，航天航空工程，通信工程，市政公用工程，机电安装工程。其中市政公用工程中包括城市道路工程，给水排水建筑安装工程，热力及燃气建筑安装工程和垃圾处理。由此可见，给水排水工程是市政公用工程的一部分。过去给水排水工程监理多数由取得工程监理资质证书的市政工程或建筑工程公司或监理企业承担监理业务。

但是近几年随着我国经济发展和城市化进程的加快，城市缺水问题尤为突出，缺水范围不断扩大，缺水程度日趋严重，与此同时，水价不断上涨。水污染不断加剧，节水措施不落实等问题也比较突出。为此，国家为了切实加强和改进城市供水、节水和水污染防治工作，促进经济社会的可持续发展，采取了许多强有力的措施，在全国范围内加大城市水工程建设力度，使城市水工程建设和监理工作取得了较大的发展。例如，根据国发[2000] 36号文件"国务院关于加强城市供水节水和水污染防治工作的通知"要求，"十五"期间，所有设市城市都必须建设污水处理设施。到2005年，50万以上人口的城市污水处理率应达到60%以上；到2010年，所有设市城市的污水处理率应不低于60%，直辖市、省会城市、计划单列市以及重点风景旅游城市的污水处理率不低于70%。今后，城市在新建供水设施的同时，要规划建设相应的污水处理设施；缺水地区在规划建设城市污水处理设施时，还要同时安排污水回用设施的建设；城市大型公共建筑和公共供水管网覆盖范围外的自备水源单位，都应当建立中水系统，并在试点基础上逐步扩大居住小区中水系统建设。要加强对城市污水处理设施回用设施运营的监督管理。另外，对城市给水排水管网工程建设也有明确要求，采取有效措施，加快城市供水管网技术改造，降低管网漏失率。20 万人口以上城市要在 2002 年底前完成对供水管网的全面普查，建立完备的供水管网的技术档案，制定管网的改造计划。对运行使用年限超过 50 年，以及旧城区严重老化的供水管网，争取在 2005 年前完成更新改造工作。目前，全国各地城市水工程建设特别是城市污水处理厂建设已经达到了相当大的规模和相当高的水平，由此带动的城市水工程建设监理也得到了空前的发展和提高。主要表现在以下几个方面：

1) 从事城市水工程建设监理的监理企业越来越多，城市水工程建设监理工作的业务量在工程监理企业中占的比重越来越大，有的监理企业根据目前市场的需要已经成为主要从事城市污水处理厂工程建设工程监理的企业。

2) 城市水工程建设监理工作在工程监理企业中已经成为一个专门的、独立的工程监理内容，有专门的监理组织和监理人员队伍，不再像过去那种附属于工业与民用建筑或其他建筑类专业监理，同时，监理企业中需要的给水排水工程专业监理工程师和监理人员越来越多。

3) 大量的城市水工程建设监理的实践积累了丰富的城市水工程建设监理的经验和知识，使得城市水工程建设监理的理论日趋成熟和完善。全国各地有不少的工程监理企业都能编写出较为完整、规范和实用的城市水工程建设监理规划等。另外，在工程质量控制、投资控制、进度控制以及工程合同管理、信息管理等方面也都有针对性强、易于操作的文件或文本。例如，本书中的第 11 章中列举的"城市水工程建设监理实例"就是工程监理企业针对城市污水处理厂建设工程监理规划和实践过程的总结。

总之，城市水工程建设监理，在全国建设工程监理推广和发展中已经得到较大发展和快速成长，并且形成了自己的以城市水工程建设为特色的建设工程监理的理论和实践，这些理论和实践也正是本教材编著的基础和依据，编者希望这本普通高等教育土建学科专业"十五"教材能为我国城市水工程建设监理人才的培养和城市水工程的建设起到一定的作用。

复习思考题

1. 什么是建设工程监理？它的概念要点是什么？
2. 建设工程监理与政府工程质量监督有何异同？
3. 城市水工程项目法人、监理企业和承包商之间的关系是什么？
4. 何谓建设程序？我国现行建设程序有哪些内容？
5. 试述项目法人责任制与建设工程监理制的关系。
6. 城市水工程建设监理发展主要有哪些方面？

第 2 章 监理工程师

2.1 监理工程师与城市水工程建设监理工程师

2.1.1 监理工程师及监理员

监理工程师是指经全国监理工程师执业资格统一考试合格，取得监理工程师执业资格证书，并经注册，从事建设工程监理活动的专业人员。

由于建设工程监理业务是工程管理服务，是涉及多学科、多专业的技术、经济、管理等知识的系统工程，执业资格条件要求较高，因此，监理工作需要一专多能的复合型人才来承担。监理工程师不仅要有理论知识，熟悉设计、施工、管理，还要有组织、协调能力，更重要的是应掌握并应用合同、经济、法律知识，具有复合型的知识结构。这也是监理工程师的执业特点。

建设工程监理的实践证明，没有专业技能的人不能从事监理工作，有一定专业技能，从事多年工程建设，具有丰富施工管理经验或工程设计经验的专业人员，如果没有学习过工程监理知识，也难以开展监理工作。

随着人类社会的不断进步，社会分工更趋向于专业化。由于工程类别十分复杂，不仅土建工程需要监理，工业交通、设备安装工程也需要监理，更为重要的是，监理工程师在工程建设中担负着十分重要的经济和法律责任，所以，无论已经具备何种高级专业技术职称的人，或已具备何种执业资格的人员，如果不再学习建设工程监理知识，都无法从事工程监理工作。参加监理知识培训学习后，能否胜任监理工作，还要经过执业资格考试，取得监理工程师执业资格，并经注册后，方可从事监理工作。

国际咨询工程师联合会（FIDIC）对从事工程咨询业务人员的职业地位和业务特点所作的说明是："咨询工程师从事的是一份令人尊敬的职业，他仅按照委托人的最佳利益尽责，他在技术领域的地位等同于法律领域的律师和医疗领域的医生。他保持其行为相对于承包商和供应商的绝对独立性，他必须不得从他们那里接受任何形式的好处，而使他的决定的公正性受到影响或不利于他行使委托人赋予的职责"。这个说明同样适合我国的监理工程师。

在国际上流行的各种工程合同条件中，几乎无例外地都含有关于监理工程师的条款。在国际上多数国家的工程项目建设程序中，每一个阶段都有监理工程师的工作出现。如在国际工程招标和投标过程中，凡是有关审查投标人工程经验和业绩的内容，都要提供这些工程的监理工程师的名称。

从事建设工程监理工作,但尚未取得《监理工程师注册证书》的人员统称为监理员。在监理工作中,监理员与监理工程师的区别主要在于监理工程师具有相应岗位责任的签字权,而监理员没有相应岗位责任的签字权。

2.1.2 城市水工程建设监理工程师

我国建设部颁布的《监理工程师资格考试和注册试行办法》中规定,监理工程师按专业设置岗位。

根据教育部有关规定和我国高等教育的具体情况,目前我国高等学校设有与工程建设有关的专业共 40 余种,主要是:建筑学专业、建筑工程专业、铁道工程专业、水利工程专业、给水排水工程专业、环境工程专业以及电气工程、机械工程专业等等。作为一个监理工程师,当然不可能学习和掌握全部专业,但应要求监理工程师至少学习和掌握一种专业技术,并在监理工作中,按相应专业岗位,从事自己专业范围内或相近专业的建设工程监理工作。为此,按有关规定,在监理工程师注册登记和发证时,应注明每个监理工程师所属专业类别。这样,既便于项目法人按工程项目建设中专业工程的需要选聘监理班子,也便于监理单位按所学专业和工作性质建立内部岗位责任制,在工程项目建设监理中,各专业的监理工程师就工程项目建设中相应专业的工程监理对工程项目总监理工程师负责,总监理工程师就工程项目监理对项目法人和国家负责。

根据上述规定的含义,所谓城市水工程建设监理工程师,就是专业岗位为城市水工程的监理工程师。在本书中,为便于叙述,一般统称为监理工程师。城市水工程建设监理工程师的工作范围主要是城市污水处理厂建设,城市排水管网建设,城市给水厂和城市给水管网建设,以及建筑内部给水、排水、消防和热水供应工程建设。但是,根据我国专业设置和主要课程设置的情况来看,不少专业设置有多门相同课程,如建筑工程专业,设置理论力学、材料力学、结构力学和建筑工程结构等课程,而城市水工程专业设置有类似的工程力学和给水排水工程结构等课程,又如水利工程专业、供热通风和空调工程专业以及石油、天然气工程专业,和城市水工程专业一样,都设有水力学或流体力学,水泵与水泵站和管道工程等主干课程,环境工程专业与给水排水专业同样都设置化学、微生物学、水分析化学和水质分析等多门主要课程。因此鉴于这种不同专业有较多相同课程设置的情况,专业互补是必须的,也是可行的,所以,在我国,建设工程监理工程师并不是只承担自己专业工程建设的监理任务。一般地讲,监理工程师也可以根据自己专业岗位和专长承担与自己专业相近的建设工程监理,例如,在城市污水厂和水厂的工程建设中,除了有城市水工程专业的监理工程师负责工程监理外,也有建筑工程专业、水利工程专业的监理工程师从事水厂构筑物、厂房、道路等施工阶段的监理工作。同样,城市水工程监理工程师,也可以参加建筑工程、管道工程、水利工程、桥梁工程以及环境工程等监理工作。

2.2 监理工程师的素质结构与职业道德

2.2.1 监理工程师的素质结构

具体从事监理工作的监理人员,不仅要有一定的工程技术或工程经济方面的专业知识、较强的专业技术能力,能够对工程建设进行监督管理,提出指导性的意见,而且要有一定的组织协调能力,能够组织、协调工程建设有关各方共同完成工程建设任务。因此,监理工程师应具备以下素质:

1. 较高的专业学历和复合型的知识结构

工程建设涉及的学科很多,其中主要学科就有几十种。如前所述,作为一名监理工程师,当然不可能掌握这么多的专业理论知识,但至少应掌握一种专业理论知识。所以,要成为一名监理工程师,至少应具有工程类大专以上学历,并应了解或掌握一定的工程建设经济、法律和组织管理等方面的理论知识,不断了解新技术、新设备、新材料、新工艺,熟悉与工程建设相关的现行法律、法规、政策规定,成为一专多能的复合型人才,持续保持较高的知识水准。

2. 丰富的工程建设实践经验

监理工程师的业务内容体现的是工程技术理论与工程管理理论的应用,具有很强的实践性特点。因此,实践经验是监理工程师的重要素质之一。据有关资料统计分析,工程建设中出现的失误,少数原因是责任心不强,多数原因是缺乏实践经验。实践经验丰富则可以避免或减少工作失误。工程建设中的实践经验主要包括立项评估、地质勘测、规划设计、工程招标投标、工程设计及设计管理、工程施工及施工管理、工程监理、设备制造等方面的工作实践经验。

3. 良好的品德

监理工程师的良好品德主要体现在以下几个方面:
(1) 热爱本职工作;
(2) 具有科学的工作态度;
(3) 具有廉洁奉公、为人正直、办事公道的高尚情操;
(4) 能够听取不同方面的意见,冷静分析问题。

4. 健康的体魄和充沛的精力

尽管建设工程监理是一种高智能的技术服务,以脑力劳动为主,但是,也必须具有健康的身体和充沛的精力,才能胜任繁忙、严谨的监理工作。尤其在建设工程施工阶段,由于露天作业,工作条件艰苦,进度往往紧迫,业务繁忙,更需要有健康的身体,否则,难以胜任工作。我国对年满65周岁的监理工程师不再进行注册,主要就是考虑监理从业人员身体健康状况的适应能力而设定的条件。

2.2.2 监理工程师的职业道德

道德既是一种行为准则，又是一种善恶标准。既表现为道德心理和意识现象，又表现为道德行为和活动现象，同时又表现为一定的道德原则和规范现象。

各行各业都有自己的道德规范，这些规范是由职业特点决定的。如教师的职业道德是教书育人，医生要有救死扶伤的高尚道德，律师要有公正维护真理的道德。这些道德规范除形成道德观念舆论外，一般都由行业团体制定准则，必须遵守，否则将受到制裁直至被从行业团体中除名。一旦被除名，他就不能再在社会上从事这项职业活动。

工程监理工作的特点之一是要体现公正原则。监理工程师在执业过程中不能损害工程建设任何一方的利益，因此，为了确保建设工程监理事业的健康发展，对监理工程师的职业道德和工作纪律都有严格的要求，在有关法规里也作了具体的规定。在监理行业中，监理工程师应严格遵守如下通用职业道德守则：

(1) 维护国家的荣誉和利益，按照"守法、诚信、公正、科学"的准则执业；

(2) 执行有关工程建设的法律、法规、标准、规范、规程和制度，履行监理合同规定的义务和职责；

(3) 努力学习专业技术和建设工程监理知识，不断提高业务能力和监理水平；

(4) 不以个人名义承揽监理业务；

(5) 不同时在两个或两个以上监理单位注册和从事监理活动，不在政府部门和施工、材料设备的生产供应等单位兼职；

(6) 不为所监理项目指定承包商、建筑构配件、设备、材料生产厂家和施工方法；

(7) 不收受被监理单位的任何礼金；

(8) 不泄露所监理工程各方认为需要保密的事项；

(9) 坚持独立自主地开展工作。

2.3 监理工程师执业资格考试、注册和继续教育

2.3.1 监理工程师执业资格考试

1. 监理工程师执业资格考试制度

执业资格是政府对某些责任较大、社会通用性强、关系公共利益的专业技术工作实行的市场准入控制，是专业技术人员依法独立开业或独立从事某种专业技术工作所必备的学识、技术和能力标准。我国按照有利于国家经济发展、得到社

会公认、具有国际可比性、事关社会公共利益等四项原则，在涉及国家、人民生命财产安全的专业技术工作领域，实行专业技术人员执业资格制度。执业资格一般要通过考试方式取得，这体现了执业资格制度公开、公平、公正的原则。只有当某一专业技术执业资格刚刚设立，为了确保该项专业技术工作启动实施，才有可能对首批专业技术人员的执业资格采用考核方式确认。监理工程师是我国建国以来在工程建设领域第一个设立的执业资格。

实行监理工程师执业资格考试制度的意义在于：(1) 促进监理人员努力钻研监理业务，提高业务水平；(2) 统一监理工程师的业务能力标准；(3) 有利于公正地确定监理人员是否具备监理工程师的资格；(4) 合理建立工程监理人才库；(5) 便于同国际接轨，开拓国际工程监理市场。因此，我国要建立监理工程师执业资格考试制度。

2. 报考监理工程师的条件

国际上多数国家在设立执业资格时，通常比较注重执业人员的专业学历和工作经验。他们认为这是执业人员的基本素质，是保证执业工作有效实施的主要条件。我国根据对监理工程师业务素质和能力的要求，对参加监理工程师执业资格考试的报名条件也从两方面作出了限制：一是要具有一定的专业学历；二是要具有一定年限的工程建设实践经验。

3. 考试内容

由于监理工程师的业务主要是控制建设工程的质量、投资、进度，监督管理建设工程合同，协调工程建设各方的关系，所以，监理工程师执业资格考试的内容主要是工程建设工程监理基本理论、工程质量控制、工程进度控制、工程投资控制、建设工程合同管理和涉及工程监理的相关法律、法规等方面的理论知识和实务技能。

4. 考试方式和管理

监理工程师执业资格考试是一种水平考试，是对考生掌握监理理论和监理实务技能的抽检。为了体现公开、公平、公正原则，考试实行全国统一考试大纲、统一命题、统一组织、统一时间、闭卷考试、分科记分、统一录取标准的办法，一般每年举行一次。考试所用语言为汉语。

对考试合格人员，由省、自治区、直辖市人民政府人事行政主管部门颁发由国务院人事行政主管部门统一印制，国务院人事行政主管部门和建设行政主管部门共同用印的《监理工程师执业资格证书》。取得执业资格证书并经注册后，即成为监理工程师。

我国对监理工程师执业资格考试工作实行政府统一管理。国务院建设行政主管部门负责编制监理工程师执业资格考试大纲、编写考试教材和组织命题工作，统一规划、组织或授权组织监理工程师执业资格考试的考前培训等有关工作。

国务院人事行政主管部门负责审定监理工程师执业资格考试科目、考试大纲和考试试题，组织实施考务工作，会同国务院建设行政主管部门对监理工程师执业资格考试进行检查、监督、指导和确定合格标准。

中国建设工程监理协会负责组织有关专业的专家拟定考试大纲、组织命题和编写培训教材工作。

2.3.2 监理工程师注册

监理工程师注册制度是政府对监理从业人员实行市场准入控制的有效手段。监理人员经注册，即表明获得了政府对其以监理工程师名义从业的行政许可，因而具有相应工作岗位的责任和权力。仅取得《监理工程师执业资格证书》，没有取得《监理工程师注册证书》的人员，则不具备这些权力，也不承担相应的责任。

监理工程师的注册，根据注册内容的不同分为三种形式，即初始注册、续期注册和变更注册。按照我国有关法规规定，监理工程师只能在一家企业、按照专业类别注册。

1. 初始注册

经考试合格，取得《监理工程师执业资格证书》的，可以申请监理工程师初始注册。

（1）申请监理工程师初始注册，一般要提供下列材料：

1）监理工程师注册申请表；

2）《监理工程师执业资格证书》；

3）其他有关材料。

（2）申请初始注册的程序是：

1）申请人向聘用单位提出申请；

2）聘用单位同意后，连同上述材料由聘用企业向所在省、自治区、直辖市人民政府建设行政主管部门提出申请；

3）省、自治区、直辖市人民政府建设行政主管部门初审合格后，报国务院建设行政主管部门；

4）国务院建设行政主管部门对初审意见进行审核，对符合条件者准予注册，并颁发由国务院建设行政主管部门统一印制的《监理工程师注册证书》和执业印章。执业印章由监理工程师本人保管。

国务院建设行政主管部门对监理工程师初始注册每年定期集中审批一次，并实行公示、公告制度，对符合注册条件的进行网上公示，经公示未提出异议的予以批准确认。

（3）申请注册人员出现下列情形之一的，不能获得注册：

1）不具备完全民事行为能力；

2）受到刑事处罚，自刑事处罚执行完毕之日起至申请注册之日不满 5 年；

3) 在工程监理或者相关业务中有违法、违规行为或者犯有严重错误,受到责令停止执业的行政处罚,自行政处罚或者行政处分决定之日起至申请注册之日不满2年;

4) 在申报注册过程中有弄虚作假行为的;

5) 同时注册于两个及以上单位;

6) 年龄在65周岁及以上;

7) 法律、法规和国务院建设、人事行政主管部门规定不予注册的其他情形。

(4) 监理工程师在注册后,有下列情形之一的,原注册机关将撤销其注册,收回《监理工程师注册证书》和执业印章:

1) 完全丧失民事行为能力的;

2) 死亡或者依据《中华人民共和国民法通则》的规定宣告死亡的;

3) 受到刑事处罚的;

4) 在工程监理或者相关业务中违法、违规或者造成工程事故,受到责令停止执业的行政处罚的;

5) 自行停止监理工程师业务满2年的;

6) 违反执业道德规范、执业纪律等行规、行约的。

被撤销注册的当事人对撤销注册有异议的,可以从接到撤销注册通知之日起15日内向国务院建设行政主管部门或者省、自治区、直辖市人民政府建设行政主管部门申请复核。

被撤消注册人员在处罚期满5年后可以重新申请注册。

2. 续期注册

监理工程师初始注册有效期为2年,注册有效期满要求继续执业的,需要办理续期注册。

(1) 续期注册应提交下列材料:

1) 从事工程监理的业绩证明和工作总结;

2) 国务院建设行政主管部门认可的工程监理继续教育证明。

(2) 监理工程师如果有下列情形之一,将不予续期注册:

1) 没有从事工程监理的业绩证明和工作总结的;

2) 同时在两个及以上单位执业的;

3) 未按照规定参加监理工程师继续教育或继续教育未达到标准的;

4) 允许他人以本人名义执业的;

5) 在工程监理活动中有过失,造成重大损失的。

(3) 申请续期注册的程序是:

1) 申请人向聘用单位提出申请;

2) 聘用单位同意后,连同上述材料由聘用企业向所在省、自治区、直辖市人民政府建设行政主管部门提出申请;

3) 省、自治区、直辖市人民政府建设行政主管部门进行审核，对无前述不予续期注册情形的准予续期注册；

4) 省、自治区、直辖市人民政府建设行政主管部门在准予续期注册后，将准予续期注册的人员名单，报国务院建设行政主管部门备案。

续期注册的有效期同样为2年，从准予续期注册之日起计算。国务院建设行政主管部门定期向社会公告准予续期注册的人员名单。

3．变更注册

监理工程师注册后，如果注册内容发生变更，应当向原注册机构办理变更注册。

申请变更注册的程序是：

(1) 申请人向聘用单位提出申请；

(2) 聘用单位同意后，连同申请人与原聘用单位的解聘证明，一并上报省、自治区、直辖市人民政府建设行政主管部门；

(3) 省、自治区、直辖市人民政府建设行政主管部门对有关情况进行审核，情况属实的准予变更注册；

(4) 省、自治区、直辖市人民政府建设行政主管部门在准予变更注册后，将变更人员情况报国务院建设行政主管部门备案。

需要注意的是，监理工程师办理变更注册后，一年内不能再次进行变更注册。

2.3.3 注册监理工程师的继续教育

随着现代科学技术日新月异的发展，注册后的监理工程师不能一劳永逸地停留在原有知识水平上，而要随着时代的进步不断更新知识，扩大其知识面，学习新的理论知识、政策法规，了解新技术、新工艺、新材料、新设备，这样才能不断提高执业能力和工作水平，以适应建设事业发展及监理实务的需要。因此，注册监理工程师每年都要接受一定学时的继续教育。一些国家，如美国、英国等，对执业人员的年度考核也有类似的要求。

继续教育可采取多种不同的方式，如脱产学习、集中授课、参加研讨会(班)、撰写专业论文等。继续教育的内容应紧密结合业务内容，逐年更新。

2.4 监理人员的职责

根据我国监理制的有关规定，监理人员的职责如下。

2.4.1 总监理工程师应履行以下职责

1．确定项目监理机构人员的分工和岗位职责；

2. 主持编写项目监理规划、审批项目监理实施细则，并负责管理项目监理机构的日常工作；
3. 审查分包单位的资质，并提出审查意见；
4. 检查和监督监理人员的工作，根据工程项目的进展情况可进行人员调配，对不称职的人员应调换其工作；
5. 主持监理工作会议，签发项目监理机构的文件和指令；
6. 审定承包单位提交的开工报告、施工组织设计、技术方案、进度计划；
7. 审核签署承包单位的申请、支付证书和竣工结算；
8. 审查和处理工程变更；
9. 主持或参与工程质量事故的调查；
10. 调解建设单位与承包单位的合同争议、处理索赔、审批工程延期；
11. 组织编写并签发监理月报、监理工作阶段报告、专题报告和项目监理工作总结；
12. 审核签认分部工程和单位工程的质量检验评定资料，审查承包单位的竣工申请，组织监理人员对待验收的工程项目进行质量检查，参与工程项目的竣工验收；
13. 主持整理工程项目的监理资料。

一名总监理工程师只宜担任一项委托监理合同的项目总监理工程师工作。当需要同时担任多项委托监理合同的项目总监理工程师工作时，须经建设单位同意，且最多不得超过 3 项。

2.4.2 总监理工程师代表应履行以下职责

1. 负责总监理工程师指定或交办的监理工作；
2. 按总监理工程师的授权，行使总监理工程师的部分职责和权力；
3. 总监理工程师不得将下列工作委托总监理工程师代表：
（1）主持编写项目监理规划、审批项目监理实施细则；
（2）签发工程开工/复工报审表、工程暂停令、工程款支付证书、工程竣工报验单；工程开工/复工报审表应符合附录 A1 表（注：指《建设工程监理规范》中附表，下同）的格式；工程暂停令应符合附录 B2 表的格式；工程款支付证书应符合附录 B3 表的格式；工程竣工报验单应符合附录 A10 表的格式；
（3）审核签认竣工结算；
（4）调解建设单位与承包单位的合同争议、处理索赔，审批工程延期；
（5）根据工程项目的进展情况进行监理人员的调配，调换不称职的监理人员。

2.4.3 专业监理工程师应履行以下职责

1. 负责编制本专业的监理实施细则；
2. 负责本专业监理工作的具体实施；
3. 组织、指导、检查和监督本专业监理员的工作，当人员需要调整时，向总监理工程师提出建议；
4. 审查承包单位提交的涉及本专业的计划、方案、申请、变更，并向总监理工程师提出报告；
5. 负责本专业分项工程验收及隐蔽工程验收；
6. 定期向总监理工程师提交本专业监理工作实施情况报告，对重大问题及时向总监理工程师汇报和请示；
7. 根据本专业监理工作实施情况做好监理日记；
8. 负责本专业监理资料的收集、汇总及整理，参与编写监理月报；
9. 核查进场材料、设备、构配件的原始凭证、检测报告等质量证明文件及其质量情况，根据实际情况认为有必要时对进场材料、设备、构配件进行平行检验，合格时予以签认；
10. 负责本专业的工程计量工作，审核工程计量的数据和原始凭证。

2.4.4 监理员应履行以下职责

1. 在专业监理工程师的指导下开展现场监理工作；
2. 检查承包单位投入工程项目的人力、材料、主要设备及其使用、运行状况，并做好检查记录；
3. 复核或从施工现场直接获取工程计量的有关数据并签署原始凭证；
4. 按设计图及有关标准，对承包单位的工艺过程或施工工序进行检查和记录，对加工制作及工序施工质量检查结果进行记录；
5. 担任旁站工作，发现问题及时指出并向专业监理工程师报告；
6. 做好监理日记和有关的监理记录。

复习思考题

1. 什么叫监理工程师，城市水工程建设监理工程师的含义是什么？
2. 简述监理工程师的素质结构。
3. 监理工程师应具备什么样的职业道德？
4. 实行监理工程师执业资格考试制度的意义是什么？
5. 专业监理工程师有哪些职责？

第3章 工程监理企业

3.1 工程监理企业概述

工程监理企业是指从事工程监理业务并取得工程监理企业资质证书的经济组织。它是监理工程师的执业机构。

按照我国现行法律、法规的规定,我国的工程监理企业有可能存在的企业组织形式包括:公司制监理企业、合伙监理企业、个人独资监理企业、中外合资监理企业、中外合资经营监理企业和中外合作经营监理企业。

在我国实行建设工程监理制初期,监理业务开展较多的主要有工业与民用建筑工程监理,水利、水电工程监理,公路、铁路和桥梁工程监理等。从事监理业务的监理单位有专门从事工程监理工作的监理公司和监理事务所,也有一些取得监理资质证书,从事相关专业的建筑设计研究院和研究所等。城市水工程中城市污水处理厂、城市水厂、城市给水排水管网工程以及建筑给水排水工程等的监理主要是由已取得监理资质证书的市政工程公司、城市自来水公司以及从事相关专业的建筑工程设计研究院和科研所等承担。上述这些监理单位中,一些是由国有企业集团或教学、科研、勘察设计单位按照传统的国有企业模式设立的工程监理企业,由于具有国有企业特点,普遍存在着产权关系不清晰、管理体制不健全、经营机制不灵活、分配制度不合理、职工积极性不高、市场竞争力不强的现象,企业缺乏自主经营、自负盈亏、自我约束、自我发展的能力。这必将阻碍监理企业和监理行业的发展。

党的十五届四中全会《关于国有企业改革和发展若干重大问题的决定》指出:国有企业的改革是整个经济体制改革的中心环节。建立和完善社会主义市场经济体制,实现公有制与市场经济的有效结合,最重要的是使国有企业形成适应市场经济要求的管理制度和经营机制。建立现代企业制度,实现产权清晰、权责明确、政企分开、管理科学,健全决策、执行和监督体系,使企业成为自主经营、自负盈亏的法人实体和市场主体,是发展社会化大生产和市场经济的必然要求,是公有制与市场经济相结合的有效途径,是国有企业改革的方向。

因此,国有工程监理企业管理体制和经营机制改革是必然的发展趋势。监理企业改制的目的,一是有利于转换企业经营机制。不少国有监理企业经营困难,主要原因是体制、机制问题。改革的关键在于转换监理企业经营机制,使监理企业真正成为"四自"主体。二是有利于强化企业经营管理。国有监理企业经营困难除了体制和机制外,管理不善也是重要原因之一。三是有利于提高监理人员的积极性。有的国有企业因固有的产权不清晰、责任不明确、分配不合理所形成的"大锅饭"模式，难以调动员工的积极性。

经过近几年的企业管理体制和经营机制的改革，我国原国有工程监理企业已按照我国《公司法》的规定，依照法律、行政法规规定的条件和要求，转换经营机制，经过清产核资，评估资产，界定产权，清理债权债务，建立规范的企业内部管理机构步骤和程序改制为有限责任公司。随着工程监理事业的发展，目前我国已经逐渐形成了工程监理的行业规模，一大批组织完善、人员素质高、专业面广和经验丰富的监理企业已经形成并且在我国建设工程监理中发挥重要作用，牢牢站稳了我国建设工程监理的市场。

另外，随着我国城市污水处理厂建设的快速发展，许多监理企业都把城市水工程建设监理作为重要的监理项目，业务量占其他专业的比例越来越大，城市水工程建设监理已经成为我国建设工程监理企业的重要组成部分。

3.2 工程监理企业的资质管理

3.2.1 工程监理企业的资质等级标准和业务范围

工程监理企业资质是企业技术能力、管理水平、业务经验、经营规模、社会信誉等综合性实力指标。对工程监理企业进行资质管理的制度是我国政府实行市场准入控制的有效手段。

工程监理企业应当按照所拥有的注册资本、专业技术人员数量和工程监理业绩等资质条件申请资质，经审查合格，取得相应等级的资质证书后，才能在其资质等级许可的范围内从事工程监理活动。

工程监理企业的注册资本不仅是企业从事经营活动的基本条件，也是企业清偿债务的保证。工程监理企业所拥有的专业技术人员数量主要体现在注册监理工程师的数量，这反映企业从事监理工作的工程范围和业务能力。工程监理业绩则反映工程监理企业开展监理业务的经历和成效。

工程监理企业的资质按照等级分为甲级、乙级和丙级，按照工程性质和技术特点分为14个专业工程类别，每个专业工程类别按照工程规模或技术复杂程度又分为3个等级。

工程监理企业的资质包括主项资质和增项资质。工程监理企业如果申请多项专业工程资质，则其主要选择的一项为主项资质，其余的为增项资质。同时，其注册资金应当达到主项资质标准要求，从事增项专业工程监理业务的注册监理工程师人数应当符合专业要求。增项资质级别不得高于主项资质级别。

工程监理企业各主项资质等级标准如下：

1. 甲级

（1）企业负责人和技术负责人应当具有15年以上从事工程建设工作的经历，企业技术负责人应当取得监理工程师注册证书；

（2）取得监理工程师注册证书的人员不少于25人；

（3）注册资本不少于100万元；

（4）近3年内监理过5个以上二等房屋建筑工程项目或者3个以上二等专业工程项目。

2. 乙级

（1）企业负责人和技术负责人应当具有10年以上从事工程建设工作的经历，企业技术负责人应当取得监理工程师注册证书；

（2）取得监理工程师注册证书的人员不少于15人；

（3）注册资本不少于50万元；

（4）近3年内监理过5个以上三等房屋建筑工程项目或者3个以上三等专业工程项目。

3. 丙级

（1）企业负责人和技术负责人应当具有8年以上从事工程建设工作的经历，企业技术负责人应当取得监理工程师注册证书；

（2）取得监理工程师注册证书的人员不少于5人；

（3）注册资本不少于10万元；

（4）承担过2个以上房屋建筑工程项目或者1个以上专业工程项目。

各主项资质等级的工程监理企业的业务范围是：甲级工程监理企业可以监理经核定的工程类别中一、二、三等工程；乙级工程监理企业可以监理经核定的工程类别中二、三等工程；丙级工程监理企业只可监理经核定的工程类别中三等工程。甲、乙、丙级资质监理企业的经营范围均不受国内地域限制。

3.2.2 工程监理企业的资质申请

工程监理企业申请资质，一般要到企业注册所在地的县级以上地方人民政府建设行政主管部门办理有关手续。

新设立的工程监理企业申请资质，应当先到工商行政管理部门登记注册并取得企业法人营业执照后，才能到建设行政主管部门办理资质申请手续。办理资质申请手续时，应当向建设行政主管部门提供下列资料：

（1）工程监理企业资质申请表；

（2）企业法人营业执照；

（3）企业章程；

（4）企业负责人和技术负责人的工作简历、监理工程师注册证书等有关证明材料；

（5）工程监理人员的监理工程师注册证书；

(6) 需要出具的其他有关证件、资料。

已取得法人资格的工程监理企业申请资质升级，除提供上述资料外，还应当提供以下资料：

(1) 企业原资质证书正、副本；

(2) 企业的财务决算年报表；

(3)《监理业务手册》及已完成代表工程的监理合同、监理规划及监理工作总结。

工程监理企业的增项资质可以与其主项资质同时申请，也可以在每年资质审批期间独立申请。

新设立的工程监理企业，其资质等级按照最低等级核定，并设1年的暂定期。

3.2.3 工程监理企业的资质管理

为了加强对工程监理企业的资质管理，保障其依法经营业务，促进建设工程监理事业的健康发展，国家建设行政主管部门对工程监理企业资质管理工作制定了相应的管理规定。

1. 工程监理企业资质管理机构及其职责

根据我国现阶段管理体制，我国工程监理企业的资质管理确定的原则是"分级管理，统分结合"，按中央和地方两个层次进行管理。

国务院建设行政主管部门负责全国工程监理企业资质的归口管理工作。涉及铁道、交通、水利、信息产业、民航等专业工程监理资质的，由国务院铁道、交通、水利、信息产业、民航等有关部门配合国务院建设行政主管部门实施资质管理工作。

省、自治区、直辖市人民政府建设行政主管部门负责本行政区域内工程监理企业资质的归口管理工作，省、自治区、直辖市人民政府交通、水利、通信等有关部门配合同级建设行政主管部门实施相关资质类别工程监理企业资质的管理工作。

(1) 国务院建设行政主管部门管理工程监理企业资质的主要职责

1) 每年定期集中审批一次全国甲级资质工程监理企业的资质。其中涉及铁道、交通、水利、信息产业、民航工程等方面的工程监理企业资质，由国务院有关部门初审，国务院建设行政主管部门根据初审意见审批。

2) 审查、批准全国甲级资质工程监理企业资质的变更与终止。

3) 制定有关全国工程监理企业资质的管理办法。

(2) 省、自治区、直辖市人民政府建设行政主管部门管理工程监理企业资质的主要职责

1) 审批本行政区域内乙级、丙级工程监理企业的资质。其中交通、水利、

通信等方面的工程监理企业资质，应征得同级有关部门初审同意后审批；

2) 审查、批准本行政区域内乙级、丙级工程监理企业资质的变更与终止；

3) 本行政区域内乙级和丙级工程监理企业资质的年检；

4) 制定在本行政区域内的资质管理办法；

5) 受国务院建设行政主管部门委托负责本行政区域内甲级工程监理企业资质的年检。

（3）资质审批实行公示公告制度

资质初审工作完成后，初审结果先在中国工程建设信息网上公示。经公示后，对于工程监理企业符合资质标准的，予以审批，并将审批结果在中国工程建设信息网上公告。实行这一制度的目的是提高资质审批工作的透明度，便于社会监督，从而增强其公正性。

2. 工程监理企业资质管理内容

工程监理企业资质管理，主要是指对工程监理企业的设立、定级、升级、降级、变更、终止等的资质审查或批准以及资质年检工作等。

（1）资质审批制度

对于工程监理企业资质条件符合资质等级标准，并且未发生下列行为的，建设行政主管部门将向其颁发相应资质等级的《工程监理企业资质证书》：

1) 与建设单位或者工程监理企业之间相互串通投标，或者以行贿等不正当手段谋取中标的；

2) 与建设单位或者施工单位串通，弄虚作假、降低工程质量的；

3) 将不合格的建设工程、建筑材料、建筑构配件和设备按照合格签字的；

4) 超越本单位资质等级承揽监理业务的；

5) 允许其他单位或个人以本单位的名义承揽工程的；

6) 转让工程监理业务的；

7) 因监理责任而发生过三级以上工程建设重大质量事故或者发生过两起以上四级工程建设质量事故的；

8) 其他违反法律、法规的行为。

《工程监理企业资质证书》分为正本和副本，具有同等法律效力。工程监理企业在领取新的《工程监理企业资质证书》的同时，应当将原资质证书交回原发证机关予以注销。任何单位和个人均不得涂改、伪造、出借、转让《工程监理企业资质证书》，不得非法扣压、没收《工程监理企业资质证书》。

工程监理企业申请晋升资质等级，在申请之日前1年内有上述1)～8)行为之一的，建设行政主管部门将不予批准。

工程监理企业因破产、倒闭、撤销、歇业的，应当将资质证书交回原发证机关予以注销。

（2）资质年检制度

对工程监理企业实行资质年检，是政府对监理企业实行动态管理的重要手段，目的在于督促企业不断加强自身建设，提高企业管理水平和监理工作业务水平。

工程监理企业的资质年检一般由资质审批部门负责，并应在下年一季度进行。年检内容包括：检查工程监理企业资质条件是否符合资质等级标准，是否存在质量、市场行为等方面的违法、违规行为。

甲级工程监理企业的资质年检由建设部委托各省、自治区、直辖市人民政府建设行政主管部门办理；其中，涉及铁道、交通、水利、信息产业、民航等方面的企业资质年检，由建设部会同有关部门办理；中央管理企业所属的工程监理企业资质年检，由建设部委托中国建设工程监理协会具体承办。

1）资质年检程序。对工程监理企业进行资质年检的程序是：

（A）工程监理企业在规定时间内向建设行政主管部门提交《工程监理企业资质年检表》、《工程监理企业资质证书》、《监理业务手册》以及工程监理人员变化情况及其他有关资料，并交验《企业法人营业执照》；

（B）建设行政主管部门会同有关部门在收到工程监理企业年检资料后40日内，对工程监理企业资质年检作出结论，并记录在《工程监理企业资质证书》副本的年检记录栏内。

2）资质年检结论。工程监理企业年检结论分为合格、基本合格、不合格3种。

工程监理企业资质条件符合资质等级标准，并且在过去一年内未发生上述1)~8)行为之一的，年检结论为合格。

工程监理企业只有连续两年年检合格，才能申请晋升上一个资质等级。

年检结论为基本合格的条件是：工程监理企业资质条件中监理工程师注册人员数量、经营规模未达到资质标准，但不低于资质等级标准的80%，其他各项均达到标准要求，并且在过去一年内未发生上述1)~8)行为。

工程监理企业有下列情形之一的，资质年检结论为不合格：

（A）资质条件中监理工程师注册人员数量、经营规模的任何一项未达到资质等级标准的80%，或者其他任何一项未达到资质等级标准；

（B）有上述1)~8)行为之一的。

对于已经按照法律、法规的规定给予降低资质等级处罚的行为，年检中不再重复追究。对于资质年检不合格或者连续两年基本合格的工程监理企业，建设行政主管部门应当重新核定其资质等级。新核定的资质等级应当低于原资质等级，达不到最低资质等级标准的，则要取消资质。降级的工程监理企业，经过一年以上时间的整改，经建设行政主管部门核查确认，达到规定的资质标准，并且在此期间内未发生上述1)~8)行为的，可以重新申请原资质等级。

工程监理企业在规定时间内没有参加资质年检，其资质证书将自行失效，而且一年内不得重新申请资质。

在工程监理企业资质年检后，资质审批部门应当在该企业资质证书副本的相应栏目内注明年检结论和有效期限。

资质审批部门应当在工程监理企业资质年检结束后30日内，在公众媒体上公布年检结果，包括年检合格、不合格企业和未按规定参加年检的企业名单。甲级工程监理企业的年检结果还将在中国工程建设信息网上公布。

工程监理企业分立或合并时，要按照新设立工程监理企业的要求重新审查其资质等级并核定其业务范围，颁发新核定的资质证书。

3) 违规处理。工程监理企业必须依法开展监理业务，全面履行委托监理合同约定的责任和义务。但在出现违规现象时，建设行政主管部门将根据情节轻重给予必要的处罚。违规现象主要有以下几方面：

（A）以欺骗手段取得《工程监理企业资质证书》。

（B）超越本企业资质等级承揽监理业务。

（C）未取得《工程监理企业资质证书》而承揽监理业务。

（D）转让监理业务。转让监理业务是指监理企业不履行委托监理合同约定的责任和义务，将所承担的监理业务全部转给其他监理企业，或者将其肢解以后分别转给其他监理企业的行为。国家有关法律、法规明令禁止转让监理业务的行为。

（E）挂靠监理业务。挂靠监理业务是指监理企业允许其他单位或者个人以本企业名义承揽监理业务。这种行为也是国家有关法律、法规明令禁止的。

（F）与建设单位或者施工单位串通，弄虚作假，降低工程质量。

（G）将不合格的建设工程、建筑材料、建筑构配件和设备按照合格签字。

（H）工程监理企业与被监理工程的施工承包单位以及建筑材料、建筑构配件和设备供应单位有隶属关系或者其他利害关系，并承担该项建设工程的监理业务。

3.3 工程监理企业监理业务主要内容

1989年7月28日，建设部印发了《建设监理试行规定》。1995年12月15日，建设部和国家计委联合印发了《工程建设监理规定》，该规定自1996年1月1日起实施，并明确规定1989年颁发的《建设监理试行规定》同时废止。但是《建设监理试行规定》中对社会监理主要业务内容的具体规定，即明确在项目建设不同阶段监理企业能为项目法人提供什么监理服务，仍可作为今后建设工程监理工作的重要参考。《建设监理试行规定》明确的监理主要业务内容是：

1. 建设前期阶段

参与建设项目的可行性研究，对拟建的工程项目在技术、经济和工程上是否合理和可行进行全面分析、论证，作出多方比较，提出论证人意见，为项目决策提供可靠依据。

2. 设计阶段

(1) 编制设计要求文件，组织评选设计方案；

(2) 协助项目法人选择勘察、设计单位，商签勘察、设计合同并组织实施；

(3) 审查设计和概预算。

3. 施工招标阶段

(1) 协助建设单位组织招标工作。组织编写招标文件和标底，发布招标通告、招标通知书、投标邀请书，审查投标资格，审查投标书的保函，组织评标，提出评标意见。

(2) 协助建设单位与中标单位签订工程承包合同。

4. 施工阶段

(1) 协助建设单位编写开工报告；

(2) 审查承建单位选择的分包商；

(3) 组织设计交底和图纸会审，审查不涉及变更初步设计原则的设计变更；

(4) 审查承建单位提出的施工技术措施，施工进度计划和资金、设备、物资计划等；

(5) 督促承建单位执行工程承包合同，按国家和给水排水工程行业技术标准及批准的设计文件施工；

(6) 监督工程进度和质量（包括材料、设备构件等的质量），检查安全防护措施，定期向建设单位汇报；

(7) 核实完成的工程量，签发工程付款凭证，审查工程结算；

(8) 整理合同文件和技术档案资料；

(9) 协调建设单位和承建单位的关系，处理违约事件；

(10) 协助承建单位进行工程各阶段验收及竣工验收的初验，提出竣工验收报告。

5. 保修阶段

负责检查工程状况，鉴定质量问题责任，督促保修。

3.4 工程监理企业经营活动基本准则

工程监理企业从事建设工程监理活动，应当遵循"守法、诚信、公正、科学"的准则。

1. 守法

守法，即遵守国家的法律、法规。对于工程监理企业来说，守法即是要依法经营，主要体现在：

(1) 工程监理企业只能在核定的业务范围内开展经营活动。

工程监理企业的业务范围,是指填写在资质证书中、经工程监理资质管理部门审查确认的主项资质和增项资质。核定的业务范围包括两方面:一是监理业务的工程类别;二是承接监理工程的等级。

(2) 工程监理企业不得伪造、涂改、出租、出借、转让、出卖《资质等级证书》。

(3) 建设工程监理合同一经双方签订,即具有法律约束力,工程监理企业应按照合同的约定认真履行,不得无故或故意违背自己的承诺。

(4) 工程监理企业离开原住所地承接监理业务,要自觉遵守当地人民政府颁发的监理法规和有关规定,主动向监理工程所在地的省、自治区、直辖市人民政府建设行政主管部门备案登记,接受其指导和监督管理。

(5) 遵守国家关于企业法人的其他法律、法规的规定。

2. 诚信

诚信,即诚实守信用。这是道德规范在市场经济中的体现。它要求一切市场参加者在不损害他人利益和社会公共利益的前提下,追求自己的利益,目的是在当事人之间的利益关系和当事人与社会之间的利益关系中实现平衡,并维护市场道德秩序。诚信原则的主要作用在于指导当事人以善意的心态、诚信的态度行使民事权利,承担民事义务,正确地从事民事活动。

加强企业信用管理、提高企业信用水平,是完善我国工程监理制度的重要保证。企业信用的实质是解决经济活动中经济主体之间的利益关系。它是企业经营理念、经营责任和经营文化的集中体现。信用是企业的一种无形资产,良好的信用能为企业带来巨大效益。我国是世贸组织的成员,信用将成为我国企业走出去进入国际市场的身份证。它是能给企业带来长期经济效益的特殊资本。监理企业应当树立良好的信用意识,使企业成为讲道德、讲信用的市场主体。

工程监理企业应当建立健全企业的信用管理制度。信用管理制度主要有:

(1) 建立健全合同管理制度;

(2) 建立健全与业主的合作制度,及时进行信息沟通,增强相互间的信任感;

(3) 建立健全监理服务需求调查制度,这也是企业进行有效竞争和防范经营风险的重要手段之一;

(4) 建立企业内部信用管理责任制度,及时检查和评估企业信用的实施情况,不断提高企业信用管理水平。

3. 公正

公正,是指工程监理企业在监理活动中既要维护业主的利益,又不能损害承包商的合法利益,并依据合同公平合理地处理业主与承包商之间的争议。

工程监理企业要做到公正,必须做到以下几点:

(1) 要具有良好的职业道德；
(2) 要坚持实事求是；
(3) 要熟悉有关建设工程合同条款；
(4) 要提高专业技术能力；
(5) 要提高综合分析判断问题的能力。

4. 科学

科学，是指工程监理企业要依据科学的方案，运用科学的手段，采取科学的方法开展监理工作。工程监理工作结束后，还要进行科学的总结。实施科学化管理主要体现在：

(1) 科学的方案

工程监理的方案主要是指监理规划。其内容包括：工程监理的组织计划；监理工作的程序；各专业、各阶段监理工作内容；工程的关键部位或可能出现的重大问题的监理措施等等。在实施监理前，要尽可能准确地预测出各种可能的问题，有针对性地拟定解决办法，制定出切实可行、行之有效的监理实施细则，使各项监理活动都纳入计划管理的轨道。

(2) 科学的手段

实施工程监理必须借助于先进的科学仪器才能做好监理工作，如各种检测、试验、化验仪器，摄录像设备及计算机等。

(3) 科学的方法

监理工作的科学方法主要体现在监理人员在掌握大量的、确凿的有关监理对象及其外部环境实际情况的基础上，适时、妥贴、高效地处理有关问题，解决问题要用事实说话、用书面文字说话、用数据说话；要开发、利用计算机软件辅助工程监理。

复习思考题

1. 什么叫工程监理企业？如何设立工程监理企业？
2. 在我国工程监理企业资质等级是如何规定的？
3. 简述工程监理企业在工程建设各阶段的监理业务。
4. 简述工程监理企业经营的基本准则。

第4章 城市水工程建设监理合同

4.1 城市水工程建设监理合同概述

4.1.1 合 同

合同是平等主体的自然人、法人、其他组织之间设立、变更、中止民事权利义务关系的协议。各国的合同法规范的都是债权合同，它是市场经济条件下规范财产流转关系的基本依据，因此，合同是市场经济中广泛进行的法律行为。而广义的合同还应包括婚姻、收养、监护等有关身份关系的协议，以及劳动合同等，这些合同由其他法律进行规范，不属于我国《合同法》规范的内容。《合同法》分则部分将合同分为15类：买卖合同；供用电、水、气、热合同；赠与合同；借款合同；租赁合同；融资租赁合同；承揽合同；建设工程合同；运输合同；技术合同；保管合同；仓储合同；委托合同；行纪合同；居间合同。这可以认为是《合同法》对合同的基本分类，《合同法》对每一类合同都作了较为详细的规定。

在市场经济中，财产的流转主要依靠合同。特别是工程项目，标的大，履行时间长，协调关系多，合同尤为重要。因此，建筑市场中的各方主体，包括建设单位、勘察设计单位、施工单位、咨询单位、监理单位、材料设备供应单位等都要依靠合同确立相互之间的关系。如建设单位要与勘察设计单位订立勘察设计合同、建设单位要与施工单位订立施工合同、建设单位要与监理单位订立监理合同等。在市场经济条件下，这些单位相互之间都没有隶属关系，相互之间的关系主要依靠合同来规范和约束。这些合同都是属于《合同法》中规范的合同，当事人都要依据《合同法》的规定订立和履行。

合同作为一种协议，其本质是一种合意，必须是两个以上意思表示一致的民事法律行为。因此，合同的缔结必须由双方当事人协商一致才能成立。合同当事人作出的意思表示必须合法，这样才能具有法律约束力。建设工程合同也是如此。即使在建设工程合同的订立中承包人一方存在着激烈的竞争（如施工合同的订立中，施工单位的激烈竞争是建设单位进行招标的基础），仍需双方当事人协商一致，发包人不能将自己的意志强加给承包人。双方订立的合同即使是协商一致的，也不能违反法律、行政法规，否则合同就是无效的，如施工单位超越资质等级许可的业务范围订立施工合同，该合同就没有法律约束力。

合同中所确立的权利义务，必须是当事人依法可以享有的权利和能够承担的义务，这是合同具有法律效力的前提。在建设工程合同中，发包人必须有已经合法立项的项目，承包人必须具有承担承包任务的相应的能力。如果在订立合同的过程中有违法行为，当事人不仅达不到预期的目的，还应根据违法情况承担相应的法律责任。如在建设工程合同中，当事人是通过欺诈、胁迫等手段订立的合同，则应当承担相应的法律责任。

4.1.2 建设工程监理合同

我国现行的《中华人民共和国建筑法》明确指出："建设单位与其委托的工程监理单位应当订立书面委托监理合同"。按国家规定，建设工程监理合同必须采用书面形式，其主要条款是：监理的范围和内容、双方的权利和义务、监理费的计取与支付、违约责任、双方约定的其他事项。

实际工作中，有一些标准的监理合同可供项目法人和监理单位选用。目前较流行的标准合同有两个：一是建设部和国家工商行政管理局于2000年2月制定的《建设工程委托监理合同》示范文本，主要用于国内建设工程监理；另一是国际咨询工程师联合会（FIDIC）编发的《业主/咨询工程师标准服务协议书》，国内也简称为"白皮书"，主要用于涉外建设工程监理。

4.1.3 城市水工程建设监理合同

城市水工程建设监理合同是建设工程监理合同的一种。同其他类型的建设工程监理合同相比，城市水工程建设监理合同的特殊性主要表现在合同监理的对象上。城市水工程建设监理合同的监理对象是城市水工程项目，有给水厂及给水管网工程、污水处理厂工程、排水管网工程。当然，监理合同中的有关标准和规范等，也只能是与城市水工程有关的标准和规范。

4.2 建设工程监理合同的订立、履行及管理

4.2.1 监理合同的订立

1. 建设工程委托监理合同示范文本

（1）建设工程委托监理合同

"合同"是一个总的协议，是纲领性的法律文件。对委托人和监理人有约束力的合同，除双方签署的"合同"协议外，还包括以下文件：

1）监理委托函或中标函；
2）建设工程委托监理合同标准条件；
3）建设工程委托监理合同专用条件；
4）在实施过程中双方共同签署的补充与修正文件。

（2）建设工程委托监理合同标准条件

建设工程委托监理合同标准条件，其内容涵盖了合同中所用词语定义、适用范围和法规、签约双方的责任、权利和义务、合同生效、变更与终止、监理报酬、争议的解决以及其他一些情况。它是委托监理合同的通用文件，适用于各类建设工程项目监理。各个委托人、监理人都应遵守。

(3) 建设工程委托监理合同的专用条件

签订具体工程项目监理合同时，结合地域特点、专业特点和委托监理项目的工程特点，对标准条件中的某些条款进行补充、修改。

所谓"补充"是指标准条件中的条款明确规定，在该条款确定的原则下，专用条件的条款中进一步明确具体内容，使两个条件中相同序号的条款共同组成一条内容完备的条款。

所谓"修改"是指标准条件中规定的程序方面的内容，如果双方认为不合适，可以协议修改。

2. 监理合同的履行期限、地点和方式

订立监理合同时约定的履行期限、地点和方式是指合同中规定的当事人履行自己的义务完成工作的时间、地点以及结算酬金。在签订《建设工程委托监理合同》时双方必须商定监理期限，标明何时开始，何时完成。合同中注明的监理工作开始实施和完成日期是根据工程情况估算的时间，合同约定的监理酬金是根据这个时间估算的。如果委托人根据实际需要增加委托工作范围或内容，导致需要延长合同期限，双方可以通过协商，另行签订补充协议。

监理酬金支付方式也必须明确：首期支付多少，是每月等额支付还是根据工程形象进度支付，支付货币的币种等。

3. 双方的权利

(1) 委托人权利

1) 在监理合同专用条件内除需明确委托的监理任务外，还应规定监理人的权限。监理合同内授予监理人的权限，在执行过程中可随时通过书面附加协议予以扩大或减小。

2) 对其他合同承包人的选定权

委托人是建设资金的持有者和建筑产品的所有人，因此对设计合同、施工合同、加工制造合同等的承包单位有选定权和订立合同的签字权。监理人在选定其他合同承包人的过程中仅有建议权而无决定权。

3) 委托监理工程重大事项的决定权

委托人有对工程规模、规划设计、生产工艺设计、设计标准和使用功能等要求的认定权和工程设计变更审批权。

4) 对监理人履行合同的监督控制权

委托人对监理人履行合同的监督权利体现在以下3个方面：

(A) 对监理合同转让和分包的监督权。除了支付款的转让外，未经委托人的书面同意，监理人不得将所涉及到的利益或规定义务转让给第三方。

（B）对监理人员的控制监督权。合同专用条款或监理人的投标书内，应明确总监理工程师人选和监理机构派驻人员计划。当监理人调换总监理工程师时，须经委托人同意。

（C）对合同履行的监督权。监理人有义务按期提交月、季、年度的监理报告，委托人也可以随时要求其对重大问题提交专项报告，这些内容应在专用条款中明确约定。

（2）监理人权利

监理合同中涉及到监理人权利的条款可分为两大类，一类是监理人在委托合同中应享有的权利，另一类是监理人履行委托人与第三方签订的承包合同的监理任务时可行使的权利。

1）委托监理合同中赋予监理人的权利

（A）完成监理任务后获得酬金的权利。监理人不仅可获得完成合同内规定的正常监理任务的酬金，如果合同履行过程中因主、客观条件的变化，完成附加工作和额外工作后，也有权按照专用条件中约定的计算方法得到额外工作的酬金。

（B）终止合同的权利。如果由于委托人违约严重拖欠应付监理人的酬金，或由于非监理人责任而使监理暂停的期限超过半年以上，监理人可按照终止合同规定程序，单方面提出终止合同，以保护自己的合法权益。

2）监理人执行监理业务可以行使的权利

（A）工程建设有关事项和工程设计的建议权。工程建设有关事项包括工程规模、设计标准、规划设计、生产工艺设计和使用功能要求。

（B）对实施项目的质量、进度和费用的监督控制权。主要表现为：对承包商报的工程施工组织设计和技术方案，按照保质量、保进度和降低成本要求，自主进行审批和向承包商提出建议；征得委托人同意，发布开工令、停工令、复工令；对工程上使用的材料和施工质量进行检验；对施工进度进行检查、监督，未经监理工程师签字，建筑材料、建筑构配件和设备不得在工地上使用，施工单位不得进行下一道工序的施工；工程实施竣工日期提前或延误期限的鉴定；在工程承包合同规定的工程范围内，工程款支付的审核和签认权，以及结算工程款的复核确认与否定权。未经监理人签字确认，委托人不支付工程款，不进行竣工验收。

（C）工程建设有关协作单位组织协调的主持权。

（D）在业务紧急情况下，为了工程和人身安全，尽管变更指令已超越了委托人授权而又不能事先得到批准时，也有权发布变更指令，但应尽快通知委托人。

（E）审核承包商索赔的权利。

4.2.2 监理合同的履行

1. 监理人应完成的监理工作

虽然监理合同的专用条款内注明了委托监理工作的范围和内容，但从工作性质而言属于正常的监理工作。作为监理人必须履行的合同义务，除了正常监理工作之外，还应包括附加监理工作和额外监理工作。这两类工作属于订立合同时未能或不能合理预见，而合同履行过程中发生需要监理人完成的工作。

（1）附加工作

"附加工作"是指与完成正常工作相关，在委托正常监理工作范围以外监理人应完成的工作。可能包括：

1) 由于委托人、第三方原因，使监理工作受到阻碍或延误，以致增加了工作量或延续了时间；

2) 增加监理工作的范围和内容等。

（2）额外工作

"额外工作"是指服务内容和附加工作以外的工作，即非监理人自己的原因而暂停或终止监理业务，其善后工作及恢复监理业务前不超过42天的准备工作时间。

2. 合同有效期

监理合同的有效期即监理人的责任期，不是以合同约定的日历天数为准，而是以监理人是否完成了包括附加和额外工作的义务来判定。因此通用条款规定，监理合同的有效期为双方签订合同后，工程准备工作开始，到监理人向委托人办理完竣工验收或工程移交手续，承包人和委托人已签订工程保修责任书，监理人收到监理报酬尾款，监理合同才终止。如果保修期间仍需监理人执行相应的监理工作，双方应在专用条款中另行约定。

3. 双方的义务

（1）委托人义务

1) 委托人应负责建设工程的所有外部关系的协调工作，满足开展监理工作所需提供的外部条件。

2) 与监理人作好协调工作。委托人要授权一位熟悉建设工程情况，能迅速作出决定的常驻代表，负责与监理人联系。更换此人要提前通知监理人。

3) 为了不耽搁服务，委托人应在合理的时间内就监理人以书面形式提交并要求作出决定的一切事宜作出书面决定。

4) 为监理人顺利履行合同义务，作好协助工作。协助工作包括以下几方面内容：

（A）将授予监理人的监理权利，以及监理人监理机构主要成员的职能分工、监理权限及时书面通知已选定的第三方，并在第三方签订的合同中予以明确。

(B) 在双方议定的时间内，免费向监理人提供与工程有关的监理服务所需要的工程资料。

(C) 为监理人驻工地监理机构开展正常工作提供协助服务。服务内容包括信息服务、物质服务和人员服务三个方面。

(2) 监理人义务

1) 监理人在履行合同的义务期间，应运用合理的技能、认真勤奋地工作，公正地维护有关方面的合法权益。当委托人发现监理人员不按监理合同履行监理职责，或与承包人串通给委托人或工程造成损失时，委托人有权要求监理人更换监理人员，直到终止合同并要求监理人承担相应的赔偿责任或连带赔偿责任。

2) 合同履行期间应按合同约定派驻足够的人员从事监理工作。开始执行监理业务前向委托人报送派往该工程项目的总监理工程师及该项目监理机构的人员情况。合同履行过程中如果需要调换总监理工程师，必须首先经过委托人同意，并派出具有相应资质和能力的人员。

3) 在合同期内或合同终止后，未征得有关方同意，不得泄露与本工程、合同业务有关的保密资料。

4) 任何由委托人提供的供监理人使用的设施和物品都属于委托人的财产，监理工作完成或中止时，应将设施和剩余物品归还委托人。

5) 非经委托人书面同意，监理人及其职员不应接受委托监理合同约定以外的与监理工程有关的报酬，以保证监理行为的公正性。

6) 监理人不得参与可能与合同规定的与委托人利益相冲突的任何活动。

7) 在监理过程中，不得泄露委托人申明的秘密，亦不得泄露设计、承包等单位申明的秘密。

8) 负责合同的协调管理工作。

4．违约责任

(1) 违约赔偿

1) 在合同责任期内，如果监理人未按合同中要求的职责勤恳认真地服务，或委托人违背了他对监理人的责任时，均应向对方承担赔偿责任。

2) 任何一方对另一方负有责任时的赔偿原则是：

(A) 委托人违约应承担违约责任，赔偿监理人的经济损失。

(B) 因监理人过失造成经济损失，应向委托人进行赔偿，累计赔偿额不应超出监理酬金总额（除去税金）。

(C) 当一方向另一方的索赔要求不成立时，提出索赔的一方应补偿由此所导致的对方各种费用支出。

(2) 监理人的责任限度

监理人在责任期内，如果因过失而造成经济损失，要负监理失职的责任；监理人不对责任期以外发生的任何事情所引起的损失或损害负责，也不对第三方违反合同规定的质量要求和完工（交图、交货）时限承担责任。

5. 监理合同的价款与酬金

（1）正常监理工作的酬金

正常的监理酬金的构成，是监理单位在工程项目监理中所需的全部成本，再加上合理的利润和税金。具体应包括：直接成本、间接成本。

（2）附加监理工作的酬金

1）增加监理工作时间的补偿酬金：

$$报酬 = 附加工作天数 \times \frac{合同约定的报酬}{合同中约定的监理服务天数}$$

2）增加监理工作内容的补偿酬金。增加监理工作的范围或内容属于监理合同的变更，双方应另行签订补充协议，并具体商定报酬额或报酬的计算方法。

（3）额外监理工作的酬金

额外监理工作酬金按实际增加工作的天数计算补偿金额，可参照上式计算。

（4）奖金

监理人在监理过程中提出的合理化建议使委托人得到了经济效益，有权按专用条款的约定获得经济奖励。奖金的计算办法是：奖励金额 = 工程费用节省额 × 报酬比率。

（5）支付

1）在监理合同实施中，监理酬金支付方式可以根据工程的具体情况由双方协商确定。一般采取首期支付多少，以后每月（季）等额支付，工程竣工验收后结算尾款。

2）支付过程中，如果委托人对监理人提交的支付通知书中酬金或部分酬金项目提出异议，应在收到支付通知书 24 小时内向监理人发出表示异议的通知，但不得拖延其他无异议酬金项目支付。

3）当委托人在议定的支付期限内未予支付的，自规定之日起向监理人补偿应支付酬金的利息。利息按规定支付期限最后 1 日银行贷款利息率乘以拖欠酬金时间计算。

6. 合同的生效、变更与终止

（1）生效

自合同签字之日起生效。

（2）开始和完成

以专用条件中订明的监理准备工作开始和完成时间为准。如果合同履行过程中双方商定延期时间的，完成时间相应顺延。自合同生效时起至合同完成之间的时间为合同的有效期。

（3）变更

如果委托人要求，监理人可提出更改监理工作的建议，这类建议的工作和移交应看作一次附加的工作。建设工程中难免出现许多不可遇见的事项，因而经常会出现要求修改或变更合同条件的情况。

（4）延误

如果由于委托人或第三方的原因使监理工作受到阻碍或延误，以致增加了工程量或持续时间，由监理人将此情况与可能产生的影响及时通知委托人。增加的工作量应视为附加的工作，完成监理业务的时间应相应延长，并得到附加工作酬金。

（5）情况的改变

如果在监理合同签订后，出现了不应由监理人负责的情况，导致监理人不能全部或部分执行监理任务时，监理人应立即通知委托人。在这种情况下，如果不得不暂停执行某些监理任务，则该项服务的完成期限应予以延长，直到这种情况不再持续。当恢复监理工作时，还应增加不超过 42 天的合理时间，用于恢复执行监理业务，并按双方约定的数量支付监理酬金。

（6）合同的暂停或终止

1）监理人向委托人办理完竣工验收或工程移交手续，承包商和委托人已签订工程保修合同，监理人收到监理酬金尾款结清监理酬金后，合同即告终止。

2）当事人一方要求变更或解除合同时，应当在 42 日前通知对方，因变更或解除合同使一方遭受损失的，除依法可免除责任者外，应由责任方负责赔偿。

3）变更或解除合同的通知或协议必须采取书面形式，协议未达成之前，原合同仍然有效。

4）如果委托人认为监理人无正当理由而又未履行监理义务时，可向监理人发出指明其未履行义务的通知。若委托人在 21 日内没收到答复，可在第一个通知发出后 35 日内发出终止监理合同的通知，合同即行终止。

5）监理人在应当获得监理酬金之日起 30 日内仍未收到支付单据，而委托人又未对监理人提出任何书面解释，或暂停监理业务期限已超过半年时，监理人可向委托人发出终止合同通知。如果 14 日内未得到委托人答复，可进一步发出终止合同的通知。如果第二份通知发出后 42 日内仍未得到委托人答复，监理人可终止合同，也可自行暂停履行部分或全部监理业务。

4.2.3 建设工程监理合同管理

1. 合同管理的内容

有效的城市水工程建设监理合同管理是管理而不仅是控制。它的主要目的是约束双方遵守合同规则，避免双方责任的分歧以及不严格执行合同而造成经济损失。城市水工程建设监理合同管理是指合同双方对合同的签订、分析、履行和控制，保证合同的顺利履行。

合同管理工作大体分 5 个部分：

(1) 合同分析

合同分析就是要弄清合同中的每一项内容，组织有关人员对合同条款、法律条款分别进行学习、分析、解释，以便按合同进行实施。同时也要对项目的延期说明、成本变化、成本补偿、合同条款的变更等进行仔细分析。合同分析可以根据已出版的合同分析手册很容易弄清楚合同条款的责任。若手册上没有，还需要自己分析。

(2) 合同数据档案的建立

把合同条款分门别类地归纳起来，把它们存放在相应的位置上，便于计算机检索。也可以用图表，使合同管理中的各个程序具体化。

(3) 合同网络系统

把合同中的时间、工作和成本用网络形式表达出来，称为合同网络系统。

(4) 合同监督

合同监督一是对合同条款进行经常解释；二是对双方来往信件、文件、会议记录等进行检查和解释。其目的是保证各项工作的精确性、准确性，符合合同要求。

(5) 索赔管理

合同管理的最后一部分就是索赔管理，包括索赔与反索赔。索赔和反索赔没有一个规定标准，只能以项目实施中发生的具体事件为依据进行评价分析，从中找到索赔的理由和条件。前面几项工作是索赔管理的基础或根据，若做不好，索赔管理就会很困难。

所谓索赔，是由于履约的关系受破坏，一方向另一方要求赔偿的经济行为；也有说是贸易中受损失的一方向违约一方提出赔偿损失的要求。需要指出的是索赔不是单方面的，而是双向的，不仅限于监理单位向项目法人提出索赔，而且也有相反的情况。

2. 解决争端的途径

由于城市水工程本身、施工条件以及社会的政治与经济等原因，任何城市水工程建设监理合同总是存在许多风险。虽然合同的双方都应承担一定的责任，但因各方所处的地位不同，所以项目法人与监理单位之间在建设工程监理合同实施过程中发生分歧、争议和索赔是难以避免的。如果金额巨大或后果严重，将有可能发生诉讼或仲裁。

解决争端的途径有4种。

(1) 协商

这种方式是争议发生后，由缔约双方当事人直接协商，自行解决。一般程序是，通过协商，互相作出一定让步。在双方均认为可以接受的基础上，达成和解，使问题得到解决从而消除争议。这种做法既可节省费用，又可保持友好气氛，有利于双方合作关系的发展。但这种办法不够完备，缺乏约束力。

(2) 调解

这种方式是双方共同推举有关方面的专家名流对争议进行调解，使争议得到解决。此法花费不大，解决问题快。但调解人的意见是参照性的，由双方自愿履行，无约束力和强制性。

(3) 仲裁

争议金额巨大或后果严重时，双方都不肯作出较大让步，虽经长期反复协商或调解仍不能解决，或者一方有意毁约，态度不好，没有解决的诚意时所采取的方式。仲裁不同于协商与调解，仲裁应按照仲裁程序，由仲裁员作出裁决。裁决是有约束力的，虽然仲裁组织本身无强制能力和强制措施，但是，如果败诉方不执行裁决，胜诉方有权向法院提出申请。法院可根据胜诉方的要求，出面强制败诉方执行，从而使败诉方不能无视裁决而逃避责任。仲裁比经法院处理问题迅速，也节省费用。

(4) 诉讼

诉讼即向法院起诉。当发生争议后，通过协商调解不能解决，或争议所涉及的金额巨大、后果严重，合同条款中又没有签订仲裁条款，事后又没有达成仲裁协议，则双方当事人中任何一方都可以向有管辖权的法院起诉，申请判决。双方当事人都没有任意选择法院或法官的权力。诉讼须按诉讼程序法，判决按实体法，没有协商余地。

4.3 《业主、咨询工程师标准服务协议书》简介

国际咨询工程师联合会简称 FIDIC。FIDIC 是国际咨询工程师联合会法文名称（Federation Internationle Des Inginieurs Conseils）字头组成的缩写词。1913 年，欧洲四国的咨询工程师协会组成了 FIDIC。第二次世界大战以来，FIDIC 的成员发展较快，它在国际土木工程建设中的影响也越来越大。至今，FIDIC 已拥有来自全球各地的 50 多个成员国，下设四个地区成员协会：亚洲及太平洋地区成员协会（ASPAC）、欧洲共同体成员协会（CEDIC）、非洲成员协会集团（CAMA）和北欧成员协会集团（RIHORD）。目前，FIDIC 已成为国际上工程咨询最具有权威性的咨询工程师组织。

FIDIC 多年来编辑发表了许多条例和有关出版物，最著名的是它制定的合同条件（Conditions of Contract）。"合同条件"是招标文件的一个主要组成部分，它是工程发包方提出的供投标者中标后与项目法人谈判签订合同的依据。国内也有称之为"合同条款"的，但仍以采用"合同条件"一词为宜。合同条款指合同已经签字生效后，合同中所开列的条款。

目前流行的 FIDIC 合同条件是 20 世纪 80 年代以来该组织在一些原有合同条件基础上，修改编写的 3 个合同条件：(1)《土木工程合同条件》（Conditions of

Contract for Works of Civil Engineering Construction），国内也简称为"红皮书"或FIDIC 72条，包括通用条件和专用条件两部分。(2)《电气与机械工程合同条件》(Conditions of Contract for Electrical and Mechanical Works)，国内也有简称为"黄皮书"的。(3)《雇主/咨询工程师标准服务协议书》(Conditions of the Client/Consultant Model Sevices Agreement)，国内也有简称为"白皮书"的。以上3个合同条件，由于具有严谨性、科学性和公正性而为许多国家和有关项目法人、承包商所接受。在多年实践的基础上，目前已成为国际公认的标准合同条件，得到了越来越多的国家以及世界银行等国际金融机构的认可。

改革开放以来，我国许多施工企业开始走向国际工程承包市场，对国际惯用的FIDIC合同条件经历了边学习边实践，由不熟悉到熟悉的过程。与此同时，国内一批又一批利用世界银行贷款建设的工程项目相继开工。这些项目建设都按世界银行要求，应用FIDIC合同条件进行项目管理。实践表明，应用FIDIC合同条件进行工程管理，既符合国际惯例，也确实可以起到控制项目目标的作用。

1990年FIDIC编写的《业主/咨询工程师标准服务协议书》是由过去FIDIC编写的《雇主/咨询工程师建筑工程设计与监理协议书国际通用规则》（缩写为IGRA 1979 D and S）、《雇主/咨询工程师项目管理协议书国际通用规则》（缩写为IGRA 1980 PM）、《雇主/咨询工程师协议国际样板格式》（缩写为IGRA 1979 PI）3种文件演变来的，它代替了上述3种文件。

在《业主/咨询工程师标准服务协议书》的"前言"中对协议书的服务范围明确指出"通用于投资前研究、可行性研究、设计及施工管理、项目管理"。不仅适用于国际，也可适用于国内，是一本适用范围非常广泛的标准文本。例如在项目管理中，它既适用于经济的可行性研究、财务管理、技术培训、资源管理、采购与发包等，也适用于环境影响评价与对策研究、工程技术设计、施工管理和工程管理。

《业主/咨询工程师标准服务协议书》（以下简称"标准协议书"）从表面上看是由两部分组成，即第一部分标准条件和第二部分特殊应用条件，实际上标准协议书由4部分组成，即协议书、第一部分标准条件、第二部分特殊应用条件和3个附件等共同组成一个完整的文本，现对标准协议书的4部分内容简述如下。

1. 协议书

"协议书"由3部分组成。

（1）约首

约首由签约日期、业主、咨询工程师名称和服务项目内容组成。

（2）正文

正文由双方达成的协议组成。在这些协议中，除了需要增加附件内容而填入外，其他只需双方承认即可。

（3）约末

约末由业主、咨询工程师的代表在公证人在场的情况下签名，填写签字地址。

2. 第一部分标准条件

标准协议书第一部分标准条件由9部分组成。这9部分的标题是：定义及解释，咨询工程师的义务，业主的义务，职员，责任和保险，协议书的开始、完成、变更与终止，支付，一般规定，争端的解决。

需指出的是，第一部分标准条件中既没有工程名称，没有业主、咨询工程师的名称，也没有签字的地方，只要双方同意此条件，并在"协议书"中确认此文件为其组成部分之一，即赋予法律效力。

3. 第二部分特殊应用条件

"标准协议书"的第二部分特殊应用条件由两部分组成，即A和B，A是参阅第一部分条款对其中的10条空白处，将双方协商一致的结果清楚地填写在里边，包括项目名称，责任期限，开始、完成时间，赔偿限额，货币支付时间和过期应付款项补偿比例，使用语言，业务所在地和业务总部所在地，业主、咨询工程师的地址、电传号码和传真电话号码，仲裁规则等；B是附加条款，即双方经过协商需要附加的内容。

4. 附件

根据"标准协议书"的要求，应有3个附件，即：

附件A—服务范围

附件B—业主提供的职员、设备、设施和其他人员的服务

附件C—报酬和支付

(1) 附件A—服务范围

在第一部分标准条件中服务范围写明"咨询工程师应履行与项目有关的服务。服务的范围在附件A中规定"。在此，对FIDIC以前编写的服务范围抄录于下：

工程技术　　　—研究
　　　　　　　—准备总体方案
　　　　　　　—费用效益研究（多方案）
　　　　　　　—建立设计标准
　　　　　　　—初步设计（用于费用估计）
　　　　　　　—详细设计
　　　　　　　—列出设备清单
　　　　　　　—准备技术说明书
　　　　　　　—准备技术图
　　　　　　　—对卖方数据作技术分析与比较
　　　　　　　—认可卖方数据

4.3 《业主、咨询工程师标准服务协议书》简介

　　　　　　　—检查
　　　　　　　—进展报告
　　　　　　　—实施控制
　　　　　　　　　　人力
　　　　　　　　　　进度
　　　　　　　　　　预算
　　　　　　　　　　技术文档
　　　　　　　—连续的质量保证措施
　　　　　　　—运行与维修手册
　　　　　　　—施工合同
采　购　　　　—购买
　　　　　　　—催办
　　　　　　　—材料控制
　　　　　　　—供应组织
　　　　　　　—检验
技术监督　　　—检查现场工程的设计、材料、操作工艺符合要求
技术检查　　　—连续的对现场工程检测（质量与数量）并签认
施工管理　　　—管理其他方的工程（承包商）
　　　　　　　—验方
　　　　　　　—审核申报的进度与付款的凭证
　　　　　　　—情况报告
　　　　　　　—工时与费用核实
　　　　　　　—工时与费用预测
　　　　　　　—检查施工方法
　　　　　　　—人力计划与利用
　　　　　　　—供应组织与材料控制
　　　　　　　—产业关系
　　　　　　　—安全与保卫
　　　　　　　—推荐纠正措施
委托代办　　　—训练操作人员
　　　　　　　—协助启用准备
授权、责任与报告制
本节应对上述服务予以扩展，并说明以下各项
　　　　　　　—授权的级别
　　　　　　　—责任的特定方面
　　　　　　　—采用的各种程序

　　　　报告
　　　　报告类型
　　　　报告频数
　　　　方法

（2）附件B—业主提供的职员、设备、设施和其他人员的服务

在第一部分标准条件中对业主提供的职员、设备、设施和其他人员的服务作了规定。同时对附件B作了有约束力的规定。对附件B，需要业主、咨询工程师双方根据需要与可能经过协商确定之后，对提供的职员人数、设备和设施的数量规格等逐项填写。

（3）附件C—报酬与支付

在第一部分标准条件中作了明确而具体的规定。FIDIC在1980年编写的《项目管理协议书国际通用规则》曾对附件C报酬与支付作过说明，现摘抄于下：

对项目经理的报酬可用以下6种主要方法或其中几种方法相结合的方式付给。

1）基本薪金，加附加利益，加间接费，加变动费。

2）基本薪金，加附加利益，加间接费，加固定费。

3）建设费的百分比计价。

4）基本薪金，加附加利益，加间接费，加固定费，加与工作实施相联系的奖金及/或罚款。

5）建设费的百分数，加与工作实施相联系的奖金及/或罚款。

6）包定总价。

对另外计算的费用、设备材料与所有其他施工费用，支付的方法有：

1）代办计价。

2）代办加服务费计价。

对各项名词的含义，诸如基本薪金、附加利益、间接费、费率、建设费必须在本节中明确规定，避免发生歧义。

对税款的责任、社会支付与负担的责任应在此节说明并规定偿还给项目经理的方法。作出支付方法的明确规定。

对延期支付的应付利息，其利率应予订明。

复 习 思 考 题

1. 什么是合同？《合同法》分则将合同分为哪几类？
2. 建设工程监理合同中，当事人双方都有哪些权利？
3. 履行监理合同，监理人有哪些义务？
4. 目前在我国基本建设领域中广泛采用的标准合同是什么？
5. 监理合同要求监理人应完成的监理工作是什么？

第5章 城市水工程建设监理目标控制

5.1 城市水工程建设监理目标控制概述

一般地说，城市水工程是为了解决人类生活与生产用水问题和污、废水的处理与排放问题而采取的工程措施。按工程功能划分，城市水工程包括：水处理（净水）工程，污、废水处理工程和水输送三部分。按工程措施划分，主要有：水厂（俗称自来水厂）、城市污水处理厂、城市供水、排水管网、建筑内部给水排水工程、城市小区或庭院给水排水工程，以及工矿企业为解决企业自身污染问题而建筑的局部污、废水处理工程等。

城市水工程建设监理目标控制，与其他的建设工程监理目标控制一样，主要有投资目标控制、进度目标控制和质量目标控制，通常称为"三大控制"，具体地说，城市水工程建设监理工作目标是：

(1) 控制工程投资：即控制实际建设投资不超过计划投资，确保资金合理使用，使资金和资源得到最有效的利用，以期提高投资效益。

(2) 控制工程进度：即控制工程实际建设进度，使工程建设按期完成。

(3) 控制工程质量：即控制工程实际建设质量，使工程达到预定的质量标准和质量等级。

上述投资目标控制、进度目标控制和质量目标控制组成一个既统一又对立的建设工程监理目标"三控制"系统。就一般而论，若确定较高的工程质量目标，往往要投入较多的时间和资金，从而加大了投资，延长了进度。另一方面，由于取得了较高的质量，从而减少了因质量缺陷引起的返工，相对地缩短了进度和避免了返工费用，以及使用维护费用。若确定较短的进度目标，往往会增加工程费用，提高投资，降低工程质量。另一方面，由于取得了较短的进度，从而可以提前投入使用而增加了经营效益。若确定较低的投资目标，则往往要使用价低质次的材料，并促使施工粗制滥造，从而降低了工程质量。因此，在确定每个目标值时，都要考虑到对其他目标的影响，并进行各方面的分析比较，做到目标系统最优。这里应当注意的是：工程安全可靠性和使用功能目标以及施工质量合格目标必须优先予以保证，并力争在此基础上使目标系统最优。在监理目标值确定后，尚须进一步确定目标计划和标准，然后在此基础上采取各种控制与协调措施，争取监理目标值的实现。

5.2 城市水工程建设监理目标控制原理和方法

建设工程监理目标控制是实现监理目标的重要手段。城市水工程建设监理目标控制与其他建设工程监理一样，有共同的控制理论和方法。下面仅就"控制的基本理论"、"监理目标控制系统的一般模式"和"工程实施阶段监理目标动态控制方法"作简要介绍。

5.2.1 控制的基本理论

1. 控制过程一般包括3个步骤：即确定目标标准，检查成效，纠正偏差。
2. 建立控制系统。

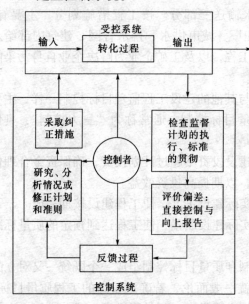

图 5-1 控制模式

控制系统包括被控制子系统（受控系统）和控制子系统，彼此依赖信息流联系起来，如图 5-1 所示。控制子系统又包括两个单元，即制定目标单元和调节单元。前者的任务是确定目标和标准，作出控制决策和计划安排，并对执行情况进行监督；后者的任务是采取措施，纠正实际与标准的偏差。有效控制的基本要求是要同计划与组织相应，要有检查成效的客观、准确、适当的标准，要有及时、正确揭示偏差的能力以及纠正偏差的切实而又经济的措施。

3. 控制过程的形成依赖于反馈原理，它应该是反馈控制和前馈控制的组合。

所谓反馈，是把被控对象的输出信息，回送到控制子系统作为输入并产生新的输出信息，再输入被控对象，影响其行为和结果的过程。只有依据反馈信息，才能对比情况，找出偏差、分析原因、采取措施、进行调节和控制。当今，由于电子计算机的应用，可以获得即时信息，从而缩短复杂问题的控制过程，并对简单问题作到即时控制。但是，即使在获得及时信息的情况下，由于要分析偏差产生的原因，制定相应的纠正措施，是需要一定的时间的，简单的反馈控制实际上常常成为事后控制，起不到"防患于未然"的作用。为了避免造成被动和损失，前馈控制即面对未来的控制是十分重要的。前馈控制是通过监视进入运行过程的输入,以确定它是否符合计划的要求,如果不符合,就要改变输入或运行过程。因此,前馈控制是在科学预测今后可能发生偏差的基础上,在偏差实际发生之前,就采取措施加以控制,防止偏差的发生。从某种意义上讲,前馈控制是一种高级控制。当然,在管理过程中各方面的情况是极为复杂多变的,需要把前馈控制和反馈控制结合起来,形成事前、事中、事后的全过程控制。

4. 在控制中纠偏要采取措施,采取控制要讲究方式和方法。

控制的方式和方法有:总体控制和局部控制;全面控制和重点控制;主管人员控制和全员控制;直接控制和间接控制;预算控制;事前、事中、事后控制;行政方法、技术方法、经济方法和法律方法的控制;直接采取措施消除偏差的控制和避免或减轻外部干扰的控制等等。对于这些的采用,应从实际出发,讲究实效,以保证目标的实现,将上述各种方式、方法或措施归并为组织措施、经济措施、合同措施、技术措施,分别对监理的三大目标进行控制,我们将其系统化为图 5-2 所示的监理目标控制系统的一般模式。

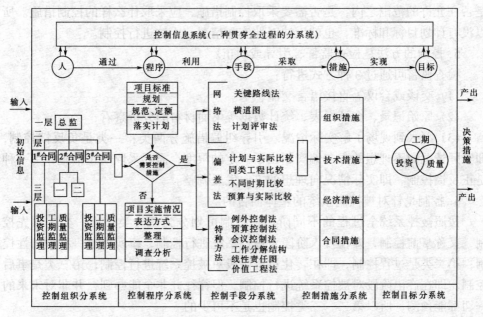

图 5-2 监理目标控制系统的一般模式

5.2.2 监理目标控制系统的一般模式

1. 监理目标控制系统是指监理班子以一定组织形式、一定程序、一定手段和 4 种措施对项目监理的目标进行全过程的控制,保证项目按规划的轨道进行,力争使实际与标准间的偏差减小到最低限度,确保监理总目标的实现。

2. 该控制系统包括:组织子系统、程序子系统、手段子系统、措施子系统、目标子系统和信息子系统,其中控制的信息子系统贯穿于项目实施的全过程,一方面要从各子系统取得信息，另一方面又要把经加工整理的信息传递给各子系统。其他几个子系统的关系可以概括为：人通过程序，利用一定手段，采取一定措施，实现其目标。

3. 控制层次。

控制按任务不同实行分层控制，控制层次大致可以分为两类：一类是直接控制层，即作业控制层，这种控制任务由直接负责检查监督规划执行情况的人员履行；另一类是间接控制层，亦战略控制层，主要根据作业层控制人员的反馈信息进行控制，对于一些重要的反馈信息，战略控制层的人员也可以直接检查监督。图示的控制层可分三层：第一层是控制总负责人，即总监理工程师；第二层是战略控制层，如根据每个合同号设驻地监理工程师负责；第三层为作业控制层，如设监理员等。

4. 控制是按事先拟定的计划和标准进行的。

控制活动就是要检查实际发生的情况与预期的计划标准是否存在偏差，偏差是否在允许的范围之内，是否需要采取控制措施，应采取什么样的控制措施。所以没有计划目标和标准，也就无法对照实际情况，无法进行控制。

5. 控制的方法是检查监督、引导或纠正。

检查监督可通过3种方式进行：

（1）交谈或会议等直接语言交流；

（2）原始记录、会计报表、统计数据等书面材料的分析察看；

（3）深入到现场了解实际情况。引导纠偏措施分两类：一类是负反馈控制，即实际情况向不理想的方向偏离超出了一定的限度，需要采取纠正措施；另一种是正反馈控制，即实际情况向理想的方向发展调整。

6. 控制是针对被控制系统的整体而言的。

按照被控系统全过程的不同阶段，控制可划分为三大类：第一类是预先控制，又称事前控制，即在投入阶段对被控系统进行控制，事实上是一种预防性控制；第二类是过程控制，即在转化过程阶段对被控系统进行控制；第三类是事后控制，即在产出阶段对被控系统进行控制，但往往并非全能办到，并非对未来的一切都能预测，所以第二、三类控制也是不可少的。

7. 信息是控制的基础。

控制是否有效主要取决于信息的全面、准确、及时。在工程项目控制信息系统中的信息资料大致可分为3类：第一类是项目设计阶段所拥有的原始信息资料；第二类是运行过程反馈的实际信息资料；第三类是对上述两种信息资料加工处理而形成的比较资料。

第一类包括：

（1）各种合同资料如土建工程合同、物资供应合同等；

（2）各种计划、施工方案、设计图纸和定额，各种施工及验收标准、规范、规程、规定等信息资料；

(3) 各种控制人员和控制工作责任、权力和利益的资料，其中包括各种信息由谁来收集、保管和传送，控制决策由谁作出、谁执行及审批程序等。

第二类资料主要有：

(1) 各种工程变化资料，包括协作条件变化、标准的变化、工程内部情况的变化以及工程变更等；

(2) 工程实际进展资料，包括工程量完成情况，工程进展、工程质量及材料消耗等。

第三类资料主要有：

(1) 实际情况与计划标准的比较资料；

(2) 实际情况同历史上各个时期同类工程项目的比较资料。

8. 控制同计划和组织有着紧密的联系。

控制保证计划的执行并为下一步计划提供依据，而计划的调整和修正又是控制工作的内容，控制与计划构成一个连续不断的"循环链"。控制又是对组织及其人员工作进行的评价，指明偏差并提出纠正偏差的措施，而纠正偏差又要靠组织工作和组织结构的完善来实现。

5.2.3 工程项目实施阶段监理目标动态控制原理与实施

图 5-3 是一张非常重要的动态控制原理图。现就这张图作以下几点解释。

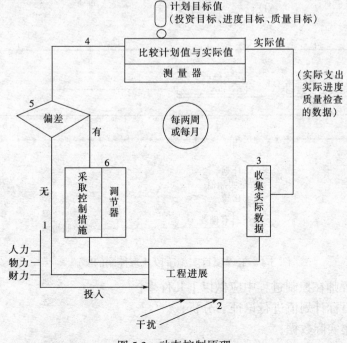

图 5-3 动态控制原理

1. 从左下角看起,那是工程项目投入,即把人力、物力、资金投入到设计、施工中;

2. 设计、施工、安装的行为发生之后称工程进展,工程进展过程中必然碰到干扰,也就是说有干扰是必然的,没有干扰是偶然的;

3. 收集反映工程进展情况的实际数据;

4. 把投资目标、进度目标、质量目标等计划值与实际值(实际支出、实际进度、质量检查数据)进行比较,相当于电工学中的测量器;

5. 检查有无偏差,如无偏差,项目继续进展,继续投入人力、物力、资金;

6. 如有偏差,则需采取控制措施,这相当于电工学中的调节器。这个流程每两周或每月循环地进行,并由监理工程师填写报表送业主和总监理工程师。控制相当于汽车司机的操纵方向盘,经常调整方向以到达目的地。

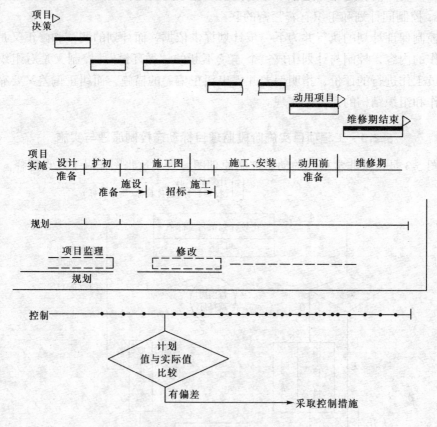

图 5-4 工程项目实施阶段监理控制的实施

监理工程师在控制过程中应做以下几件事:

(1) 对目标计划值进行论证、分析;

(2) 收集实际数据;

(3) 进行计划值与实际值的比较；

(4) 采取控制措施以确保目标的实现；

(5) 向业主和总监提出报告。以上这个反复循环过程，称为动态控制过程。

工程项目实施阶段是指从项目决策后直至保修期结束的整个过程，包括设计准备、设计、施工招标、施工安装、动用前准备、保修期等。在这个阶段，监理班子干什么呢？一是做监理规划，规划在设计准备阶段就要编制，编制后要不断进行修改。二是做控制工作，图5-4中下面的黑点就是控制点，每隔一段时间就要控制一次，即把计划值与实际值进行比较，看有没有偏差，如有偏差则必须及时采取控制措施。

5.3 城市水工程建设监理协调

按我国现行体制和传统习惯，城市水工程建设是市政工程建设的重要组成部分，投资大、涉及面广。从我国建成的北京高碑店污水处理厂和天津东郊污水处理厂来看都涉及到从政府到地方，从建设单位到承包商（含总包和分包），从设计部门到施工单位，从材料设备供应单位到财政金融部门以及新闻、消防、公安、外事部门和外商等方方面面。因此，要取得建设工程监理目标的顺利完成，必须协调好各方面的关系。处理好各种冲突和矛盾，促使涉及工程项目的各方共同建立起互相信任、互相依赖、互相理解、互相支持和友好合作的和谐关系。协调是建设工程监理成功与否的关键，可以说，没有协调，就没有监理。城市水工程建设监理的协调可以划分为：工程项目系统内部关系的协调与工程项目系统与远近外层关系的协调。

5.3.1 工程项目系统内部关系的协调

1. 工程项目系统是由人组成的工作体系。工作效率如何，很大程度上取决于人际关系的协调程度，监理工程师应首先抓好人际关系的协调。

(1) 在人员安排上要量才录用。

对各种人员，要根据每个人的专长进行安排，做到人尽其才。人员的搭配应注意能力互补和性格互补。人员配置应尽可能少而精干，防止力不胜任和忙闲不均现象。

(2) 在工作委任上要职责分明。

对组织内的每一个岗位，都应订立明确的目标和岗位责任。还应通过职能清理，使管理职能不重不漏，做到事事有人管，人人有专责。同时要明确岗位职权。

(3) 在绩效评价上要实事求是。

谁都希望自己的工作做出成绩，并得到组织肯定。但工作成绩的取得，不仅需要主观努力，而且需要一定工作条件和相互配合。评价一个人的绩效应实事求是，以免于无功自傲或有功受屈。这样才能使每个人热爱自己的工作，并对工作充满信心和希望。

（4）在矛盾调解上要恰到好处。

人员之间的矛盾是难免的，一旦出现矛盾就应进行调解。调解要恰到好处，一是要掌握大权，二是要注意方法。如果通过及时沟通、个别谈话、必要的批评，还无法解决矛盾时，应采取必要的岗位更动措施。对上下级之间矛盾，要区别对待，是上级的问题，应作自我批评；是下级问题，应启发诱导；对无原则的纷争，应当批评制止。这样才能使人们始终处于团结、和谐、热情高涨的气氛之中。

2. 项目系统内组织关系的协调

工程项目系统是由若干子系统（项目组）组成的工作体系。每个项目组都有自己的目标和任务。如果每个项目组都从整个项目的整体利益出发，理解和履行自己的职责，那么整个系统就会处于有序的良性状态，否则，整个系统便处于无序的紊乱状态，导致功能失调、效率下降。

组织关系的协调宜从以下几方面入手：

（1）要在职能划分的基础上设置组织机构。

（2）要明确规定每个机构的目标职责、权限，最好以规章制度的形式作出明文规定。

（3）要事先约定各个机构在工作中的相互关系。在工程项目建设中许多工作不是一个项目组（机构）可以完成的，其中有主办、牵头和协作、配合之分，事先约定，才不至于出现误事、脱节等贻误工作的现象。

（4）要建立信息沟通制度，如采用工作例会、业务碰头会、发会议纪要、采用工作流程图或信息传递卡等方式来沟通信息，这样可使局部了解全局，服从并适应全局需要。

（5）及时消除工作中的矛盾和冲突，消除方法应根据矛盾或冲突的具体情况灵活掌握。

例如，配合不佳导致矛盾和冲突，应从明确配合关系入手来消除；争功诿过导致的矛盾或冲突，应从明确考核评价标准入手来消除；奖罚不公导致的矛盾或冲突，应从明确奖罚原则入手来消除；过高要求导致的矛盾或冲突，应从改进领导的思想方法和工作方法入手来消除等等。

3. 工程项目系统内部需求关系的协调

工程项目建设实施中有人员需求、材料需求、设备需求、能源动力需求等，然而资源是有限的，因此，内部需求平衡至关重要。

需求关系的协调可抓以下几个关键环节：

（1）抓计划环节，平衡人、财、物的需求。

工作项目实施中的不同阶段，往往有不同的需求，同一工程项目的不同部位在同一时间往往有相同的需求。这就不仅有个供求平衡问题，而且有个均衡配置问题。解决供求平衡和均衡配置问题的关键在于计划。抓计划环节，要注意抓住期限上的及时性、规格上的明确性、数量上的准确性、质量上的规定性。这样才能体现计划的严肃性，发挥计划的指导作用。

（2）对建设力量的平衡，要抓住瓶颈环节。

施工现场千变万化，有些项目的进度往往受到人力、材料、设备、技术、自然条件的限制或人为因素的影响而成为瓶颈式的"卡脖子"环节。这样的瓶颈环节会成为阻碍全局的"拦路虎"。一旦发现这样的瓶颈环节，就要通过资源、力量的调整，集中力量打攻坚战，攻破瓶颈，为整个工程项目建设的均衡推进创造条件。抓关键、抓主要矛盾，网络计划技术的关键线路法是一种有效的工具。

（3）对专业工程配合，要抓住调度环节。

一个工程项目施工，往往需要机械化施工、土建、机电安装等专业工种交替配合进行。交替进行有个衔接问题，配合进行有个步调问题，这些都需要抓好调度协调工作。

5.3.2 工程项目系统与远近外层关系的协调

工程项目系统与远近外层的关系，主要是业主与远近外层单位的合同关系，因此，监理与远近外层的关系的协调内容，主要是相互配合，顺利履行合同义务，共同保证工程项目建设目标的实现。

1. 业主与承建单位关系的协调

业主与承建单位对工程承包合同负有共同履约的责任，工作往来频繁，在往来中，对一些具体问题产生某些意见分歧是常有的事。在这个层次的协调中，监理工程师应处于公正的第三方，本着充分协商的原则，耐心细致地协调处理各种矛盾。

在不同阶段，需要协调业主与承建单位关系的内容也不尽相同，协调工作内容和方法也随阶段的变化而变化。

（1）招标阶段的协调

中标后，业主与承建单位的合同洽谈和签订，是协调的主要内容。首先要对双方的法人资格和履约能力进行复核。其次，合同中要明确双方的权、责、利，如业主（建设单位）要保证资金、材料（统配部分）、设计、建设场地和外部水、电、通讯、道路的"五落实"；单位要实行"五包"，即按进度定额包进度、按质量评定标准包工程质量、按投标书包单价或总价（若是总价合同的话）、按施工图预算包材料、按承建工程项目整体要求包配套竣工。"五落实"未落实而影响"五包"，或"五包"未按合同兑现，均应受罚。双方罚款条件应对等。

国际工程项目承发包时，必须熟悉国际土木工程施工合同条件（FIDIC），按

FIDIC施工惯例签订合同，特别是在其特殊（专用）条款的拟定上要对"双方"进行协调。

"先说断，后不乱"，应是协调的一项基本原则，上述的一些要求就是根据这一原则提出的。

(2) 施工准备阶段的协调

作好施工准备是顺利组织施工的先决条件。施工准备工作，包括施工所必要的劳动力、材料、机具、技术和场地等准备，这就需要业主和承建单位双方分工协作，共同完成，为开工和顺利施工创造条件。

开工条件是：有完整有效的施工图纸；有政府管理部门签发的施工许可证；财务和材料渠道已经落实，能按工程进度需要拨款、供料；施工组织计划已经批准；加工订货和设备已基本落实；施工准备工作已基本完成，现场已"五通一平"（水通、电通、路通、气通、电讯通、场地平整）。

施工准备涉及资金问题，如果资金不落实，很多准备工作无法进行。国际惯例是业主按合同规定先拨给承包商一笔动员预付款，一般为工程造价的8%～15%不等，个别的达到20%甚至25%，安装工程一般不超过当年安装量10%，特殊情况可适当增加。若业主不按合同规定付给备料款，可商请经办银行从业主账户中支付。承建方收取备料款后应抓紧准备，在约定期限内开工，否则业主方可商请经办银行从承建方账户中收回预付款。为避免以上不愉快的事情发生，监理工程师应保证双方信息沟通，协商办事，督促双方严格按合同执行。

业主和承建双方对施工准备工作应有明确的约定和分工。对于一些习惯性的做法也应事先沟通，以便协调行动。例如，业主负责申请和供应材料的工程，材料结算应明确规定采用哪种方式，如果是承建方包工包料，应由业主将主管部门分配的材料指标划交承建方，由承建方购货付款。若由业主方直接供料，应由业主按材料预算价格作价转给承建方，在结算工程价款时陆续抵扣（对这部分材料不应再收备料款）。在业主委托监理单位的情况下，上述业主方面工作均由监理班子承担。

(3) 施工阶段的协调

这阶段的协调工作，包括解决进度、质量、中间计量与支付的签证、合同纠纷等一系列问题。

1) 进度问题的协调。影响进度因素错综复杂，协调工作也十分复杂。实践证明，有两项协调工作很有效：一是业主和承建单位双方共同商定一级网络计划，并由双方主要负责人在一级施工网络计划上签字，作为工程承包合同的附件；二是设立提前竣工奖，商请业主（监理代行）按一级网络计划节点考核，分期预付，让承建方设立施工进度奖，调动承建方职工的生产积极性。如果整个工程最终不能保证进度，由业主从工程款中将预付进度奖扣回并按合同规定予以罚款。

2) 质量问题的协调。实行监理工程师质量签字认可，对没有出厂证明、不符合使用要求的原材料、设备和构件不准使用，对不合格的工程部位不予验收签证，也不予计算工程量，不予支付进度款。

3) 签证的协调。设计变更或工程项目的增减是不可避免的，且是签订时无法预料的和未明确规定的。对于这种变更，监理工程师要仔细认真研究，合理计算价格，与有关各方充分协商，达成一致意见，并实行监理工程师签证制度。

4) 合同争议的协调。对合同纠纷，首先应协商解决，协商不成时才向合同管理机关申请调解或仲裁，对仲裁决定不服时，可在收到裁决书15日内诉请人民法院审判决定。上述仲裁程序是指国内工程项目而言，若系国际招标工程项目，应按FIDIC有关合同条款执行。一般合同争议切忌诉讼，应尽量协调解决，否则，会伤害感情，贻误时间，甚至可能落个"两败俱伤"的结局。只有当对方严重违约而使自己的利益受到重大损失而不能得到补偿时才采用诉讼手段。如果遇到非常棘手的合同纠纷问题，不妨暂时搁置，等待时机，另谋良策。

(4) 交工验收阶段的协调

业主在交工验收中可以提出这样或那样的问题，应根据技术文件、合同、中间验收签证及验收规范作出详细解释，对不符合要求的工程单元应采取补救措施，使其达到设计、合同、规范要求。

国内工民建工程一般在交工验收后20日内编出竣工结算和"工程价款结算账单"，办理竣工结算，结清账款。结算中既要防止承建方虚报冒领，又要防止业主方无故延付。按国家规定，延付工程款按每日万分之三的利率处以罚款。

(5) 协调总包与分包单位的关系

首先选择好分包单位，明确总包与分包的责任关系，乃至调解其间的纠纷。

2. 协调与设计单位的关系

设计单位为工程项目建设提供图纸，作出工程概预算，以及修改设计等。监理单位必须协调设计单位的工作，以加快进度、确保质量、降低消耗。协调设计单位的关系可从以下几方面入手：

(1) 真诚尊重设计单位的意见

例如组织设计单位向施工单位介绍工程概况、设计意图、技术要求、施工难点等；又如图纸会审时，请设计单位交底，明确技术要求，把标准过高、设计遗漏、图纸差错等问题解决在施工之前；施工阶段，严格按图施工；结构工程验收、专业工程验收、竣工验收等，约请设计代表参加。若发生质量事故，认真听取设计单位的处理意见。

(2) 主动向设计单位介绍工程进展情况，以便促使他们按合同规定或提前出图

施工中，发现设计问题，应及时主动向设计单位提出，以免造成大的损失；若监理单位掌握比原设计更先进的新技术、新工艺、新材料、新设备时，可主动

向设计单位推荐，支持设计单位技术革新等。为使设计单位有修改设计的余地而不影响施工进度，可与设计单位达成协议，限定一个"关门"期限，争取设计、施工单位的理解、配合，如果逾期，设计单位要负责由此造成的经济损失。

3. 协调远外层的关系

工程项目系统与远外层的关系，一般是非合同关系，如政府部门、金融组织、社会团体、服务单位、新闻媒介等。目前在推行监理制中，有一种意见是值得推荐的，即主张政府建设管理部门和业主主要负责协调工程项目远外层的关系，监理单位主要负责协调工程项目内部和近外层的协调关系，亦即业主管"外"，监理单位管"内"的原则性意见。

协调远外层关系的方法主要是运用请示、报告、汇报、送审、取证、宣传、说明等协调方法和信息沟通手段。

（1）与政府关系的协调

工程合同直接送公证机关公证，并报政府建设管理部门和开户银行备案。

征地、拆迁、移民要争取政府有关部门支持，必要时争取由政府部门组织"建设项目协调办公室"或"重点工程建设管理委员会"负责此类问题乃至资金筹措等问题的协调。

现场消防设施的配置，宜请当地公安消防部门检查认可；若运输时涉及阻塞交通问题，还应经交通部门的批准等等；质量等级认证应请质检部门确认；重大质量、安全事故，在配合施工部门采取急救、补救措施的同时，应敦促施工单位立即向政府有关部门报告情况，接受检查和处理；施工中还要注意防止环境污染，特别要防止噪声污染，坚持做到施工不扰民。特殊情况的短期骚扰，应敦促施工单位与毗邻单位搞好关系，求得谅解。特别是大型爆破作业，对居民区、风景名胜区、重要市政、工业设施有影响时，爆破作业方案必须经过批准，并征得所在地公安部门现场察看同意后才能实施等等。

（2）协调与社会团体的关系

工程项目建设资金的收支离不开开户银行，业主和承建单位双方都要通过开户银行进行结算，因此，合同副本应报送开户银行备案，经开户银行审查同意后作为拨付工程价款的依据。若遇到在其他专业银行开户的业主拖欠工程款，监理工程师除应站在公正的立场上，按合同规定维护承包单位利益外，可商请开户银行协助解决拨款问题。

各种城市水工程建成后，不仅会给建设单位带来好处，还会给该地区的经济发展带来好处，同时给当地人民生活带来方便，因此，必然会引起社会各界关注。业主和监理单位应把握这个气候，争取社会各界对工程建设的关心和支持，这是一种争取良好社会环境的协调工作。

复习思考题

1. 城市水工程建设监理工作的目标是什么?
2. 简要叙述投资、质量和进度控制相互之间的关系。
3. 简要叙述建设工程监理目标控制系统的一般模式。
4. 简要叙述建设工程项目实施阶段监理目标动态控制原理。
5. 城市水工程建设监理的协调包括哪几个方面?协调工作主要内容是什么?

第6章 城市水工程建设监理程序和组织

6.1 城市水工程建设监理程序

北京高碑店污水处理厂，日处理能力达到100万吨，投资大、涉及面广，城市水工程中类似这种大型工程的建设监理是一种全方位的监理，必须按我国有关工程项目建设监理的程序进行，而类似小区和庭院给水排水工程或建筑给水排水工程的建设监理是属于群体工程建设监理中的专业监理。本节阐述的城市水工程建设监理程序是具有普遍意义的工程项目建设监理程序。

负责城市水工程建设监理的监理单位，一般可按照以下程序组织建设工程监理活动。

1. 委派总监理工程师、组建监理组织

监理单位根据城市水工程项目的规模、性质和项目法人对监理工作的要求，委派项目总监理工程师，总监理工程师一般应由专门从事城市水工程专业的具有3年以上同类工程监理工作经验的监理工程师担任，全面负责工程项目的监理工作。总监理工程师对内向监理单位负责，对外向项目法人负责。

在总监理工程师的具体指导下，组建项目的监理班子，并根据签订的监理委托合同，制订监理规划和具体的实施计划，开展监理工作。

2. 收集有关资料、熟悉工程情况、掌握开展监理工作的依据

(1) 反映工程项目特征的有关资料：
1) 工程项目的批文；
2) 规划部门关于规划红线范围和设计条件的通知；
3) 土地管理部门关于准于用地的批文；
4) 批准的工程项目可行性研究报告或设计任务书；
5) 工程项目地形图；
6) 工程项目勘测、设计图纸及有关说明。

(2) 反映当地工程建设政策、法规的有关资料：
1) 关于工程建设报建程序的有关规定；
2) 当地关于拆迁工作的有关规定；
3) 当地关于工程建设应交纳有关税、费的规定；
4) 当地关于工程项目建设管理机构资质管理的有关规定；
5) 当地关于工程项目建设实行建设工程监理的有关规定；

6) 当地关于工程建设招投标制的有关规定；

7) 当地关于工程造价管理的有关规定等。

(3) 反映工程所在地区技术经济状况等建设条件的资料：

1) 气象资料；

2) 工程地质及水文地质资料；

3) 交通运输（包括铁路、公路、航运）有关的可提供的能力、时间及价格等的资料；

4) 供水、供电、供热、供燃气、电信有关的可提供的容（用）量、价格等的资料；

5) 勘测设计单位状况；

6) 土建、安装施工单位状况；

7) 建筑材料及构件、半成品的生产、供应情况；

8) 进口设备及材料的有关到货口岸、运输方式的情况等。

(4) 类似工程项目建设情况的有关资料：

1) 类似工程项目投资方面的有关资料；

2) 类似工程项目建设进度方面的有关资料；

3) 类似工程项目的其他技术经济指标等。

3. 制订工程项目监理规划

城市水工程建设监理规划是在项目总监理工程师的主持下，在详细占有监理项目有关资料的基础上，结合监理的具体条件编制的开展项目监理工作的指导性文件。城市水工程监理规划一般包括工程概况、监理范围和目标、主要监理措施、监理组织和监理工作制度等内容。

4. 制订各专业监理工作计划或实施细则

城市水工程一般由建筑工程和设备与管道安装工程组成，为具体指导监理目标中的投资控制、质量控制和进度控制的进行，在监理规划的指导下，还需结合工程项目实际情况，制订出相应的实施性计划或细则，这就是专业监理工作计划。

5. 根据制订的监理工作计划和运行制度，规范化地开展监理工作

作为一种科学的工程项目管理制度，监理工作的规范化体现在：

(1) 工作的时序性。

即监理的各项工作都是按一定的逻辑顺序先后开展的，从而使监理工作能有效地达到目标而不致造成工作状态的无序和混乱。

(2) 职责分工的严密性。

建设工程监理工作是由不同专业、不同层次的专家群体共同来完成的，他们之间严密的职责分工，是协调进行监理工作的前提和实现监理目标的重要保证。

(3) 工作目标的确定性。

在职责分工的基础上，每一项监理工作应达到的具体目标都应是确定的，完成的时间也应有时限规定，从而能通过报表资料对监理工作及其效果进行检查和考核。

6. 监理工作总结

监理工作总结应包括两部分内容：

第一部分是向业主提交的监理工作总结。其内容主要包括：监理委托合同履行情况概述；监理任务或监理目标完成情况的评价；由业主提供的供监理活动使用的办公用房、车辆、试验设施等的清单；表明监理工作终结的说明等。

第二部分是向社会监理单位提交的监理工作总结。其内容主要包括：监理工作的经验，可以是采用某种监理技术、方法的经验；也可以是采用某种经济措施、组织措施的经验；以及签订监理委托合同方面的经验；如何处理好与业主、承包单位关系的经验等。

6.2 城市水工程建设监理的组织形式

6.2.1 项目监理机构的组织形式

项目监理机构的组织形式是指项目监理机构具体采用的管理组织结构，应根据建设工程的特点、建设工程组织管理模式、业主委托的监理任务以及监理单位自身情况而确定。常用的项目监理机构组织形式有以下几种：

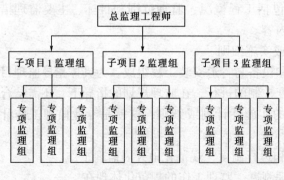

图 6-1 按子项目分解的直线制监理组织形式

1. 直线制监理组织形式

这种组织形式的特点是项目监理机构中任何一个下级只接受惟一上级的命令。各级部门主管人员对所属部门的问题负责，项目监理机构中不再另设职能部门。

这种组织形式适用于能划分为若干相对独立的子项目的大、中型建设工程。如图 6-1 所示，总监理工程师负责整个工程的规划、组织和指导，并负责整个工程范围内各方面的指挥、协调工作；子项目监理组分别负责各子项目的目标值控制，具体领导现场专业或专项监理组的工作。

如果业主委托监理单位对建设工程实施全过程监理，项目监理机构的部门还可按不同建设阶段分解设立直线制监理组织形式，如图 6-2 所示。

6.2 城市水工程建设监理的组织形式　　69

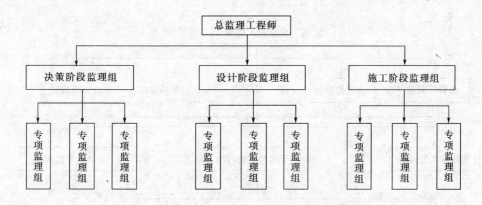

图 6-2　按建设阶段分解的直线制监理组织形式

对于小型建设工程，监理单位也可以采用按专业内容分解的直线制监理组织形式，如图 6-3 所示。

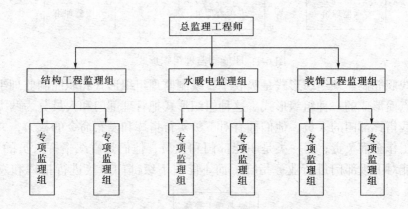

图 6-3　按专业内容分解的直线制监理组织形式

直线制监理组织形式的主要优点是组织机构简单，权力集中，命令统一，职责分明，决策迅速，隶属关系明确。缺点是实行没有职能部门的"个人管理"，这就要求总监理工程师博晓各种业务，通晓多种知识技能，成为"全能"式人物。

2. 职能制监理组织形式

职能制监理组织形式，是在监理机构内设立一些职能部门，把相应的监理职责和权力交给职能部门，各职能部门在本职能范围内有权直接指挥下级，如图 6-4 所示。此种组织形式一般适用于大、中型建设工程。

这种组织形式的主要优点是加强了项目监理目标控制的职能化分工，能够发挥职能机构的专业管理作用，提高管理效率，减轻总监理工程师负担。但由于下级人员受多头领导，如果上级指令相互矛盾，将使下级在工作中无所适从。

3. 直线职能制监理组织形式

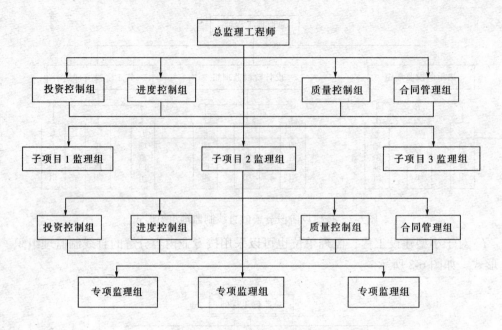

图 6-4 职能制监理组织形式

直线职能制监理组织形式是吸收了直线制监理组织形式和职能制监理组织形式的优点而形成的一种组织形式。这种组织形式把管理部门和人员分为两类：一类是直线指挥部门的人员，他们拥有对下级实行指挥和发布命令的权力，并对该部门的工作全面负责；另一类是职能部门和人员，他们是直线指挥人员的参谋，他们只能对下级部门进行业务指导，而不能对下级部门直接进行指挥和发布命

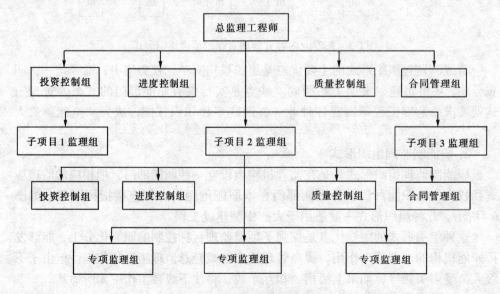

图 6-5 直线职能制监理组织形式

令。如图 6-5 所示。

这种形式保持了直线制组织实行直线领导、统一指挥、职责清楚的优点,另一方面又保持了职能制组织目标管理专业化的优点;其缺点是职能部门与指挥部门易产生矛盾,信息传递路线长,不利于互通情报。

4. 矩阵制监理组织形式

矩阵制监理组织形式是由纵横两套管理系统组成的矩阵性组织结构,一套是纵向的职能系统,另一套是横向的子项目系统,如图 6-6 所示。

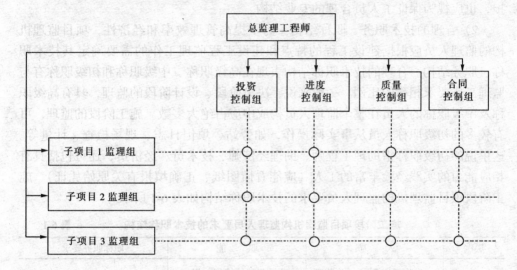

图 6-6　矩阵制监理组织形式

这种形式的优点是加强了各职能部门的横向联系,具有较大的机动性和适应性,把上下左右集权与分权实行最优的结合,有利于解决复杂难题,有利于监理人员业务能力的培养。缺点是纵横向协调工作量大,处理不当会造成扯皮现象,产生矛盾。

6.2.2　项目监理机构的人员配备及职责分工

1. 项目监理机构的人员配备

项目监理机构中配备监理人员的数量和专业应根据监理的任务范围、内容、期限以及工程的类别、规模、技术复杂程度、工程环境等因素综合考虑,并应符合委托监理合同中对监理深度和密度的要求,能体现项目监理机构的整体素质,满足监理目标控制的要求。

项目监理机构应具有合理的人员结构,包括以下两方面的内容:

1) 合理的专业结构。即项目监理机构应由与监理工程的性质(是民用项目或是专业性强的生产项目)及业主对工程监理的要求(是全过程监理或是某一阶段如设计或施工阶段的监理，是投资、质量、进度的多目标控制或是某一目标的控制）相适应的各专业人员组成，也就是各专业人员要配套。

一般来说，项目监理机构应具备与所承担的监理任务相适应的专业人员。但是，当监理工程局部有某些特殊性，或业主提出某些特殊的监理要求而需要采用某种特殊的监控手段时，如局部的钢结构、网架、罐体等质量监控需采用无损探伤、X光及超声探测仪，水下及地下混凝土桩基需采用遥测仪器探测等等，此时，将这些局部的专业性强的监控工作另行委托给有相应资质的咨询机构来承担，也应视为保证了人员合理的专业结构。

2）合理的技术职务、职称结构。为了提高管理效率和经济性，项目监理机构的监理人员应根据建设工程的特点和建设工程监理工作的需要确定其技术职称、职务结构。合理的技术职称结构表现在高级职称、中级职称和初级职称有与监理工作要求相称的比例。一般来说，决策阶段、设计阶段的监理，具有高级职称及中级职称的人员在整个监理人员构成中应占绝大多数。施工阶段的监理，可有较多的初级职称人员从事实际操作，如旁站、填记日志、现场检查、计量等。这里说的初级职称指助理工程师、助理经济师、技术员、经济员，还可包括具有相应能力的实践经验丰富的工人（应能看懂图纸、正确填报有关原始凭证）。施工阶段项目监理机构监理人员要求的技术职称结构如表 6-1 所示。

施工阶段项目监理机构监理人员要求的技术职称结构　　　　表 6-1

层次	人员	职能	职称职务要求		
决策层	总监理工程师、总监理工程师代表、专业监理工程师	项目监理的策划、规划；组织、协调、监控、评价等	高级职称		
执行层 协调层	专业监理工程师	项目监理实施的具体组织、指挥、控制、协调等		中级职称	初级职称
作业层 操作层	监理员	具体业务的执行			

2. 项目监理机构监理人员数量的确定

（1）影响项目监理机构人员数量的主要因素

1）工程建设强度。工程建设强度是指单位时间内投入的建设工程资金的数量，用下式表示：

$$工程建设强度 = 投资/工期$$

其中，投资和工期是指由监理单位所承担的那部分工程的建设投资和工期。一般投资费用可按工程估算、概算或合同价计算，工期是根据进度总目标及其分目标计算。

显然，工程建设强度越大，需投入的项目监理人数越多。

2) 建设工程复杂程度。根据一般工程的情况，工程复杂程度涉及到以下各项因素：设计活动多少、工程地点位置、气候条件、地形条件、工程地质、施工方法、工程性质、进度要求、材料供应、工程分散程度等。

根据上述各项因素的具体情况，可将工程分为若干工程复杂程度等级。不同等级的工程需要配备的项目监理人员数量有所不同。例如，可将工程复杂程度按五级划分：简单、一般、一般复杂、复杂、很复杂。工程复杂程度定级可采用定量办法：对构成工程复杂程度的每一因素通过专家评估，根据工程实际情况给出相应权重，将各影响因素的评分加权平均后根据其值的大小确定该工程的复杂程度等级。例如，将工程复杂程度按10分制计评，则平均分值 $1\sim3$ 分、$3\sim5$ 分、$5\sim7$ 分、$7\sim9$ 分者依次为简单工程、一般工程、一般复杂工程和复杂工程，9分以上为很复杂工程。

显然，简单工程需要的项目监理人员较少，而复杂工程需要的项目监理人员较多。

3) 监理单位的业务水平。每个监理单位的业务水平和对某类工程的熟悉程度不完全相同，在监理人员素质、管理水平和监理的设备手段等方面也存在差异，这都会直接影响到监理效率的高低。高水平的监理单位可以投入较少的监理人力完成一个建设工程的监理工作，而一个经验不多或管理水平不高的监理单位则需投入较多的监理人力。因此，各监理单位应当根据自己的实际情况制定监理人员需要量定额。

4) 项目监理机构的组织结构和任务职能分工。项目监理机构的组织结构情况关系到具体的监理人员配备，务必使项目监理机构任务职能分工的要求得到满足。必要时，还需要根据项目监理机构的职能分工对监理人员的配备作进一步的调整。

有时监理工作需要委托专业咨询机构或专业监测、检验机构进行，当然，项目监理机构的监理人员数量可适当减少。

(2) 项目监理机构人员数量的确定方法

项目监理机构人员数量的确定方法可按如下步骤进行：

1) 项目监理机构人员需要量定额。根据监理工程师的监理工作内容和工程复杂程度等级，测定、编制项目监理机构监理人员需要量定额，如表6-2所示。

2) 确定工程建设强度。根据监理单位承担的监理工程，确定工程建设强度。

例如：某工程分为2个子项目，合同总价为3900万美元，其中子项目1合同价为2100万美元，子项目2合同价为1800万美元，合同进度为30个月。

工程建设强度：$3900 \div 30 \times 12 = 1560$(万美元/年) $= 15.6$(百万美元/年)

监理人员需要量定额（百万美元/年） 表 6-2

工程复杂程度	监理工程师	监理员	行政、文秘人员
简单工程	0.20	0.75	0.10
一般工程	0.25	1.00	0.10
一般复杂工程	0.35	1.10	0.25
复杂工程	0.50	1.50	0.35
很复杂工程	>0.50	>1.50	>0.35

3）确定工程复杂程度。按构成工程复杂程度的 10 个因素考虑，根据本工程实际情况分别按 10 分制打分。具体结果见表 6-3。

工程复杂程度等级评定表 表 6-3

项 次	影响因素	子项目 1	子项目 2
1	设计活动	5	6
2	工程位置	9	5
3	气候条件	5	5
4	地形条件	7	5
5	工程地质	4	7
6	施工方法	4	6
7	进度要求	5	5
8	工程性质	6	6
9	材料供应	4	5
10	分散程度	5	5
平均分值		5.4	5.5

根据计算结果，此工程为一般复杂工程等级。

4）根据工程复杂程度和工程建设强度套用监理人员需要量定额。从定额中可查到相应项目监理机构监理人员需要量如下（百万美元/年）：

监理工程师：0.35；监理员 1.1；行政文秘人员 0.25。

各类监理人员数量如下：

监理工程师：

$$0.35 \times 15.6 = 5.46 \text{人，按 6 人考虑；}$$

监理员：

$$1.10 \times 15.6 = 17.16 \text{人，按 17 人考虑；}$$

行政文秘人员：

$$0.25 \times 15.6 = 3.9 \text{人，按 4 人考虑。}$$

5）根据实际情况确定监理人员数量。本建设工程的项目监理机构的直线制组织结构如图 6-7 所示。

根据项目监理机构情况决定每个部门各类监理人员如下：

监理总部（包括总监理工程师、总监理工程师代表和总监理工程师办公室）：总监理工程师1人，总监理工程师代表1人，行政文秘人员2人。

子项目1监理组：专业监理工程师2人，监理员9人，行政文秘人员1人。

子项目2监理组：专业监理工程师2人，监理员8人，行政文秘人员1人。

施工阶段项目监理机构的监理人员数量一般不少于3人。

项目监理机构的监理人员数量和专业配备应随工程施工进展情况作相应的调整，从而满足不同阶段监理工作的需要。

(3) 项目监理机构各类人员的基本职责

监理人员的基本职责应按照工程建设阶段和建设工程的情况确定。

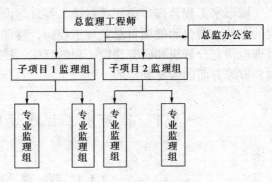

图6-7 项目监理机构的直线制组织结构

施工阶段，按照《建设工程监理规范》的规定，项目总监理工程师、总监理工程师代表、专业监理工程师和监理员应履行职责见第2章2.4节。

复习思考题

1. 简单叙述城市水工程建设监理的一般程序。
2. 我国工程项目建设监理组织有哪几种基本类型？
3. 什么叫监理组织的合理人员结构？
4. 城市水工程建设监理组织是怎样确定的？举例说明。
5. 城市水工程建设监理需要哪些方面的专业监理工程师？
6. 城市水工程建设监理各类人员的基本职责是什么？

第7章 城市水工程建设监理规划

城市水工程监理单位同项目法人签订建设工程监理合同后,为履行合同中规定的义务,需要明确项目总监理工程师,监理规划是在项目总监理工程师和项目监理机构充分分析和研究建设工程的目标、技术、管理、环境以及参与工程建设的各方等方面的情况制定的。

7.1 城市水工程建设监理规划概述

7.1.1 监理规划

监理规划是在总监理工程师的主持下编制的,经监理单位技术负责人批准,用来指导项目监理机构全面开展监理工作的指导性文件。目的是将监理委托合同规定的监理组织承担的责任即监理任务具体化,并在此基础上制定出实现监理任务的措施。编就的监理规划是项目监理组织有序地开展监理工作的依据和基础。

城市水工程建设监理是一项受项目法人委托授权进行项目监督管理的系统工程。既是一项"工程",就要进行事前的系统策划和设计。监理规划就是进行此项工程的"初步设计",此项工程的"施工图设计"就是各项专业监理的实施细则。后者将在本章第三节中介绍。

7.1.2 监理大纲、监理规划、监理实施细则的区别

监理大纲是工程监理单位为获得监理任务在投标阶段编制的项目监理方案性文件,它是投标书的组成部分。其目的是要使项目法人信服:采用本监理单位制定的监理方案,能实现项目法人的投资目标和建设意图,进而赢得竞争,赢得监理任务。可见,监理大纲的作用是为工程监理企业经营目标服务的,起着承接监理任务的作用。

监理规划是在监理委托合同签订后制定的指导监理工作开展的指导性文件,它起着指导监理单位内部自身业务工作的功能的作用。由于它是在明确监理委托关系,以及确定项目总监理工程师以后,在更详细占有有关资料基础上编就的,所以,其包括的内容与深度也比监理大纲更为具体详细。

监理实施细则(又称监理细则)是根据监理规划,由专业监理工程师编写,并经总监理工程师批准,针对工程项目中某一专业或某一方面监理工作的操作性文件。它起着具体指导监理实务作业的作用。

监理大纲、监理规划、监理实施细则三者间的比较，参见表7-1。

监理大纲、监理规划、监理实施细则的比较　　　　表 7-1

	主持人	性质	编制对象	编制时间和作用	内容 为什么做	内容 做什么	内容 如何做
监理大纲	监理单位	方案性文件	项目整体	在监理招标阶段编制的，目的是使项目法人信服，进而获得监理任务	◎	○	
监理规划	总监理工程师	指导性文件	项目整体	在监理委托合同签订后制定，目的是指导项目监理工作，起"初步设计"作用	○	◎	◎
监理实施细则	专业监理工程师	操作性文件	某项专业监理工作	在完善项目监理组织，落实监理责任后制定，目的是具体实施各项监理工作，起"施工图设计"作用		○	◎

7.1.3　编制监理规划的依据

1. 工程建设方面的法律、法规

工程建设方面的法律、法规具体包括三个层次：

(1) 国家颁布的工程建设有关的法律、法规和政策；

(2) 工程所在地或所属部门颁布的工程建设相关的法律、法规、规定和政策；

(3) 工程建设的各种标准、规范。

2. 建设工程外部环境调查研究资料

包括：自然条件方面的资料，社会和经济条件方面的资料等。

3. 政府批准的工程建设文件

包括：政府建设主管部门批准的可行性研究报告、立项批文以及政府规划部门确定的规划条件、土地使用条件、环境保护要求、市政管理规定等。

4. 建设工程监理合同。

5. 其他建设工程合同。

6. 业主的正当要求。

7. 监理大纲。

8. 工程实施过程输出的有关工程信息。

7.2 城市水工程建设监理规划的内容及编制程序

7.2.1 监理规划的内容

施工阶段城市水工程建设监理规划通常包括以下内容：
1．城市水工程概况
城市水工程的概况部分主要编写以下内容：
(1) 城市水工程名称。
(2) 城市水工程地点。
(3) 城市水工程组成及建筑规模。
(4) 主要建筑结构类型。
(5) 预计工程投资总额。
预计工程投资总额可以按以下两种费用编列：
1) 城市水工程投资总额；
2) 城市水工程投资组成简表。
(6) 城市水工程计划进度。
可以以城市水工程的计划持续时间或以城市水工程开、竣工的具体日历时间表示：
1) 以城市水工程的计划持续时间表示：城市水工程计划进度为"××个月"或"×××天"；
2) 以城市水工程的具体日历时间表示：城市水工程计划进度由_____年_____月_____日至_____年_____月_____日。
(7) 工程质量要求。
应具体提出城市水工程的质量目标要求。
(8) 城市水工程设计单位及施工单位名称。
(9) 城市水工程项目结构图与编码系统。
2．监理工作范围
监理工作范围是指监理单位所承担的监理任务的工程范围。如果监理单位承担全都建设工程的监理任务，监理范围为全部建设工程，否则应按监理单位所承担的建设工程的建设标段或子项目划分确定建设工程监理范围。
3．监理工作内容
(1) 建设工程立项阶段建设工程监理工作的主要内容
1) 协助业主准备工程报建手续；
2) 可行性研究咨询/监理；
3) 技术经济论证；

4）编制建设工程投资框算。

(2) 设计阶段建设工程监理工作的主要内容

1）结合建设工程特点，收集设计所需的技术、经济资料；

2）编写设计要求文件；

3）组织建设工程设计方案竞赛或设计招标，协助业主选择好勘察设计单位；

4）拟定和商谈设计委托合同内容；

5）向设计单位提供设计所需的基础资料；

6）配合设计单位开展技术、经济分析，搞好设计方案的比选、优化设计；

7）配合设计进度，组织设计单位与有关部门，如消防、环保、土地、人防、防汛、园林以及供水、供电、供气、供热、电信等部门的协调工作；

8）组织各设计单位之间的协调工作；

9）参与主要设备、材料的选型；

10）审核工程估算、概算、施工图预算；

11）审核主要设备、材料清单；

12）审核工程设计图纸，检查设计文件是否符合设计规范及标准，检查施工图纸是否能满足施工需要；

13）检查和控制设计进度；

14）组织设计文件的报批。

(3) 施工招标阶段建设工程监理工作的主要内容

1）拟定建设工程施工招标方案并征得业主同意；

2）准备建设工程施工招标条件；

3）办理施工招标申请；

4）协助业主编写施工招标文件；

5）标底经业主认可后，报送所在地方建设主管部门审核；

6）协助业主组织建设工程施工招标工作；

7）组织现场勘察与答疑会，回答投标人提出的问题；

8）协助业主组织开标、评标及定标工作；

9）协助业主与中标单位商签施工合同。

(4) 材料、设备采购供应的建设工程监理工作主要内容

对于由业主负责采购供应的材料、设备等物资，监理工程师应负责制定计划，监督合同的执行和供应工作。具体内容包括：

1）制定材料、设备供应计划和相应的资金需求计划。

2）通过质量、价格、供货期、售后服务等条件的分析和比选，确定材料、设备等物资的供应单位。重要设备尚应访问现有使用用户，并考察生产单位的质量保证体系。

3）拟定并商签材料、设备的订货合同。

4) 监督合同的实施,确保材料、设备的及时供应。

(5) 施工准备阶段建设工程监理工作的主要内容

1) 审查施工单位选择的分包单位的资质;

2) 监督检查施工单位质量保证体系及安全技术措施,完善质量管理程序与制度;

3) 参加设计单位向施工单位的技术交底;

4) 审查施工单位上报的实施性施工组织设计,重点对施工方案、劳动力、材料、机械设备的组织及保证工程质量、安全、进度和控制造价等方面的措施进行监督,并向业主提出监理意见;

5) 在单位工程开工前检查施工单位的复测资料,特别是两个相邻施工单位之间的测量资料、控制桩橛是否交接清楚,手续是否完善,质量有无问题,并对贯通测量、中线及水准桩的设置、固桩情况进行审查;

6) 对重点工程部位的中线、水平控制进行复查;

7) 监督落实各项施工条件,审批一般单项工程、单位工程的开工报告,并报业主备查。

(6) 施工阶段建设工程监理工作的主要内容

1) 施工阶段的质量控制。

(A) 对所有的隐蔽工程在进行隐蔽以前进行检查和办理签证,对重点工程要派监理人员驻点跟踪监理,签署重要的分项工程、分部工程和单位工程质量评定表;

(B) 对施工测量、放样等进行检查,对发现的质量问题应及时通知施工单位纠正,并做好监理记录;

(C) 检查确认运到现场的工程材料、构件和设备质量,并应查验试验、化验报告单、出厂合格证是否齐全、合格,监理工程师有权禁止不符合质量要求的材料、设备进入工地和投入使用;

(D) 监督施工单位严格按照施工规范、设计图纸要求进行施工,严格执行施工合同;

(E) 对工程主要部位、主要环节及技术复杂工程加强检查;

(F) 检查施工单位的工程自检工作,数据是否齐全,填写是否正确,并对施工单位质量评定自检工作作出综合评价;

(G) 对施工单位的检验测试仪器、设备、度量衡定期检验,不定期地进行抽验,保证度量资料的准确;

(H) 监督施工单位对各类土木和混凝土试件按规定进行检查和抽查;

(I) 监督施工单位认真处理施工中发生的一般质量事故,并认真做好监理记录;

(J) 对大、重大质量事故以及其他紧急情况,应及时报告业主。

2) 施工阶段的进度控制。
(A) 监督施工单位严格按施工合同规定的进度组织施工；
(B) 对控制进度的重点工程，审查施工单位提出的保证进度的具体措施，如发生延误，应及时分析原因，采取对策；
(C) 建立工程进度台账，核对工程形象进度，按月、季向业主报告施工计划执行情况、工程进度及存在的问题。
3) 施工阶段的投资控制。
(A) 审查施工单位申报的月、季度计量报表，认真核对其工程数量，不超计、不漏计，严格按照合同规定进行计量支付签证；
(B) 保证支付签证的各项工程质量合格、数量准确；
(C) 建立计量支付签证台账，定期与施工单位核对清算；
(D) 按业主授权和施工合同的规定审核变更设计。
(7) 施工验收阶段建设工程监理工作的主要内容
1) 督促、检查施工单位及时整理竣工文件和验收资料，受理单位工程竣工验收报告，提出监理意见；
2) 根据施工单位的竣工报告，提出工程质量检验报告；
3) 组织工程预验收，参加业主组织的竣工验收。
(8) 建设工程监理合同管理工作的主要内容
1) 拟定本建设工程合同体系及合同管理制度，包括合同草案的拟定、会签、协商、修改、审批、签署、保管等工作制度及流程；
2) 协助业主拟定工程的各类合同条款，并参与各类合同的商谈；
3) 合同执行情况的分析和跟踪管理；
4) 协助业主处理与工程有关的索赔事宜及合同争议事宜。
(9) 委托的其他服务
监理单位及其监理工程师受业主委托，还可承担以下几方面的服务：
1) 协助业主准备工程条件，办理供水、供电、供气、电信线路等申请或签订协议；
2) 协助业主制定产品营销方案；
3) 为业主培训技术人员。
4. 监理工作目标
建设工程监理目标是指监理单位所承担的建设工程的监理控制预期达到的目标。通常以建设工程的投资、进度、质量三大目标的控制值来表示。
(1) 投资控制目标：以＿＿＿＿年预算为基价，静态投资为＿＿＿＿万元（或合同价为＿＿＿＿万元）；
(2) 进度控制目标：＿＿＿＿个月或自＿＿＿＿年＿＿＿＿月＿＿＿＿日至＿＿＿＿年＿＿＿＿月＿＿＿＿日；

(3) 质量控制目标：建设工程质量合格及业主的其他要求。

5. 监理工作依据

(1) 工程建设方面的法律、法规；

(1) 政府批准的工程建设文件；

(3) 建设工程监理合同；

(4) 其他建设工程合同。

6. 项目监理机构的组织形式

项目监理机构的组织形式应根据建设工程监理要求选择。

项目监理机构可用组织结构图表示。

7. 项目监理机构的人员配备计划

项目监理机构的人员配备应根据建设工程监理的进程合理安排，如表 7-2 所示。

项目监理机构的人员配备计划　　　　　　表 7-2

时 间	3月	4月	……	12月
专业监理工程师	8	9		6
监理员	24	26		20
文秘人员	3	4		4

8. 项目监理机构的人员岗位职责

9. 监理工作程序

监理工作程序比较简单明了的表达方式是监理工作流程图。一般可对不同的监理工作内容分别制定监理工作程序，例如：

(1) 分包单位资质审查基本程序，如图 7-1 所示。

(2) 工程暂停及复工管理的基本程序，如图 7-2 所示。

10. 监理工作方法及措施

建设工程监理控制目标的方法与措施应重点围绕投资控制、进度控制、质量控制这"三大控制"任务展开。

(1) 投资目标控制方法与措施

1) 投资目标分解。

(A) 按建设工程的投资费用组成分解；

(B) 按年度、季度分解；

(C) 按建设工程实施阶段分解；

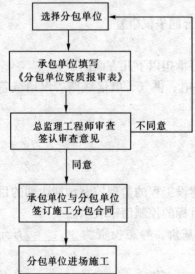

图 7-1　分包单位资质审查基本程序

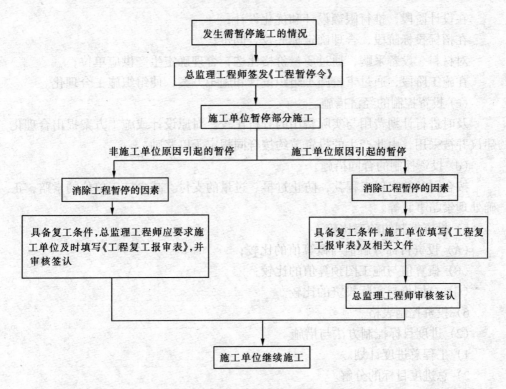

图 7-2 工程暂停及复工管理的基本程序

(D) 按建设工程组成分解。

2) 投资使用计划。

投资使用计划可列表编制（见表 7-3）。

投资使用计划表　　　　　　表 7-3

工程名称	年度				年度				年度				总额
	一	二	三	四	一	二	三	四	一	二	三	四	

3) 投资目标实现的风险分析。

4) 投资控制的工作流程与措施。

（A）工作流程图；

（B）投资控制的具体措施。

（a）投资控制的组织措施。

建立健全项目监理机构，完善职责分工及有关制度，落实投资控制的责任。

（b）投资控制的技术措施。

在设计阶段,推行限额设计和优化设计;
在招标投标阶段,合理确定标底及合同价;
对材料、设备采购,通过质量价格比选,合理确定生产供应单位;
在施工阶段,通过审校施工组织设计和施工方案,使组织施工合理化。
(c) 投资控制的经济措施。
及时进行计划费用与实际费用的分析比较。对原设计或施工方案提出合理化建议并被采用,由此产生的投资节约按合同规定予以奖励。
(d) 投资控制的合同措施。
按合同条款支付工程款,防止过早、过量的支付。减少施工单位的索赔,正确处理索赔事宜等。
5) 投资控制的动态比较。
(A) 投资目标分解值与概算值的比较;
(B) 概算值与施工图预算值的比较;
(C) 合同价与实际投资的比较。
6) 投资控制表格。
(2) 进度目标控制方法与措施
1) 工程总进度计划。
2) 总进度目标的分解。
(A) 年度、季度进度目标;
(B) 各阶段的进度目标;
(C) 各子项目进度目标。
3) 进度目标实现的风险分析。
4) 进度控制的工作流程与措施。
(A) 工作流程图;
(B) 进度控制的具体措施。
(a) 进度控制的组织措施。
落实进度控制的责任,建立进度控制协调制度。
(b) 进度控制的技术措施。
建立多级网络计划体系,监控承建单位的作业实施计划。
(c) 进度控制的经济措施。
对进度提前者实行奖励;对应急工程实行较高的计件单价;确保资金的及时供应等。
(d) 进度控制的合同措施。
按合同要求及时协调有关各方的进度,以确保建设工程的形象进度。
5) 进度控制的动态比较。
(A) 进度目标分解值与进度实际值的比较;

(B) 进度目标值的预测分析。
6) 进度控制表格。
(3) 质量目标控制方法与措施
1) 质量控制目标的描述。
(A) 设计质量控制目标;
(B) 材料质量控制目标;
(C) 设备质量控制目标;
(D) 土建施工质量控制目标;
(E) 设备安装质量控制目标;
(F) 其他说明。
2) 质量目标实现的风险分析。
3) 质量控制的工作流程与措施。
(A) 工作流程图;
(B) 质量控制的具体措施。
(a) 质量控制的组织措施。
建立健全项目监理机构,完善职责分工,制定有关质量监督制度,落实质量控制责任。
(b) 质量控制的技术措施。
协助完善质量保证体系,严格事前、事中和事后的质量检查监督。
(c) 质量控制的经济措施及合同措施。
严格质检和验收,不符合合同规定质量要求的拒付工程款;达到业主特定质量目标要求的,按合同支付质量补偿金或奖金。
4) 质量目标状况的动态分析。
5) 质量控制表格。
(4) 合同管理的方法与措施
1) 合同结构。可以以合同结构图的形式表示。
2) 合同目录一览表（见表7-4）。

合同目录一览表　　　　　　　　表7-4

序　号	合同编号	合同名称	承包商	合同价	合同工期	质量要求

3) 合同管理的工作流程与措施。
(A) 工作流程图;
(B) 合同管理的具体措施。
4) 合同执行状况的动态分析。

5) 合同争议调解与索赔处理程序。
6) 合同管理表格。
(5) 信息管理的方法与措施
1) 信息分类表（见表7-5）。

信息分类表　　　　　　　　　　　表7-5

序　号	信息类别	信息名称	信息管理要求	责任人

2) 机构内部信息流程图。
3) 信息管理的工作流程与措施。
(A) 工作流程图；
(B) 信息管理的具体措施。
4) 信息管理表格。
(6) 组织协调的方法与措施
1) 与建设工程有关的单位。
(A) 建设工程系统内的单位：主要有业主、设计单位、施工单位、材料和设备供应单位、资金提供单位等。
(B) 建设工程系统外的单位：主要有政府建设行政主管机构、政府其他有关部门、工程毗邻单位、社会团体等。
2) 协调分析。
(A) 建设工程系统内的单位协调重点分析；
(B) 建设工程系统外的单位协调重点分析。
3) 协调工作程序。
(A) 投资控制协调程序；
(B) 进度控制协调程序；
(C) 质量控制协调程序；
(D) 其他方面工作协调程序。
4) 协调工作表格。
11. 监理工作制度
(1) 施工招标阶段
1) 招标准备工作有关制度；
2) 编制招标文件有关制度；
3) 标底编制及审核制度；
4) 合同条件拟定及审核制度；
5) 组织招标实务有关制度等。

(2) 施工阶段

1) 设计文件、图纸审查制度；
2) 施工图纸会审及设计交底制度；
3) 施工组织设计审核制度；
4) 工程开工申请审批制度；
5) 工程材料、半成品质量检验制度；
6) 隐蔽工程分项（部）工程质量验收制度；
7) 单位工程、单项工程总监验收制度；
8) 设计变更处理制度；
9) 工程质量事故处理制度；
10) 施工进度监督及报告制度；
11) 监理报告制度；
12) 工程竣工验收制度；
13) 监理日志和会议制度。

(3) 项目监理机构内部工作制度

1) 监理组织工作会议制度；
2) 对外行文审批制度；
3) 监理工作日志制度；
4) 监理周报、月报制度；
5) 技术、经济资料及档案管理制度；
6) 监理费用预算制度。

12. 监理设施

业主提供满足监理工作需要的如下设施：

(1) 办公设施；
(2) 交通设施；
(3) 通讯设施；
(4) 生活设施。

常规检测设备和工具　　　　表 7-6

序号	仪器设备名称	型号	数量	使用时间	备注
1					
2					
3					
4					
5					
6					

根据建设工程类别、规模、技术复杂程度、建设工程所在地的环境条件，按

委托监理合同的约定，配备满足监理工作需要的常规检测设备和工具（见表 7-6）。

7.2.2 监理规划编制的一般程序

1. 规划信息的收集和处理

作为编制规划的第一步，必须收集与项目有关的所有信息。收集的信息越完整、越精确、越及时，规划的质量越高。

2. 确认项目目标

（1）目标的识别

目标的识别是根据所获得的信息，对项目的目标进行分析和评价，判别真伪，充分考虑约束条件。在识别目标的过程中，要明确的问题有：

项目法人真正目的是什么？

目标实现的可能性有多大？

项目法人在什么背景下提出这些目标的？

在什么条件下能实现这些目标？

实现这些目标的标准是什么？

目标与目标之间的关系如何？

（2）目标实现的先后次序

任何项目的目标都不是独立的，一般都有多个目标。在确认了目标以及目标与目标之间的相互关系之后，需要对目标进行排序，分清主次。例如将进度目标放在第一位，则相应的成本和质量目标就可能要作一些让步。

（3）目标的衡量

1）目标的量化。对要实现的目标，最好首先将其量化。对于那些确实难以量化的目标，可以采取一些技术措施进行处理，如找出相关可量化的指标或定义、可接受水平等等。例如，某项目有保护环境的目的，美国 1985 年规定实行"零排放"，即禁止一切污染物排入水体，我国目前尚不可能实现"零排放"，但要确定河流自净能力。

2）目标的满意度。目标量化的结果是给出一个特定的目标值 E，但任何项目实施后实现的目标都不可能绝对等于 E，这是显而易见的。因此，在目标量化以后，需要定义一个可以接受的置信水平，也就是与目标值 E 的偏差多大，才可以接受。若可以接受的偏差定义 $\pm\Delta$，则目标实现的结果在 $(E\pm\Delta)$ 的范围内时，目标要求就被认为满足了。

3. 工作说明（SOW）

SOW（Statement of Work）是对实现项目目标所要进行的工作或活动的一种叙述性描述。SOW 的复杂程度取决于项目法人、高层次管理人员以及规划使用者的要求。

项目在组织内部，SOW 一般由计划部门根据执行部门提供的信息制定，然后由执行部门确认；如果项目处在组织外部，也就是处在一个竞争的招标环境中，SOW通常由承包商或委托的项目管理机构根据项目法人要求准备，然后取得项目法人的认可。监理规划就属于后一种。

一般来说，在项目目标明确以后，须列举完成这些目标所要进行的工作或任务，说明这些工作或任务的内容、要求和程序。这种描述按一定格式给出时，便形成了SOW。

4. 工作分解结构（WBS）和业务责任图（LRC）

WBS（Wrok Breakdown Structure）是项目监理规划与控制的基础资料。它是根据系统工程的思想用树形图将一个功能实体（项目）逐级划分成若干个相对独立的工作单元，以便更有效地组织、计划、控制项目整体的实施。WBS的特点是确保项目参与者（项目法人、承包商、主管部门等）从整体上理解自己承担的工作与全局的关系，从而能够尽早发现问题，及时解决。WBS作为项目参与者的信息基础和共同言语，是他们之间信息交流和共同工作的基础。WBS中的最终工作单元应是相对独立的、有意义的，每一个单元应责权分明，易管理，有始终，有确定的衡量标准，在实施过程中易检查，人、财、物的消耗都能测定，便于成本核算。

WBS的步骤：

（1）根据所获信息，将项目按工作内容逐级分解，直到确定的、相对独立的工作单元；

（2）对于每一个工作单元，应该说明其性质、特点、工作内容、目标、资源输入（人、财、物、基础设施、服务等），列出与其有联系的机构，进行成本估算、时间估算，并确定执行这项工作的负责人和相应的组织形式、人员安排；

（3）各工作单元的责任者对该工作的预算、时间安排、资源需求、人员安排等进行复核，以保证WBS的准确性，复核完毕，形成初步文件报上一级；

（4）将以上信息逐级汇总，明确各项工作实施的先后次序，即确定逻辑关系；

（5）汇总到最高级，将各项成本累积成项目总的初步概算，并以此作为后面项目成本计划（预算）的基础（概算中应该包括直接费用和间接费用、不可预见费用、利润等）；

（6）时间估算和关键事件以及逻辑关系的信息可以汇总为"项目总进度计划"，形成后面项目详细工作规划的基础；

（7）各项工作单元的资源使用汇总成"资源使用计划"（包括设备、材料、资金、人力等）；

（8）总监理工程师对WBS的输出结果进行系统综合评价，拟定项目的实施方案；

（9）形成项目监理规划，呈报项目法人审批；

（10）严格按监理规划实施，在实施中收集进展信息，不断补充、修改。

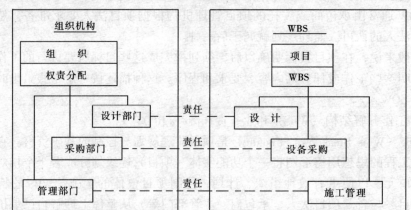

图 7-3 LRC 示意图

WBS 与组织机构并列使用，便形成业务责任图（LRC—Line Responsibility Chart，有人译为线性责任图，此处宜译为业务责任图），以明确各项任务（业务）的责任者，便于项目的实施管理（如图 7-3 所示）。

5. 制定监理规划

根据 WBS 和 LRC 提供的信息确定出各工作单元的任务。各工作单元按照自

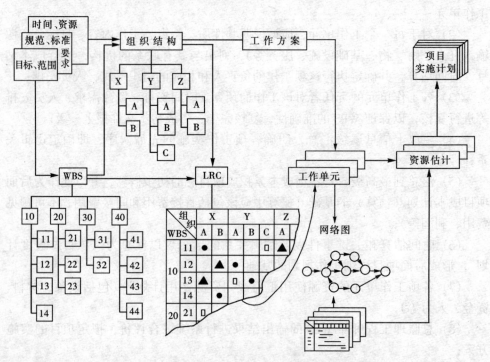

图 7-4 规划的制定过程

已的实施方案编制监理规划。

总的监理规划可以按照 WBS 的层次逐级由下往上汇总，最终构成项目总的监理规划文件，其制定过程可参照图 7-4 所示。

7.3 城市水工程建设监理规划的实施

1. 责任落实

根据编就的城市水工程建设监理规划建立健全监理组织，明确和完善有关人员的职责分工，落实监理工作的责任。

2. 规划交底

由总监理工程师主持，对编就的城市水工程建设监理规划应逐级及分专业进行交底。应使监理人员明确：

(1) 为什么做。

项目法人对监理工作的要求是什么？监理工作要达到的目标是什么？这要通过项目的投资控制、质量控制、进度控制体现出来。

(2) 做什么。

为了达到监理工作的目标，监理的工作范围和工作内容是什么？

(3) 如何做。

监理工作中具体采用的监理措施，如组织方面的措施、技术方面的措施、经济方面的措施、合同方面的措施是什么等。

3. 制定城市水工程建设监理实施细则

监理实施细则是进行监理工作的"施工图设计"。它是在监理规划的基础上，对监理工作"做什么"、"如何做"的更详细的具体化和补充。应根据监理项目的具体情况，由专业监理工程师负责编写。

(1) 设计阶段的实施细则

这一阶段应围绕以下主要内容来制定实施细则。

1) 协助项目法人组织设计竞赛或设计招标，优选设计方案和设计单位；

2) 协助设计单位开展限额设计和设计方案的技术、经济比较，优化设计，保证项目使用功能、安全可靠、经济合理；

3) 向设计单位提供满足功能和质量要求的设备、主要材料的有关价格、生产厂家的资料；

4) 组织好各设计单位之间的协调。

(2) 施工招标阶段实施细则

引进竞争机制，通过招标投标，正确选择施工承包单位和材料设备供应单位；合理确定工程承包和材料、设备合同价；正确拟定承包合同和订货合同条款等。

(3) 施工阶段实施细则

1) 投资控制实施细则。在承包合同价款外，尽量减少所增工程费用；全面履约，减少对方提出索赔的机会；按合同支付工程款等。

2) 质量控制实施细则。一方面，要求承包施工单位推行全面质量管理，建立健全质量保证体系，做到开工有报告，施工有措施，技术有交底，定位有复查，材料、设备有试验，隐蔽工程有记录，质量有自检、专检，交工有资料。另一方面，也应制定一套具体、细致的质监措施，特别是质量预控措施。

3) 进度控制的实施细则。在施工阶段的进度控制应围绕以下内容制定具体实施细则。

（A）严格审查施工单位编制的施工组织设计，要求编制网络计划，并切实按计划组织施工；

（B）由项目法人负责供应的材料和设备，应按计划及时到位，为施工单位创造有利条件；

（C）检查落实施工单位劳动力、机具设备、周转料、原材料的准备情况；

（D）要求施工单位编制月施工作业计划，将进度按日分解，以保证月计划的落实；

（E）检查施工单位的进度落实情况，按网络计划控制，做好计划统计工作；制定工程形象进度图表，每月检查一次上月的进度和安排下月的进度；

（F）协调各施工单位间的关系，使他们相互配合、相互支持和搞好衔接；

（G）利用工程付款签证权，督促施工单位按计划完成任务。

必须强调指出，当处于边设计、边供料、边施工状态时，一定程度上说，决定工程进度的是设计工作的进度，即施工图的出图顺序和日期能否满足工程施工的需要。为此，要按项目施工进度的要求，与设计单位具体商定施工图的出图顺序和日期，并订立相应的协议作为设计合同的补充。

4. 实施城市水工程建设监理过程中的检查和调查

监理规划在实施过程中要定期进行贯彻情况的检查。检查的主要内容有：

(1) 监理工作进行情况。

项目法人为监理工作创造的条件是否具备；监理工作是否按监理规划或实施细则展开；监理工作制度是否认真执行；监理工作还存在哪些问题或制约因素。

(2) 监理工作的效果。

在监理过程中，监理工作的效果只能分阶段表现出来。如工程进度是否符合计划要求，工程质量及工程投资是否处于受控状态等。

根据检查中发现的问题和对其原因的分析，以及监理实施过程中各方面发生的新情况和新变化，需要对原制定的规划进行调整或修改。监理规划的调整或修改，除中间过程的目标外，若影响最终的监理目标应与项目法人协商并取得认可。监理规划的修改或调整与编制时的职责分工相同，也应按照拟定方案、审核、批准的程序进行。

复习思考题

1. 试比较监理大纲、监理规划和监理实施细则的异同。
2. 城市水工程建设监理规划的主要内容是什么？
3. 城市水工程建设监理目标的主要控制措施是什么？
4. 城市水工程建设监理实施细则的主要内容是什么？
5. 城市水工程建设监理规划能否调整？为什么？

第8章 城市水工程设计阶段监理

8.1 城市水工程设计阶段监理的意义

在计划经济的模式下，我国传统的建设管理体制中，工程设计任务是由政府建设管理部门向所属的工程设计单位进行分配，这种模式缺乏竞争机制。建设单位无明确的经济责任又缺少工程建设的专家，对工程设计不能进行有效的监督，甚至无须进行监督。政府建设管理部门对工程设计的审批仅限于宏观决策上的审查，缺乏全面的、微观上的有效监督，尤其缺少对设计全过程中的同步跟踪监督。由于这些原因，致使许多工程项目设计水平不高，甚至不少工程项目设计存在着重大的隐患和严重的浪费现象。

近年来，随着计划经济向市场经济的转轨，改变由行政分配工程设计任务的方式，开放建设市场，实行业主责任制（项目法人责任制），这显然可以促使业主择优选择设计单位，重视对工程设计的监督，也可以促使设计单位提高设计水平。但是，有时由于业主不熟悉工程设计的状况，况且，由于现代工程建设项目所涉及到的专业领域越来越广，专业技术内容也越来越深，业主不可能全面熟悉与掌握这些新情况，因此，尽管开放了建设市场，业主可以择优选择设计单位，但这并没有消除业主不熟悉工程设计的状况，不能减少业主决策上的盲目性，也不能增强对工程设计的微观监督。

解决这一困难的办法是，业主（项目法人）可以委托注册监理单位，对工程设计单位实施设计监理。

实施设计监理，就意味着业主不再是直接与设计单位打交道，而是委托监理单位与设计单位打交道，但设计单位对工程设计的责任和权利并没有由此而改变。由于监理单位是工程建设专业化的咨询机构，它集中了各方面各专业的专家人才，能够充分发挥专家的群体智慧，一方面，可以向业主就建设地址选择、工程规模、采用的设计标准、使用功能要求和相应的投资规模，以及对设计单位设计方案的选择等重大问题，提供客观的、科学的建议，保障业主决策的正确性，避免决策的盲目性；另一方面，可以帮助设计单位避免设计工作中可能出现的失误和浪费，优化工程设计，最终达到保障工程项目安全可靠，提高其适用性和经济性的目的。

8.1.1 设计监理对项目投资目标的影响

一个建设项目经过建设前期的各项工作后，设计就成为工程建设的关键。对于工程设计,其在资源利用上是否合理,厂区布置是否紧凑,设备选型是否得当,技术、工艺、流程是否先进合理,生产组织是否科学,是否能以较少的投资取得较好的综合回报,这在很大程度上取决于设计工作的好坏,所以设计对建设项目在建设过程中的经济性和建成投产后能否充分发挥其生产能力或工程效益起着决定性作用。

控制项目投资目标,是建设工程监理控制的三大目标之一。从图8-1、图8-2可见,设计对项目投资目标的影响是很大的。

图8-1的上半部分反映了项目建设过程投资耗用的情况,横坐标是时间阶段;一个个矩形代表费用支出。建设前期那个矩形面积表示业主花的钱较少;设计阶段(初步设计及施工图设计)业主花的钱也并不很多;而当施工开始后,对应矩形面积很大,花钱就很多。因此,很多人就认为业主的投资多数被施工单位

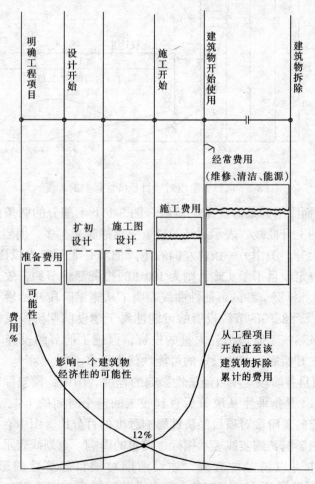

图8-1 项目各阶段的费用及投资
节约可能性与时间的关系图

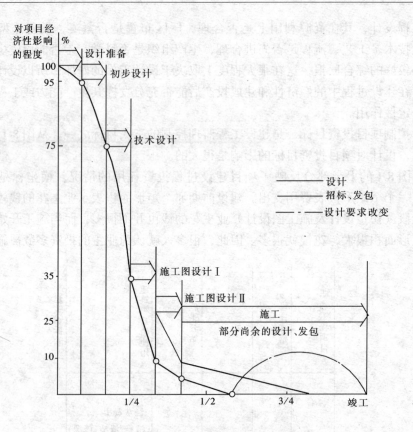

图 8-2 项目各阶段对项目经济性影响的程度

"吃"掉了，从而眼睛总是盯住施工阶段。图 8-1 下半部分的两条曲线，一条从坐标原点出发的上升曲线，表示累计的投资支出额越来越多，而当施工阶段开始后花钱就直线上升。图中另一条自左向右下降曲线是表示节省投资可能性曲线。开始时，如果决定项目不予实施，则为 100% 的投资都将节约，故开始时最高可达 100% 的节省。投资节约的可能性曲线表明了从施工阶段开始后节约投资的可能性仅为 12%，而 88% 的节约投资的可能性属于建设前期阶段及设计阶段。由此可以看出，虽然施工阶段消耗大量的投资，但施工前节约投资的可能性却最大，相反，施工开始后，节约投资的可能性就小得多了。

图 8-2 是项目各阶段对项目经济性影响的程度。图中，横坐标表示时间，其中 1/4、1/2、3/4 是指业主从决策后直到竣工的整个时间的 1/4、1/2、3/4，纵坐标是项目实施的各阶段对项目经济性影响程度的百分比。图中有三种线条，粗实线表示设计的影响，细实线表示招标、发包的影响，点划线表示设计要求变更的影响。从图中可以清楚地看到，建设前期对项目经济性的影响达 95%～100%；初步设计阶段为 75%～95%；技术设计阶段为 35%～75%；施工图设计（其中施工图设计Ⅱ相当于详图设计）阶段为 10%～35%；施工阶段的影响只有

10%。细实线之所以对应到施工图设计Ⅱ结束,是因为许多国家施工详图由施工单位出图,设计单位只做到施工图就结束了。

从图 8-1、图 8-2,很清楚地看出,设计对项目投资目标的影响是很大的,在这一阶段节约投资的可能性极大,因此,对设计阶段实施监理,其意义是很大的。这有一个例子,很能说明这一点。我国上海宝钢集团的引水工程,由于毗邻宝钢的长江水氯离子含量高,将对管道和设备具有较强的腐蚀作用,故而原设计定为由淀山湖引水,这样将铺设巨型管道数十公里。后来,上海市科协组织了腐蚀、环保、水利、土木、建筑、净水、金属等学会和研究会的专家教授,通过调查研究,摸索出长江纵断面、经流量、主流、支流以及涨落潮和氯离子含量的规律,收集了长江水质的几万个数据,然后提出了在长江筑库引水的建议,这一设计方案不但具有水量充沛、水质保证、少占农田、节约运行费用等优点,并且使建设投资节约上千万元。可见设计阶段的监理,对控制项目投资目标,节约项目投资及建成后的生产运行费用等起着关键性作用。

8.1.2 设计监理对项目质量目标的影响

表 8-1 给出了工程质量事故的统计数字。由统计数字可以看出,因设计原因造成的质量事故所占的比例为 40.1%,为最大,故设计的责任最大。

保障工程项目安全可靠,提高其适用性和经济性,既是工程设计工作的目标,也是工程设计监理工作的基本任务。

工程质量事故统计表 表 8-1

质量事故原因	所占百分比(%)
设计责任	40.1
施工责任	29.3
材料原因	14.5
使用责任	9.0
其他	7.1

所谓安全可靠性,就是要保障工程项目的大部分或全部的使用价值不致丧失,投资不致白费。国内外不乏工程项目设计失误的先例。例如,有的工程项目所选的建设地址未能考虑防洪问题,被山洪或泥石流摧毁;有的工程项目其设计标高低于历史最高水位,遭水淹没或排水返流而毁坏;有些工程项目或因其所选的地址与农业生产和生态保护发生尖锐的矛盾,或因其采用的工艺不过关,或因其生产的原材料来源无保障,而不得不报废;有的工程项目,因地质勘探的疏漏或对地基承载力评价的错误而招致不均匀沉陷和毁坏;有许多工程项目,因结构设计计算的错误而倒塌。据不完全统计,在 1981~1985 年的 5 年间,除报废的工程项目外,全国在建或刚刚竣工的房屋工程发生倒塌的就高达 406 起,平均每 4.5 天就发生一起,其中属于设计上的失误就达 40% 以上。这类决策和技术上的失误,其责任应在业主和设计者方面,因为他们具有最终的决定权。没有重视对设计阶段实施监理,也是业主失误的重要因素之一。

作为监理单位,它应具有更为广阔的视野,能在设计监理过程中,事先提出或在审核设计中发现诸如此类的重要问题，对工程项目的质量目标实施影响，帮助业主和设计者避免这类失误的发生。

一个工程项目的质量目标，除了安全可靠性以外，还应当具有适用性。适用性不好的工程项目，尽管其十分安全可靠，但仍不是一项优质工程。

所谓适用性，就是工程项目要具有良好的使用功能和优美的效果。优美的生活和生产环境，既是人们的精神享受，也有利于提高生产。正因为如此，人们通常把适用性称之为工程项目建设的"第一要素"，也是工程设计方案阶段和初步设计阶段需要着力研究的问题，当然也是实施设计监理全部工作的重点。一般来说，对工业企业工程设计，在总体布置上，不要过于分散，而要便于运输和便于联系；但也不要过于集中，相互干扰。在车间内部布置上，工艺和运输流程要衔接顺畅，要有必要的劳动操作面积和空间，不能拥挤和相互妨碍，要有必要的通风、照明、空调、除尘、防毒、防爆等设备，不能影响劳动操作和人的身体健康等。对城市水工程设计，在总体布置上，各个建筑物、构筑物、道路和各种设施的位置要合理，间距要适当，既要便于联系又要避免互相干扰。各类工程的形象处理，要有合适的体形、尺度比例、式样、装饰色调、绿化以及外部空间与环境的和谐等，从而给人以庄重、大方、明快和充满活力的享受。

当然，由于用途的多样性，每个工程项目的适用性要求又有所不同，而且影响适用性要求的因素又是多方面的，如设计标准限制的影响、投资限额的影响、外部环境的影响等等。因此，作为监理单位，在实施设计监理时，一方面要充分发挥设计人员的创造才能，另一方面又要运用自己的知识和经验，并集中各方面专家有益的意见，帮助业主选定最佳的适用方案，或向设计单位提出最佳适用的设计要求，或对设计单位的设计提出优化的意见，使设计的工程项目达到最佳的适用境界。

8.1.3 设计监理对项目进度目标的影响

一个工程项目的进度，取决于全过程中各个阶段的进度的影响，从规划立项、可行性研究报告、工程设计，到施工阶段、三通一平、物资供应、工商税务等等，诸多事务，图8-3表明了设计和物资供应等对项目进度的影响频度。

图中横坐标为拖延进度的原因，纵坐标为工程项目全过程中各个阶段进度对拖延进度的影响频度。由图中可见，设计阶段进度对拖延进度的影响频率是很高的。

在设计阶段中，设计进度失控的原因主要有：建设意图、要求的变化；设计审批时间长；设计者之间的组织与协调存在问题，以及施工、材料、设备等问题，也在一定程度上影响设计进度。

因此，作为设计监理，同时也承担着对设计进度控制的任务，应尽量减小因设计进度对整个工程项目进度的影响频度。

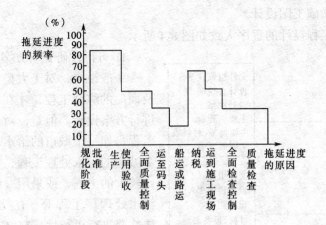

图 8-3 设计和物资供应等对进度的影响

8.2 城市水工程设计阶段监理的内容

根据建设部《建设工程监理试行规定》第十四条，规定了设计阶段监理工作的主要业务内容为：
(1) 提出设计要求，组织评选设计方案；
(2) 协助选择勘察、设计单位，商签勘察、设计合同并组织实施；
(3) 审查设计和概（预）算。

下面结合城市水工程设计的具体实践详细阐述城市水工程设计阶段监理的内容。

8.2.1 城市水工程项目设计概述

为了叙述城市水工程设计阶段监理的内容，有必要事先简要地叙述一下城市水工程项目设计的程序与主要内容。

工程设计阶段一般是指工程项目建设决策完成，即设计任务书下达之后，从设计准备开始，到施工图设计结束这一时间阶段。

工程设计按工作进程和深度的不同，一般分为：可行性研究（方案设计）、初步设计、技术设计和施工图设计（包括施工期间的设计变更）。

工程设计究竟应按几个阶段进行，需视可行性研究的阶段和深度而定。目前我国可行性研究大都还按一个阶段进行，其内容大致相当于国外的初步可行性研究，其深度只需满足计划决策部门确定项目和审批设计任务书的要求。根据这个要求，一个建设项目，可按初步设计和施工图设计两个阶段进行；对技术上复杂的建设项目，根据主管部门的要求，可按初步设计、技术设计和施工图设计三个阶段进行，小型建设项目中技术简单的，经主管部门同意，在简化的初步设计确定后，就可做施工图设计。

城市水工程设计的程序大致如图8-4所示。

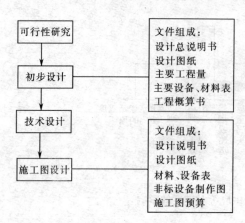

图8-4 城市水工程设计程序

1. 可行性研究（方案设计）

一般说来，对于大型工程，或是涉及面广的综合工程，才在初步设计之前进行方案设计。但是，对于当代城市水工程，如一个城市的给水工程，或是一个城市的污水处理工程，特别是给水量比较大的工程，或采用二级以上处理的污水处理厂工程等，在初步设计之前，往往要进行可行性研究（方案设计）。

由于给水、排水技术近年来的飞速发展，特别是污水处理技术的新工艺、新技术、新设备、新材料日新月异，尤其是对于在设计中引进国外新技术、新设备、新材料、新工艺或国内科研成果、专利产品时，为确保初步设计的顺利开展，搞好方案设计是很有必要的，即使对于常规的内容，比如，取水水源的选择、给水系统的选择、输水管网系统的选择、水处理药剂的选择、微生物菌种的选择等等，由于情况千变万化，环境因素千差万别，作为一名城市水工程师，很有必要对各种方案进行论证，全面权衡，进行技术、经济比较，选择科学性、合理性、先进性的优秀方案。

方案设计的深度一般应满足初步设计的开展，给水排水工艺流程，主要大型设备的预安排，采用新技术、新材料、新工艺、新设备的技术、经济分析等方面的要求。

2. 初步设计

初步设计是根据选定的可行性研究（方案设计）进行更为具体、更为深入的设计。它是在可行性研究（方案设计）的原则指导下进行的。

初步设计一般包括如下内容：

（1）设计的依据和指导思想；

（2）工程规模、产品方案、原材料、燃料、动力的需用量与来源；

（3）工艺流程、主要设备选型和配备；

（4）总图运输；

（5）主要建筑物、构筑物、公用和辅助设施、生活区建设；

（6）占地面积和土地使用情况，外部协作条件；

（7）消防、环保、抗震等措施；

（8）生产组织、劳动定额和主要技术、经济指标及分析；

（9）建设进度和期限；

(10) 工程总概算。

初步设计的深度，应明确工程规模、建设目的、投资效益、设计原则和标准、选定设计方案以及拆迁、征地范围及数量、主要设备和材料订货、设计中存在的问题、注意事项及建议等。

初步设计应能满足审批、控制工程投资和作为编制施工图设计、组织施工和生产准备等方面的要求。

初步设计形成的文件组成一般为：

(1) 设计总说明书；
(2) 设计图纸；
(3) 主要工程量；
(4) 主要设备材料表；
(5) 工程概算书。

"工程概算书"是初步设计中一项相当重要的内容，它不仅涉及到城市水工程项目投资目标的控制，而且影响到下一步工程施工招标投标阶段标底的形成，更进一步会影响到城市水工程项目建设完成后，正常运行维护的经济效益、成本构成、投资回报率等一系列后期经济指标。

工程总概算书由各综合概算及其他工程和费用概算组成，它应当包括建设项目从筹建到竣工验收所需的全部建设费用，可划分为如下3块：

(1) 第一部分，为工程费用项目；
(2) 第二部分，为其他费用项目；

凡不属于上述第一部分的其他必要支出，如土地征购费、青苗赔偿费、树木砍伐费、坟墓拆迁费、房屋拆迁及赔偿费、建设单位管理费、办公及生活用家具购置费、生产人员培训费、勘察设计费、研究试验费、大型临时设施、施工机构迁移费、大型施工机械进出场费、场地清理费、供电贴费、联合试车费、引进技术和进口设备项目的其他费用等。

(3) 不可预见的工程和费用（预备费）。

3. 技术设计

技术设计是针对技术上复杂或有特殊要求而又缺乏设计经验的建设项目而增加的一个阶段设计，用以进一步解决初步设计阶段一时无法解决的一些重大问题，如初步设计中采用的特殊工艺流程须经试验研究，新设备须经试制及确定，大型建筑物、构筑物的关键部位或特殊结构须经试验研究落实，建设规模及重要的技术、经济指标须经进一步论证等。在城市水工程设计中若引进国外新技术、新设备、新工艺、新材料、国内科研成果、专利技术与产品时，进行技术设计是很有必要的。

技术设计根据批准的初步设计进行，其具体内容视工程项目的具体情况、特点和要求，其深度以能解决重大技术问题、指导施工图设计为原则。

技术设计阶段应在初步设计总概算的基础上编制出修正总概算。技术设计文件要报主管部门批准。

4. 施工图设计

施工图设计是在初步设计、技术设计的基础上进行的更深入、更详细、更具体的设计，用以指导建筑及结构安装、设备安装、管道安装、系统连接、电气动力安装、非标设备的加工制作等工程项目施工操作。它的深度应满足设备材料的安排、非标设备的制作、土建、安装工程、施工图预算编制的要求，必须把工程和设备各构成部分的尺寸、布置、主要施工操作方法等，绘制出正确、完整、详尽的建筑和安装详图及必要的文字说明。

施工图设计的文件组成为：

(1) 设计说明；

(2) 设计图纸；

(3) 材料设备表；

(4) 非标设备制作图；

(5) 施工图预算。

在施工图设计阶段应编制施工图预算，并应与已批准的初步设计概算或修正概算核对，以保证施工图总概算控制在经批准的总概算之内。当某些单位工程施工图预算超过概算时，即应分析其原因，如是由于设计造成，则应向设计总负责人提出对施工图设计作必要的修改，使预算控制在批准的总概算内，如无法控制在总概算内时，应报原审批单位批准。

施工图预算经审定后，是确定工程预算造价、签订工程合同、实行建设单位和施工单位投资包干和办理工程结算的依据。实行招标的工程，预算是工程造价的标底。

当设计全部完成以后，要报上级主管部门审批。

大型建设项目的总体设计和初步设计，按隶属关系由国务院各主管部门或省、市、自治区组织审查，提出意见，报国家计委批准；特大、特殊项目，由国家计委报国务院批准。

中型建设项目的初步设计，按隶属关系由国务院各主管部门或省、市、自治区审批，批准文件抄送国家计委备案。国家指定的中型项目的初步设计要报国家计委批准。

小型建设项目的初步设计的审批权限，由主管部门或省、市、自治区制定。

设计文件经批准以后，就具有一定的严肃性，不能任意修改和变更，如必须修改，须报有关部门批准。凡涉及设计任务书的主要内容，如建设规模、产品方案、建设地点、主要协作关系等的修改，须经原设计任务书审批机关批准。凡涉及初步设计的主要内容，如总平面布置、主要工艺流程、主要设备、建筑面积、建筑标准、总定员、总概算等方面的修改，须经原设计审批机关批准。修改工作须由原设计单位负责进行。施工图的修改须经原设计单位的同意。

8.2.2 城市水工程设计准备阶段监理的任务

上面我们详细介绍了城市水工程设计的主要内容，对城市水工程设计有了一个较为清晰的轮廓。下面我们进入城市水工程设计监理的内容介绍。

当监理单位在收到业主的"设计监理委托书"，并决定接受监理委托后，事实上监理单位已经开始介入到该项城市水工程的设计工作中去了，作为监理工程师应立即到岗。此时应任命一名项目总监理工程师，并根据工程的专业要求、监理任务大小等情况，配备各专业监理负责人，进一步与业主洽商，签订"设计监理委托合同"，明确监理的范围、内容和深度，以及责、权、利。在"监理委托合同"签订后，监理单位和总监理工程师要进一步配备监理辅助人员，组成工程项目设计监理班子，正式开展设计监理前的准备工作。即，当接受了监理任务后，监理单位（项目监理班子）需要做好一系列的有关工作：

做好工程设计前的监理准备；

制订"设计要求"文件；

组织设计方案竞赛或设计招标，协助业主选择最优设计方案和设计单位；

磋商工程设计合同，明确设计方的责、权、利和监理方的监理内容、深度、权力；控制投资、控制质量、控制进度；

跟踪审核与优化工程设计；

验收设计文件等。

正式开展工程设计监理前的准备工作主要有：

1. 向业主和有关单位搜集必要的资料

如果监理单位未参加工程项目的前期工作，应向业主和有关单位搜集如下资料（复制件）：

（1）批准的"项目建议书"、"可行性研究报告"、"设计任务书"；

（2）批准的建设选址报告、城市规划部门的批文、土地使用要求、环保要求；

（3）设计阶段的工程地质和水文地质勘察报告、区域图、1/5000～1/10000地形测量图；

（4）地质气象和地震烈度等自然条件资料；

（5）资源报告；

（6）设备条件；

（7）规定的设计标准；

（8）有关的技术、经济定额等。

如果工程前期资料不齐全，应采取补救措施。如上级主管部门有关批文的程序、手续和内容不完备或有不明确之处，应请业主说清情况或敦促业主向主管部门申请补发补充文件。如对工程项目建设和生产的技术、经济条件不清楚，应建议业主组织补充调查。一些特种工艺和技术问题应积极征求有关专家的咨询意见和其他资料，一些需要通过试验取得的主要技术数据，应尽早安排试验取得。

做好监理准备的核心，是要"消化"这些资料，取得基本数据，明了业主意图，分析影响工程可靠性、适用性和经济性的关键因素，研究解决存在问题的途径，以取得监理的主动权和主导权。

2. 拟订工程项目设计监理规划

设计监理规划应是指导设计监理工作全过程的文件。主要内容有：

(1) 明确监理工作的领导和组织体制。

除明确项目总监理工程师的责任外，还要明确各专业监理负责人、经济论证负责人、设计阶段进度控制负责人、信息管理负责人等。同时还要明确这些负责人的分工协作关系，以及与业主及设计单位的关系。

(2) 明确设计监理工作各阶段的任务目标。

如方案设计阶段的监理任务与完成时间，初步设计阶段的监理任务与完成时间，施工图设计阶段的监理任务与完成时间等。

(3) 明确设计方案选择和设计工作所应遵循的基本原则，如投资规模的限定、采用的设计标准、使用功能要求等。

监理规划要与业主进行充分协商，取得一致。特别是设计方案选择和设计工作所应遵循的基本原则，要与业主取得一致意见，作为双方的"共同纲领"，保障对设计方案参赛单位（或设计投标单位）和选定的设计单位口径的一致，使监理工作有个良好的基础。实践表明，凡是在原则问题上与业主口径一致，监理工作就较为顺畅和有效。

3. 编制"设计要求"文件

一般来说，业主并不熟悉设计的具体工作，难以对工程设计事先提出具体要求，这就要依靠监理班子来落实。项目总监理工程师根据与业主商定的基本原则，组织各专业监理人员提出各专业设计的指导原则和具体要求，加以修改汇总，形成"设计要求"文件，提交业主审阅确认，在设计单位选定后，连同监理负责人名单，提交给设计单位，作为商签工程设计合同的重要组成文件。工程设计合同一旦签订，它就是监督设计工作和审核工程设计的依据。

8.2.3 城市水工程设计实施阶段监理的任务

当城市水工程设计正式启动实施，在这阶段监理的任务要牢牢记住"三控制"目标的任务，即：

控制投资目标的任务；

控制质量目标的任务；

控制进度目标的任务。

1. 投资控制的任务

采用有关的组织措施、经济措施、技术措施及合同措施对设计实施各阶段的投资进行控制。

（1）组织措施。

编制本阶段投资控制详细工作流程图；在项目监理班子中落实从投资控制角度进行设计跟踪的人员、具体任务及管理职能分工（如设计挖潜、设计审核、概预算审核、设计费复核、计划值与实际值比较及投资控制报表数据处理等）；聘请专家作技术、经济比较、设计挖潜等。

（2）经济措施。

编制详细的投资计划，用于控制各子项目、各设计工种的限额设计，对设计的进展进行投资跟踪（动态控制）；编制设计阶段详细的费用支出计划，并控制其执行；定期向监理总负责人、业主提供投资控制报表，反映投资计划值和按设计需要的投资值（实际值）的比较结果，以及投资计划值和已发生的资金支出值（实际值）的比较结果。

（3）技术措施。

在设计进展过程中，进行技术、经济比较，通过比较寻求设计挖潜（节约投资）的可能，必要时组织专家论证，进行科学试验。

（4）合同措施。

参与设计合同谈判；向设计单位反复说明在给定的投资范围内进行设计的要求，并以合同措施鼓励设计单位在广泛调研的基础上，在必要的科学论证的基础上，力求优化设计。

2. 质量控制的任务

在设计进展过程中，深入到各工程、各阶段去审核设计是否符合质量要求，根据需要提出修改意见。

3. 进度控制的任务

（1）编制设计阶段工作进度计划并控制其执行；

（2）编制详细的出图计划，并控制其执行。

最后需要强调的是，监理工程师对设计阶段的项目目标的控制，应该是主动的，而不是被动的，监理工程师应能动地影响设计。

8.3 城市水工程设计阶段监理的实施

8.3.1 组织设计方案竞赛

设计方案竞赛是优选设计方案常用的方式，可以组织公开竞赛，愿意参加的设计单位都可以参加，也可以邀请少数预先选出的设计单位参加。

对业主来讲，设计方案竞赛是一种很有效的择优选用设计方案的方式。因为选用优秀的设计方案，可以提高工程项目的适用性，获得很高的经济效益。作为监理工程师必须协助业主，组织好设计方案竞赛工作，取得优秀的设计方案。这对后面的监理工作也是非常有利的。

1. 设计方案竞赛的特点

设计方案竞赛的参加者，只需要提供设计方案，而不像工程设计投标者那样，除提交设计方案以外，还要提交设计进度和设计费报价。

设计方案竞赛的结果一般是把竞赛者分成两类：一类是中奖者，列出第一、第二、第三名等中奖名次；另一类是非中奖者。中奖者得到奖金，非中奖者得到工作的补偿（相当于设计费的1/10左右）。如果业主选用中奖者的设计方案或部分选用中奖者的方案，而另外委托其他单位作设计，还应给中奖者以适当的补偿，应当尊重设计者的知识产权。

当然，设计方案竞赛的第一名往往是下一步设计任务的承担者（但这也不是当然的）。但有时是把前几名所作方案的优点综合起来，作为设计方案的基础，再委托某设计单位进行设计，或通过招标委托某设计单位进行设计。业主不必拘泥于必须委托中奖者第一名承担设计。

2. 设计方案竞赛的组织

一般方法是，由监理单位项目总监理工程师提出设计方案竞赛组织规划或方案竞赛可行性报告，其内容包括：

(1) 工程项目设计规划设想；
(2) 拟邀请参赛设计单位的名单；
(3) 拟聘请评审方案的评委人选；
(4) 编写参赛邀请函（包括参赛条件要求）；
(5) 竞赛信息发布会的组织方案；
(6) 解答参赛单位提出的疑问和踏勘现场的组织方案；
(7) 预审参赛者提交的竞赛文件的组织方案；
(8) 评选设计方案会议的组织方案。

设计方案评审委员，一般由对当地情况比较熟悉的知名专家担任，同时要注意不同专业的专家的人数要有适当的比例，应包括技术专家、经济专家、合同法律专家等。评审委员要以个人名义而不是以所在单位的名义参加。同时要求他们持公正的立场和态度。

3. 参赛邀请函的内容

参赛邀请函的编写，一般除说明设计方案参赛发起者的性质和被邀参赛单位的名称外，还应包括以下内容：

(1) 提交参赛设计方案的截止日期（邮寄者以邮局投递日戳为准，逾期作废）；

(2) 组织现场踏勘的时间及答疑的地点和时间，参赛单位参加人数，以及交通工具和工作午餐的说明；

(3) 设计方案评审的程序和时间（评审会举行以前，不告诉参赛单位评审委员的名单）；

(4) 中奖设计方案的奖金数额和非中奖设计方案的付酬数额；

(5) 对设计方案的基本原则要求，如工程规模，采用的设计标准，使用功能要求，相应的投资控制总额等，同时还要附上编制设计方案所必要的资料，如建设场地地形测量图等；

(6) 设计单位的选定办法，各阶段设计进度，设计费总数等。

4. 参赛设计方案的预审和评审

参赛设计方案的预审，一般由项目总监理工程师、各专业监理工程师和业主承担，必要时，可邀请一些专业人士参加。预审的任务，一是要确定报废设计方案及报废理由；二是要对预选的设计方案进行技术、经济指标的复核和经济性比较；三是提出各预选的设计方案的优缺点。

设计方案评审会，由项目总监理工程师主持或协助业主主持。评审开始之前，一般应就评审办法征求评委们的意见，取得他们的同意。评审会要充分听取和深入讨论各种意见，并对各个参赛设计方案的优缺点和经济指标进行全面的比较。项目总监理工程师要善于归纳各种意见，客观地鉴别正确与不正确的意见，待大多数委员们的意见基本上趋向一致时，再进行投票表决，最后由业主作出决策。对未入选的设计方案，也要明确其不足之处，以便说服持不同意见者。中选的或未中选的设计方案，都要书面通知参赛单位，对中选的设计单位还要进一步确定是否由其中的某设计单位承担设计。设计单位确定后，再与之商签工程设计合同。

8.3.2 组织设计招标

工程设计招标也是运用竞争机制优选设计方案和设计单位的一种很好方式。与设计方案竞赛的区别是：参赛者只提交参赛设计方案，而投标者除提交设计方案以外，还应提交包括设计进度和设计费报价在内的投标文件；参赛获得第一名者不一定是设计任务的当然承担者，而投标者谁中标谁就是设计任务的承担者。

工程设计招标，按国家法规规定，必须具备以下条件：具有经过审批机关批准的设计任务书；具有开展设计必需的可靠基础资料；成立了专门的招标小组或办公室，并有指定的负责人；招标申请报告已经由政府监督管理部门批准。具备了上述条件，业主才可以进行工程设计招标。

1. 设计招标方式和程序

工程设计招标，有邀请招标和公开招标两种方式。当采用邀请招标方式时，招标单位要选择好邀请对象，向其发出邀请投标函，如果同意参加投标，则可向招标单位购买或领取招标文件，在踏勘现场和获得对招标文件中的问题解答后，编制投标标书。当采用公开招标时，招标单位在报纸、广播、电视等大众媒体公开发布招标广告，愿意投标的单位购买或领取招标文件，编制与报送投标申请书。招标单位对申请者进行资格审查，对合格者组织踏勘现场和解答对招标文件提出的问题之后，合格的投标单位编制投标标书。

投标单位编制的投标标书，要按招标单位规定的时间，用密封的方式投送给招标单位。招标单位举行开标和评标会议，当众开标，并组织评标委员会进行评标和选定中标单位。

中标单位确定后，招标单位向其发出中标通知书，并与之签订工程设计合同。

2. 监理班子的工作

在实行业主责任制的条件下，招标单位即是业主，项目总监理工程师及其监理班子按照既定的招标方式和程序，帮助业主做好以下工作：编制招标文件；拟定招标邀请函或招标广告；选择邀请投标单位，或审查投标申请书和投标单位资格；组织投标单位踏勘现场和解答对招标文件提出的问题；审查投标标书；组织开标、评标和决标；颁发中标通知书；与中标单位洽商设计合同，由业主签认。

(1) 关于招标文件的编制

不同的工程项目，招标文件的内容可以有些不同。以城市水工程为例，一般应包括：

1) 工程项目的综合说明，如水处理设计容量、总建筑面积、设计标准和使用功能要求、投资控制额等。

2) 投标须知，如现场踏勘和答疑日期、对投标标书内容组成的要求（一般应包括设计方案、各阶段设计进度、设计费报价等）、提交投标标书的截止日期和地址、废标条件等。

3) 开标的日期和评标办法。

4) 设计阶段要求等。

同时招标文件中还应附上编制设计方案所必要的基本资料，如建设场地地形测量图、已批准的设计任务书复印件、地质、水文、气象、资源资料等。

招标文件一经发出，招标单位不得擅自改变，否则，应赔偿由此给投标单位造成的经济损失。

(2) 关于投标单位资格的审查

邀请的投标单位，一般应按照该工程项目的特点，选择具有设计该类工程项目的特长者，并具有承担该工程项目设计的资质等级证书。邀请的单位数量一般不得少于3个。

自行申请投标的设计单位，一般是通过审查其投标申请书来审查其投标资格。投标申请书应能表明投标单位的资格和设计能力，包括：设计单位的名称、地址、负责人姓名、设计证书号码和开户银行账号；设计单位的性质和其主管部门；设计单位成立的时间，设计的业绩，各专业人员数量；设计技术装备情况等。监理单位认为必要时可作相关的调查和核实。

（3）关于组织开标

开标应当在招标文件确定的提交投标文件截止时间的同一时间公开进行；开标地点应当为招标文件中预先确定的地点。开标由招标人主持，邀请所有投标人参加。开标时，由招标人或者其推选的代表检查投标文件的密封情况，也可以由招标人委托的公证机构检查并公正；经确认无误后，由工作人员当众拆封，宣读投标人名称、投标价格和投标文件等其他主要内容。招标人在招标文件要求提交投标文件的截止时间前收到的所有投标文件，开标时都应当当众予以拆封、宣读。

（4）关于组织评标和定标

开标到定标的时间，按国家规定，一般不得超过一个月。中标的标准应是：设计方案最优，即适用性和经济性等最好；设计进度快；设计费报价合理；设计资历和社会信誉高。要把最优设计方案客观地、公正地评定出来，应注意解决好以下几个问题：

1）评标由招标人依法组建的评标委员会负责。

依法必须进行招标的项目，其评标委员会由招标人的代表和有关技术、经济等方面的专家组成，成员人数为 5 人以上单数，其中技术、经济等方面的专家不得少于成员总数的 2/3。

前述专家应当从事相关领域满 8 年并具有高级职称或者同等专业水平，由招标人从国务院有关部门或者省、自治区、直辖市人民政府有关部门提供的专家名册或者招标代理机构的专家库内的相关专业的专家名单中确定。一般招标项目可以采取随机抽取方式，特殊招标项目可以由招标人直接确定。

与投标人有利害关系的人不得进入相关项目的评标委员会，已经进入的应当更换。

2）业主和监理单位要有正确的指导思想，即不搞保护主义、不搞关系学、不事先内定中标单位。

3）要注意保密事项，即：评委会成员名单和评标情况在中标通知书发出以前要保密；同时，各设计方案的单位名称和人名要隐去，用代号予以表示，即对评委会成员保密。

4）要选择合理的评标办法。当前有综合评议法与分项评议记分法两种。究竟采用哪种，应根据工程情况和评委会成员的意见议定。一般来说，复杂的大型工程项目采用分项评议记分法较好。但这就要求分项要合理，即按每个分项的份量和重要程度确定给予恰当的给分比例。在打分前要安排充分时间进行讨论，待对主要问题的认识基本上取得一致时再进行打分。当出现几个得分最高而又相差不多的设计方案情况下,还可组织再行复议,然后定标。

中标单位确定后,业主和监理单位要向中标单位发出中标通知书,并与之商签工程设计合同。

8.3.3 工程设计合同的监理

无论是采用招标或方案竞赛,还是采用其他方式,一旦当选定设计单位后,监理工程师应协助业主商签设计合同并组织实施。

一般工程设计合同的洽商,是按中选或中标的设计方案、参赛邀请函或招标文件提出的有关条件、投标标书提出的有关条件、"设计要求文件"提出的有关条件进行。此外,还要明确商定进一步提供设计依据资料的内容和时间,监理的内容、深度、方式和权限,设计文件的审核与验收办法,设计费数额与支付办法,工程设计变更时设计费调整办法,提供设计依据资料延误的处罚办法,设计进度延误和设计错误后果的处罚办法,设计分包单位的确认和设计责任的承担办法等。

工程设计合同一旦经业主和设计单位签认,监理班子则依据工程设计合同开展设计跟踪监理、各阶段设计进度控制和设计文件验收工作。

8.3.4 设计跟踪监理、工程设计进度控制和设计文件验收

1. 设计跟踪监理

设计跟踪监理的内容可以概括为:使用功能和技术方面、投资控制和经济性方面。

(1) 使用功能和技术方面的跟踪监理

不同的设计阶段,其重点应有所不同。在初步设计和技术设计阶段(或扩初阶段),主要是看生产工艺及设备的选型、总平面与运输布置、建筑物或构筑物与设施的布置、采用的设计标准和主要的技术参数等。如工艺及设备是否先进,新工艺及设备是否可靠,建筑物与设施是否符合当地水源、电源、气象、地质、水文、防洪、抗地震和环保要求的实际情况,防火、卫生、人防、空调等是否符合规范要求,基础处理方案和结构选型方案是否保障安全可靠和是否有浪费,计算的方法、公式和参数是否正确等。在施工图设计阶段,主要是看计算是否有错误、选用的材料和做法是否合适、标注的各部分的设计标高和尺寸是否有错误、各专业设计之间是否有矛盾等等。

在各阶段设计的监理过程中,监理人员要事先与设计人员进行磋商,并进行中间审查,发现问题,及时提醒设计人员进行修正。对重大的问题,可由监理工程师写出书面意见,提请设计单位进行改正。

(2) 投资控制和经济性方面的跟踪监理

主要是审核不同方案的技术、经济比较和设计概算编制。不同方案的经济比

较,重点应看造价指标,预算产品成本指标或预算使用费指标的计算是否准确无误。如果这些基本指标计算有错误,有可能导致方案选择的错误。在初步设计阶段或扩初设计阶段修正方案选择和设计概算也是常有的事情。其目的不外乎既保障工程的适用性又提高其经济性。

2. 工程设计进度控制

监理班子要跟踪检查设计合同规定的设计进度执行情况,定期将实际进度与合同规定的进度进行比较,如发现重要环节的进度滞后,要敦促设计单位找出滞后原因。对关键环节要及时建议设计单位采取措施或增加设计力量,或加强相互协调配合来加快设计进度,保障设计按期出图。这对按期开工,加快建设进度是至关重要的。

工程设计和设计监理中的重大问题和情况,监理班子要及时同业主磋商。在设计文件全部完成后,监理班子要写出"审核工程设计监理工作报告",包括对工程设计的工作质量的评定意见,交业主和设计单位。

3. 设计文件验收

设计文件验收的主要工作是:检查设计单位提交的各阶段设计文件组成是否齐全。一般要有下列文件:

(1) 整体工程项目的设计文件要有设计总说明、包括各子项的总平面图,建筑物、构筑物一览表,各子项的各专业图纸。

(2) 单体工程项目设计文件也要有项目总说明、总平面布置、各专业图纸。

(3) 建筑、结构、给水排水、暖通空调、电气、热机等专业图纸,均要有专业的设计说明和设备造型、设备安装图、材料汇总表、非标设备制作图等。

(4) 设计中采用的通用图及项目专用图,需有图集目录。

(5) 设计概算要有编制说明、总概算书、综合概算书、单项工程概算书和设备材料汇总表。

上述文件都应有设计单位各专业主要设计、审核人员的签字盖章。

监理班子在验收时,按交图目录和规定的份数,逐一检查清点,代业主签收。

施工图纸一般还要经过会审(或交底),经总监理工程师签认后,方可交施工单位依图施工。无总监理工程师签认,施工单位不得依图施工。

8.3.5 设计概预算的审核

设计概预算应当精确并符合实际,因为它是控制投资的依据,也是编制施工招标标底、与施工单位签订工程承包合同、进行工程拨款和工程结算的依据,审核设计概预算是设计监理工作的一项重点内容。在具体研究审核方法之前,应首先了解一下设计概预算的编制方法。

1. 设计概预算的编制

(1) 设计概算的编制

1) 单位工程概算的编制方法

(A) 建筑工程概算的编制方法：

(a) 扩大单价法。在初步设计中，往往主体车间或大型工程建筑结构方案类型已确定，工程量也能根据技术条件作出估计。这时，可以用扩大单价法编制概算。它以主体结构为对象，采用扩大的结构单位计算主体结构的价值，然后按与主体价值的比例计算间接费、利润和税金等，扩大单价，如各主管部门有统一规定，可按规定执行，如未有规定，由设计单位根据结构对象自行按预算单价综合。

(b) 造价指标法。一般民用建筑工程，国家为控制建设水平颁发有造价指标。对某些工业辅助性工程，主管部门为控制投资也颁发有某些建筑物、构筑物的造价指标，但应按地区材料预算价格予以调整。

(c) 类似工程预算法。当初步设计中某些工程拟采用其他工程的设计，或采用类似工程的设计作适当修改，或采用标准设计、通用设计而不重新作设计时，可采用该工程已有的资料编制概算；也可以采用预算资料的工程量重套单价等。

(B) 设备及安装工程概算的编制方法

设备及安装工程概算的编制，应按初步设计中的设备清单编制。

(a) 设备费的编制。设备费由设备出厂价和运杂费两部分组成。一般设备出厂价应按照国家主管部门规定的价格和计价办法计算；特殊设备可以向制造厂询价，或按相似设备的价格估计。当初步设计只有主体设备清单时，除主体设备的设备费按以上办法计算外，还应计算配套辅助设备的费用，它可按主体设备费的百分比计算，百分比可根据机械化、自动化程度按相似工程的比值确定。设备运杂费一般根据主管部门规定的设备运杂费率进行计算。

(b) 安装工程费的编制。安装工程费包括设备开箱检验、清洗、安装就位，一直到单体试车合格为止的全部费用。计算方法有三种：

a) 预算单价法。当初步设计有详细设备清单时，可直接按预算单价编制概算；

b) 扩大单价法。当初步设计的设备清单不完备，或仅有成套设备重量时，可采用主体设备、成套设备或工艺线的综合扩大安装单价编制概算；

c) 设备价值比例法。当初步设计中只有设备价而无详细规格、重量时，安装概算可按设备费的百分比编制。

2) 工程项目综合概算的编制

各个单位工程概算编好后，即可按工程项目表的划分，按项进行综合。进行综合时应与设计仔细核对，防止遗漏。综合概算一般仅汇总该项目的建筑工程费、设备费和安装工程费。其他费用虽与该工程项目有关，但为了便于管理和作投资分析，均应计入总概算内。

综合概算书一般包括编制说明、综合概算表。编制说明一般包括工程概况、编制依据、编制方法、主要工程量及材料用量等有关问题。当只编综合概算不编总概算时，说明应当详细；若还要编制总概算，则编制说明可以省略或从简。综合概算表应当有一定的排列顺序，以便于检查有无重复和遗漏。

综合概算由主体设计单位编制。

3) 建设项目总概算的编制

(A) 建设项目总概算的组成

建设项目总概算是将各个工程项目的综合概算以及其他工程和费用概算汇总而成，并根据工程情况、初步设计深度和概算基础资料的可靠程度，考虑一笔预备费用。

(B) 总概算说明书内容

(a) 工程概况。包括建设条件和设计内容。

(b) 编制依据。包括计算工程量的依据、定额、指标采用、费用标准及费率的计算依据、价格依据，上级机关的批示文件，与有关单位协商的编制本概算的协议文件。

(c) 编制方法。建筑工程主要专业的编制方法以及材料预算价格差价调整等；设备价格及安装费的确定。

(d) 总概算价值组成及分析。总概算价值组成及单位投资，与类似工程分析比较，各项投资比例及分析。

(e) 其他有关问题的说明。说明有关投资方面的遗留问题，影响今后投资变化的主要因素及对问题的处理意见。

(f) 专题附表。主要工程量汇总表，主要材料汇总表，外汇需要量汇总表，环保投标汇总表。

(2) 施工图预算的编制

施工图预算，又称工程预算。一般是以单位工程为对象，根据施工图纸，结合施工设计和施工方案，套用有关预算定额及取费标准等基础资料计算出来的该单位工程预算造价。

尽管建筑安装工程包含的专业类别很多，工程内容和施工方法各不相同，但施工图预算的编制方法主要有单价法和实物法两种。

1) 单价法

(A) 单价法的含义

所谓用单价法编制施工图预算，就是由各地区、各部门工程造价管理部门以假定的建筑安装产品（分项工程）为对象，把各类建筑安装工程预算定额与有关的建筑材料预算价格、人工工资单价、施工机械台班单价相结合，编制本地区、本部门统一的建筑安装工程单位估价表。施工图预算编制单位根据施工图纸计算出各分项工程的工程量，并分别乘以单位估价表规定的统一基价后相加起来，再加上其他直接费，就可以求出该单位工程的预算直接费。再以直接费（或人工费）为基础，按工程造价管理部门规定的取费率求出单位工程间接费，再加上计划利润、营业税等，最后就可算出单位工程全部预算造价。计算过程大致可用下列公式表达：

单位建筑工程预算造价 = Σ（预算定额单价 × 工程量）×（1 + 其他直接费率）×（1 + 间接费取费费率）×（1 + 计划利润率）+ 施工队伍调遣费

单位安装工程预算造价 = {[Σ（预算定额单价 × 工程量）×（1 + 其他直接费率）] +（预算人工费 × 间接费取费费率）} ×（1 + 计划利润率）+ 施工队伍调遣费

（B）单价法编制施工图预算的步骤

用单价法编制施工图预算的步骤如图 8-5 所示。

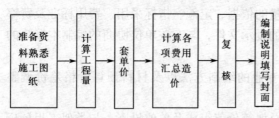

图 8-5　单价法编制施工图预算步骤

2）实物法

（A）实物法的含义

所谓用实物法编制施工图预算，就是把根据施工图纸计算出的各分项工程实物量套取预算定额，再按类相加，求出该单位工程所需的各种材料、人工、施工机械台班数量，然后乘以当时、当地各种单价，再加上其他直接费，就可求出该单位工程直接费。至于间接费、计划利润、营业税等，计取方法与单价法相同。用实物法计算单位工程直接费的过程，可用下列公式表示：

单位工程建筑安装直接费 = [Σ（工程量 × 预算材料定额 × 当时当地材料预算价格）+ Σ（工程量 × 预算人工定额 × 当时当地人工单价）+ Σ（工程量 × 预算机械台班定额 × 当时当地施工机械预算单价）] ×（1 + 其他直接费费率）

（B）实物法编制施工图预算的步骤

用实物法编制施工图预算的步骤如图 8-6 所示。

（C）实物法与单价法的区别

实物法与单价法的主要区别就在于计算工程直接费的方法不同。实物法是先计算单位工程所耗各种材料、人工、施工机械台班数量，再乘以当时、当地各种材料、人工、施工机械台班单价，得出该单位工程主要直接费；单价法则是把各分项工程的工程量分别乘以工程造价管理部门规定的单价，经汇总后，得出该单位工程的主要直接费。

实物法和单价法各有优缺点。实物法的优点是能比较准确地反映编制预算时

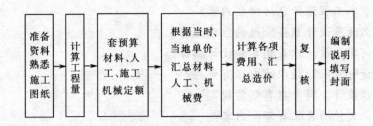

图 8-6 实物法编制施工图预算步骤

各种材料、人工、施工机械台班的价格水平。在市场价格起伏比较大的情况下，用实物法计算工程直接费比较恰当。实物法的缺点是要收集当时、当地各种材料、人工、施工机械台班单价，要汇总各种材料、人工、施工机械台班耗用量，因而工作量较大。单价法的优点是有利于工程造价管理部门对施工图预算编制的统一管理，计算简便、工作量小。在集中的计划经济体制下，用单价法计算工程直接费比较恰当。单价法的缺点是结果不精确，特别是在市场价格起伏较大的情况下，它经常明显地偏离当时、当地的实际价格、不得不采用一些系数或进行价差补充等弥补。

2. 设计概预算的审核

设计概预算的审核，主要有以下几个方面：

(1) 编制依据是否正确。

包括各项定额、取费标准、有关规定是否得到遵守，是否充分反映自然条件、技术条件、经济条件，是否合理运用各种原始资料提供的数据，概预算编制说明是否齐全。

(2) 工程量计算是否正确，有无漏算、重算和计算错误。对计算工程量中各种系数的选用是否有合理的依据。

(3) 各分部、分项套用定额单价是否正确，定额中参考价选用是否恰当，暂估价是否合适。

(4) 编制的补充定额，取值是否合理。

(5) 各种取费项目是否符合规定，是否符合工程实际，有无遗漏或规定之外的取费。

有经验的监理人员，一般采用的方法是，把设计单位的概预算与自己掌握的经验数据进行对照，或将其内容分解，与同类工程项目的实际造价费用项目逐项进行对比，对相差较大的费用项目重点进行分析，找出其相差的原因，然后帮助编制人员进行修正。

复 习 思 考 题

1. 设计阶段监理的意义是什么？

2. 城市水工程设计包括哪些内容?
3. 怎么开展设计准备阶段的监理工作?
4. 如何实施设计方案竞赛和设计招标?
5. 设计阶段跟踪监理的内容有哪些?
6. 工程设计合同中应有哪些规定?
7. 设计文件的验收有哪些内容?
8. 设计概预算审核的内容有哪些?

第9章 城市水工程施工招标阶段监理

9.1 城市水工程施工招标阶段监理的意义及任务

在上一章中，我们介绍了城市水工程设计阶段的监理。这是在社会主义市场经济条件下，将竞争机制引入城市水工程项目建设的设计阶段。通过设计阶段监理活动的开展，帮助业主（项目法人）选择好设计单位，获得优化的设计方案，这是整个城市水工程项目建设赢得成功的基础。

设计阶段结束以后，接着进行的将是工程施工阶段。根据建设部规定："凡列入国家、部门和地区计划的工程项目，除某些不适宜招标的特殊工程外，均应进行招标。中外合资经营企业、外资企业、侨资企业和使用外资贷款的工程项目，按照国际惯例和贷款协议，必须无例外地进行招标"。因此，城市水工程施工阶段的招标也是势在必行，亦即通过竞争的方式，择优选择施工单位。

在工程施工招标阶段中还可能涉及设备及材料供应的招标，一项城市水工程建设项目，必然涉及到方方面面的通用设备、专用设备、非标准设备以及工程建设基本材料，如钢材、木材、水泥、石材等，也应当引入竞争机制来择优选择城市水工程建设项目所需的通用设备、专用设备、非标设备、材料等的生产供应商。

设备招标可以采用单项设备招标方式进行，也可以采用专业或整个城市水工程项目建设所需成套设备供应一次性招标方式进行。对单项设备供应商或成套设备供应商的考察选择，主要考察所供设备的性能、质量、价格、供货时间、售后服务、生产厂家、供应商信誉等，有时还要考虑运输距离因素，因为根据惯例，设备供应时的包装及运杂费等均由需方承担。对于关键性的生产设备，甚至还要追溯到生产该设备的原材料等质量保证体系等方面。

如果一项城市水工程建设项目，从项目建议书、可行性研究报告、勘测设计、设备及材料供应、工程施工、生产准备、联动调试、交付使用等一系列全过程进行招标，实行总承包，即通常所说的"交钥匙工程"招标，这种招标方式业主只需要提出建设意图，功能要求和交工使用期限，承包单位即进行全过程承包，这种做法虽然业主减少了许多工作量，但是从工程建设项目管理角度来看，是不甚合适的，因为一个建设项目的可行性研究、设计、施工等都由同一家公司来承包，不仅项目的招标报价高，而且其综合的技术、经济效益也存在着许多问题，因此，国际金融界（如世界银行）对由其贷款或援建的项目，一般不允许采用这种招标模式。

另一种总承包模式是只包工程设计、设备及材料供应、工程施工、生产准备、联动调试、交付使用，这类总承包模式是常规的总承包招标模式，但要求投标者必须具有总承包的能力。

由上述可见，工程施工招标是业主为实现其所投资的项目实施工程施工阶段特定目标选择其实施者的行为。

业主是招标活动的主体，又叫招标人。自愿参与竞争成为"实施者"的是招标的客体，又称应标人或投标人。他们之所以参与，是为了承揽业务，赢得用户，赢得市场。在市场经济条件下，招标与投标是工程建设市场中双方当事人的交易行为。

目前，我国招标工作主要有三种组织形式：

第一种，由建设单位的主管部门（处、科、室）负责有关招标的全部工作，工作人员一般均是从各有关专业部门临时抽调的，项目完成后即转入生产或其他部门或回原单位工作，这种形式的临时班子不利于培养专业化人员和提高招标工作的水平，同时业主（项目法人）仍游离于工程建设项目之外，不利于项目法人负责制的推行。

第二种，由政府主管部门设立"招标投标领导小组"，或"招标投标办公室"之类的机构，统一处理招标投标工作。这种做法虽然能较快地打开局面，但政府部门过多地干预建设单位的招标活动，代替招标单位决策，不免是越俎代庖，显然不符合社会主义市场经济的运作规律，是不符合政企分开这一经济体制改革的大原则的。

第三种，由专业咨询机构或监理机构，受业主（建设单位或项目法人）的委托，承办招标的技术性和事务性工作，由业主进行监控和决策，这种形式是符合社会主义市场经济客观规律的，也符合国家的有关规定。

由于科学技术的迅速发展、社会专业化分工越来越细，城市水工程项目建设已经成为一项日趋复杂的技术，成为一项经济系统工程，新的水处理工艺技术、新的水处理设备、新的自动控制技术与仪器仪表、新的水处理材料等等，不精通此道的业主不可能熟悉与全面了解其中之奥秘，于是当然难于在城市水工程项目建设的全过程中自行进行组织和管理，在此种情况下，委托专业化的社会监理单位、专业咨询机构代为进行建设项目的管理也就势所必然了。其中组织城市水工程项目施工招标阶段的监理，也就成为监理工作的一项重要内容。

城市水工程施工招标阶段监理工作的任务是什么呢？

施工招标阶段监理的任务，通常是根据项目投资控制目标、质量控制目标、进度控制目标这三大目标的要求帮助业主选择好施工单位，具体内容包括：

（1）协助业主申请及组织招标工作；

（2）参与招标文件和标底的编制；

（3）参与审查投标资格、组织投标单位现场勘察、答疑；

（4）协助业主组织开标、评标及定标等工作；

(5) 协助业主与中标的承包商签订工程承包合同等工作。

9.2 城市水工程施工招标阶段监理的程序和内容

由上节城市水工程施工招标阶段监理的任务可见,城市水工程施工招标阶段的监理介入到整个施工招标阶段的全过程。那么这种监理介入应当在何时何处开

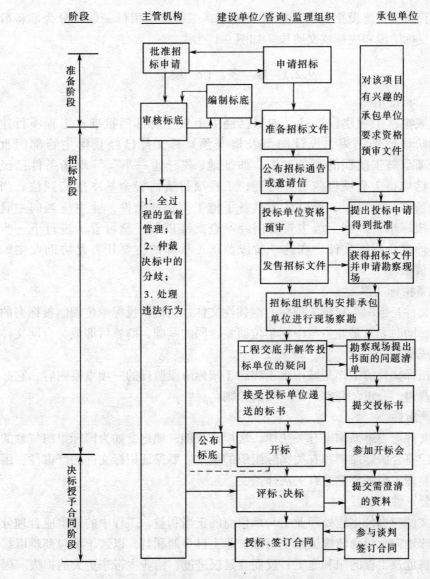

图 9-1 招标一般程序示意图

始切入呢？这种监理介入的深度又是怎样的呢？

根据建设部颁发的《建设工程监理试行规定》中规定的施工招标阶段监理的主要业务范围，城市水工程施工招标阶段监理介入的切入点应当是在监理单位接受了业主的委托以后，在工程施工招标的准备阶段即开始监理介入。

对于每个从事城市水工程监理的工程师来说，应当熟悉城市水工程施工招标的有关制度、规定、内容和工作程序，这是保证提供高质量监理服务的前提条件之一。

按照我国工程建设招标、投标有关规定，工程施工招标一般可分为准备阶段、招标投标阶段和决标成交阶段。如图9-1所示。

9.2.1 准 备 阶 段

1. 申请批准招标

一项城市水工程建设项目，如果已经由上级主管部门批准；工程项目建设的设计阶段已经结束，设计图纸及概（预）算文件已经获得主管部门批准；工程项目施工前期的准备工作，如征地、"三通一平"等现场条件已经就绪，并已取得工程项目施工许可证；工程项目所需资金基本落实到位；当上述这些条件满足以后，可以认为具备了施工招标的条件，业主应当向主管部门提出招标申请。当上级主管部门经审查批准以后，就可着手进行下一步的工作，即准备招标文件。在这一阶段监理工程师的主要任务是协助业主编写招标申请书。

2. 准备招标文件

招标文件是组织工程施工招标的纲领性文件，是提供投标单位编制投标书的基本依据；同时它又是业主与中标单位商签合同的基础，商签后即成为合同文件的主要组成部分。

编制招标文件的工作是城市水工程施工招标阶段监理的一项重要内容，它必须遵循"严肃、公正、完整、统一"的原则。

（1）严肃性

招标文件应当遵循国家有关法律、法规、条例、规定，如为国际组织贷款的项目，还应符合国际惯例和有关国际组织的规定。要保证招标文件的严肃性。因此，要求监理工程师要熟悉有关法律条文。

（2）公正性

招标文件应当公正地处理业主与承包商的正当利益，工程中的风险应合理分担，如一味地向承包商转嫁风险，以维护业主自身的利益，以致于承包商难以接受，最终将危及工程的顺利施工，反而会延误进度，给业主带来更大的损失。因此，要求监理工程师要保证公正性，不偏袒任何一方。

(3) 完整性

招标文件应当完整、准确,并尽可能详细地反映工程项目的实际情况,以便投标单位的投标能建立在可靠的基础上,并能防止履约过程中的争议。

(4) 统一性

招标文件中各部分内容应力求统一,用词应力求明确、严谨,避免对文件的理解和解释产生分歧而形成纠纷。

招标文件一般应包括以下内容:

1) 工程综合说明,包括工程名称、工程地址、工程招标项目的内容、发包范围、技术要求、质量标准、现场条件(主要是三通一平)等;
2) 必要的施工图纸、设计资料及设计说明书;
3) 工程量清单;
4) 计划开工和竣工日期;
5) 工程特殊要求及对投标企业的相应要求;
6) 合同主要条款;
7) 供料方式和主要材料价格;
8) 组织现场勘察和进行招标文件交底的时间、地点;
9) 招标截止日期;
10) 投标须知;
11) 开标的时间、地点;
12) 投标保函;
13) 招标书。

3. 确定标底

所谓招标工程项目的标底,就是招标单位在招标前根据设计图纸和国家有关规定,编制的工程造价测算,并经上级主管部门或建设银行审定批准后确定的发包造价,如果招标单位自己不能编制标底时,也可委托设计单位、专业咨询机构、监理公司或建设银行代为编制。

标底是业主对拟建工程项目测算的预期价格,在社会主义市场经济体制下,标底反映了业主对拟建工程项目的期望价格,其作用一是作为业主筹集资金的依据,一是作为业主选择承包商的参考。所以正确确定标底对于业主筹措资金,正确选择承包商,达成合理的合同价都有着十分重要的意义。

标底不等同于设计概(预)算,也不等同于施工图预算,它们之间对比关系如表 9-1 所示。

由表中可见,标底与概(预)算不能等同,但是标底一般不得突破国家批准的概(预)算或总投资,亦即说,概(预)算对标底具有控制作用。当然,如果由于某些特殊原因,确需突破总投资或概(预)算时,应说明理由报请上级主管部门或投资单位进行必要的调整。

标底与概（预）算的对比 表 9-1

	标　底	概　（预）　算
差异	·某些费用，如设备购置费、征地、拆迁、场地处理、勘察设计、职工培训和建设单位管理费等，不一定包括在标底内 ·适当估计市场采购材料差价 ·视具体工程而考虑不同的不可预见费比率 ·视施工企业的所有制和隶属关系差别而考虑不同的施工管理费 ·招标时合同划分、报价时的标价划分与概算中的项目划分常常不一致	·概算是建设项目全部投资的预计数 ·概算中难以考虑市场材料差价
相同	·标底以概算为基础 ·制定标底的依据与编制概预算的依据相同	

(1) 标底所包括的内容如下：

1) 工程量表。按工程预算定额规定的分项与分部工程子目，逐项计算而得的工程量；

2) 工程项目的分项与分部工程的单价，包括补充单价分析；

3) 招标工程的直接费。可套用预算定额单价确定直接费用；

4) 按有关规定的费率确定施工管理费、技术装备费、临时设施费、远征费、计划利润、税金等；

5) 不可预见费估计；

6) 以上汇总后即得招标工程项目的总造价，即标底总价；

7) 工程项目所需钢材、木材、石材、水泥等主要材料的用量。

(2) 标底编制的方法

监理工程师在编制标底文件时，应当尽可能广泛而且深入地占有与研究有关的资料，如：

1) 招标工程项目的设计图纸、说明书以及设计指定的标准图集；

2) 当地或行业内现行城市水工程项目预算定额或单位估价表；

3) 现行城市水工程综合预算定额；

4) 当地现行的材料、设备价格等及非标设备的价格估算方法；

5) 当地（或本行业）规定的各种取费标准、费率，如管理费、临时设施费、技术装备费、远征费等；

6) 其他，如投资贷款利息、物价调整的估计、合理的施工方案、基础处理的不可预见因素等。

编制标底的常用方法有：

1) 以施工图预算为基础确定标底。这种方法的基本原理框图如图 9-2 所示。但是，对于某些工程，招标往往先于施工图设计，此时，上述方法就不可行了。故亦常采用以工程概算为基础确定标底的方法或以扩大综合定额为基础确定

9.2 城市水工程施工招标阶段监理的程序和内容

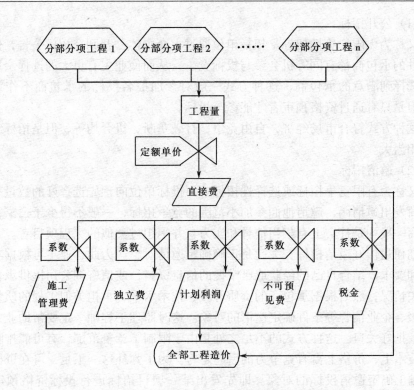

图 9-2 以施工图预算为基础编制标底的基本原理框图

标底的方法进行。

2) 以工程概算为基础确定标底。其程序与施工图预算为基础的标底基本相同，其区别是子目的划分以工程概算定额为依据，其单价为概算单价，因子目较预算定额粗一些，故编制工作较为简化，适用于以初步设计进行招标的场合。

3) 以扩大综合定额为基础确定标底。这是从工程概算基础上发展起来的，特点是将施工管理费、各项独立费、计划利润和税金都纳入扩大的分部、分项单价内，形成扩大综合单价。在计算出工程量后，乘以扩大综合单价，再经汇总即为标底，从而能更进一步地简化确定标底的工作。

当标底编制完成，并经主管部门审定以后，须交公证机关封存，在开标前应严格保密，绝对不能泄露。因为监理工程师熟知标底情况，在市场经济体制下，有些承包商可能会采用不正当手段进行摸底，此时监理工程师应有良好的职业道德与严格的法律意识，执行保密纪律，决不能泄露丝毫商业秘密。

如招标单位自营的工程设计或施工单位也参加投标时，则标底应选择（或由上级主管部门指定）与投标单位无牵连的第三方单位负责编制。

9.2.2 招标投标阶段

1. 城市水工程项目常用的几种招标方式

(1) 公开招标

又称为无限竞争性招标。招标单位通过大众媒体公开刊登招标公告，使一切有条件的承包商都有同等机会参与投标竞争，从而使业主有更大的选择余地，有利于选择到满意的承包商，这种方式一般对参加报名投标的承包商不作特殊规定，但是只有通过资格预审者才能参与投标。

这种方式符合市场经济，自由竞争，打破垄断，机会均等，但是招标组织工作量相当大。

(2) 邀请招标

又称为有限竞争招标或选择性招标。由投标单位向预先选择好的数量有限的承包商发出邀请函，邀请他们参加小范围的竞争招标，一般不得少于三家，这些承包商一般均是社会上有相当信誉和实力，并承担过类似的工程项目者。

如何运作好邀请招标？关键是正确确定邀请对象。为此，业主可根据项目的特点和要求，结合自己的经验或已掌握的信息资料，或请咨询公司提供承包单位的有关情况，然后根据承包商的资质等级、技术水平、承担类似工程的质量、资信等级、企业信誉等条件确定邀请的对象。这时监理工程师一定要帮助业主出好主意，把好关口。这种方式的不足之处是由于限制了竞争范围，有可能排除掉一些在技术上、价格上富有竞争力的后起之秀。为了弥补这一不足，可在资格预审的基础上确定邀请投标的对象。即先发出某一项目招标进行投标资格预审的报告，再从参加报名的承包商中进行资格预审，选择出邀请投标的承包者。这一程序已逐渐成为招标中的一种惯用作法。

(3) 协商议标

不公开进行招标，而是由业主与其委托的监理公司选定他们所熟悉并信任的施工承包企业进行协商，达成协议后签订合同。若协商不成，再邀请第二、第三家承包商进行协商，直到达成协议为止。这种方式建立在乙方信誉的基础上，有利于甲乙双方紧密配合，从而确保进度与质量，且省去招标所需许多费用。

协商议标方式不公开进行，不举行投标单位全体会议，因此承包商之间并不知道谁参加了这次投标，这样可以避免承包商之间互相串通，有利于业主取得最低报价。同时，由于中标的只能是一个承包商，采用这种方式，对于那些未中标的承包商的声誉也有利。

但是协商议标方式有损于招标投标的公开、公正、公平的原则。

(4) 指定投标单位的招标

这是我国国内招标的一种特殊方式。对于少数特殊工程或位于偏僻地区的工程项目，若承包商都不愿意投标，可由项目主管部门或当地政府指定投标单位。

这种方式，对于城市水工程建设项目来说，是很可能会遇到的。我国有许多老少边穷地区，贫穷落后，往往与当地的交通落后、水环境资源贫乏有关，那里的城市水工程项目尤为重要突出。但若仅从市场营销、利润目标的角度出发看，这种城市水工程项目的招标就很难有承包商来应标。为了帮助老少边穷地区的人民脱贫致富，就有必要由当地政府或主管部门指定承包商投标，这也是我们搞的社会主义市场经济区别于资本主义市场经济的地方。

2. 城市水工程项目招标投标的一般程序

（1）通过大众媒体发布招标通告或投标邀请函

当业主的招标申请已经由主管部门批准，招标文件也已准备完毕之后，即可发出招标通告或投标邀请函。招标通告或投标邀请函的主要内容应当有：

1）招标单位名称、工程项目名称、地点及联系人；
2）工程的主要内容及承包方式；
3）进度和质量要求；
4）资金来源；
5）投标单位资格（质）要求；
6）采用的招标方式；
7）投标企业的报名日期、招标文件的发售方式。

发出招标通告或投标邀请函之后，如招标条件发生重大变化或有其他特殊情况，可以宣布停止招标，但必须立即通知各投标单位。

（2）对投标单位进行资格预审

当业主的招标公告通过大众媒体公布以后，对该城市水工程项目有兴趣的承包商就会按照招标通告规定的时间投送投标申请书，要求接受资格预审。

投标申请书的组成一般应当包括以下内容：

1）投标企业名称、地址、负责人姓名、营业执照号码、资质证明材料、企业所有制性质、企业简况、技术装备、技术力量、资金财务状况、历年业绩等；
2）投标保函。

当招标单位收到投标申请书以后，应对投标单位进行资格预审，监理单位此阶段介入的深度是相当重要的。当然进行预审的目的在于了解投标单位的技术和财务实力、管理经验、过去业绩等，为使招标获得比较理想的结果，限制不符合要求条件的单位盲目参加投标，并作为决标的参考。对报名投标的企业，如果经审查其承包资格和条件符合要求，即用书面形式通知其同意参加投标；如不符合规定，则对其作出解释。

在对投标单位进行资格预审时，监理工程师应该公正地行使自己的权力，客观地向业主提供预审意见。对于采用"邀请招标"或"议标"的工程，监理工程师可以利用自己所掌握的信息，向业主推荐合适的承包人。但监理工程师一定要清楚地了解自己的权力范围，他只能向业主推荐承包人，而不能接受承包人，作出最终决定的权力只能属于业主自己。

（3）发售招标文件、组织投标单位现场勘察，并公开答疑

招标文件一般是有偿提供的。但若招标单位采用领取的办法，则要投标单位

交纳一定的押金，投标结束后收回招标文件，退回押金。

发售招标文件后，按文件规定的时间（通常是招标文件发售后的一个月内），招标单位应组织全体投标单位的代表调查工程现场，使之了解现场的地理位置、地形、地貌、地质、水文、环境、交通、供电、供水、通讯等自然状况和人文情况。

此外，招标单位还应向投标单位解答各种疑难问题，其目的是使投标单位进一步了解工程的情况，以便编制投标书和磋商承包合同条款。监理工程师自始至终地参与组织现场勘察、答疑等活动。各投标单位一般应在答疑前10日对标书不明确的地方用书面形式提出，招标单位也用书面形式予以答复，并加以口头说明。因为答疑是对标书作进一步的说明，和标书一样具有同等的法律效力。在答疑当天提出的重要问题，其答复意见也应形成会议记录并发给投标单位。

为了保证投标方都能得到平等的对待，答疑会必须在各方都同时参加的情况下召开，公开答复投标各方提出的问题。在答疑会以后，招标方就不再以任何形式与任何一个投标方商谈有关投标事宜，直到决标时为止。同时为了防止投标单位因提问题而泄露投标策略的情况发生，在答疑资料中不应标明各个问题提出的单位和来源。

招标、投标双方对现场调查和答疑工作都应十分重视。答疑书面文件的文字要严谨，含义要准确。在答疑时，如果有些问题属于原招标文件中含糊不清的，监理工程师必须作出书面的补充通知。当然，若是承包人询问的有关问题超出了职业道德的限制或是违反了有关规则，监理工程师可以拒绝回答。

（4）接受投标书

当投标单位经过了上述一系列研究标书、现场勘察、质询答疑等工作以后，就可以编写投标书。投标书的文件组成一般包括有：

1) 投标书及其附件；
2) 工程量清单及投标报价表；
3) 工程施工组织方案及措施的说明；
4) 资质证明材料；
5) 投标保函；
6) 其他要求提供的文件等。

投标书的编写和投送，一定要注意招标单位招标公告中的"投标须知"，如投标书送达的截止时间、地点、投标书的格式、语言、投标书的签署、印记、密封要求等等，防止因为细节上的失误造成废标。

招标单位应设有专门的机构和人员负责接收和管理各投标单位的投标书。在接受标书时，应注意检查投标书的密封、签章等外观情况，并封存在由公证单位封口的密封箱内，以便开标时当众启封开箱。当然，在必要时投标单位也可按规定的时间直接送到开标地点。

9.2.3 决标成交合同阶段

1. 开标

开标是一项相当严肃的工作，应当坚持公开、公平、公正的原则，开标由招标单位主持，监理公司参与，社会法定公证机关在场，所有投标单位与会参加，在规定的日期、时间、地点、如期公开进行。一般是按投标书收到的顺序（或按抽签顺序）当众启封，当众宣布投标者名称和报价、进度及其他主要内容，使所有与会的投标人都了解各家投标人的报价和自己在其中的位次，招标单位逐一宣读投标书，但不解答任何问题。

对于未按要求密封或封口受损、或逾期收到的投标书，原则上不予接受应原封退回。

当场宣布的内容统称为"报价"，实际内容一般包括总标价、总进度、三材数量及其他附带条件或说明。宣布后应在预先准备的表册上逐项登记，并由读标人、登记人和公证人当场签字，作为开标正式记录，由业主保存备查。

如投标各项条件均正常，可以当众宣布标底。如各投标单位的标价与标底的差距较大时，则需组织更高层次的专家重新审查标底，经审查后，如果认为原标底确需调整，则按调整后的标底评标；如果认为原标底合理，不需调整，则可召集投标单位当众宣布标底，并宣布投标无效，另行组织投标或从中选出几个较好的单位进行议标。

开标时，由于监理工程师对业主的影响很大，他就很有可能成为众矢之的，为此难免会使投标的承包商产生想方设法从监理工程师身上了解自己有无中标可能性的念头。监理工程师应该注意，不经业主同意不可透露有关信息，更不得为了个人利益而对承包商作出某种暗示或许诺。

如果因为招标文件本身有错误而造成投标人的投标文件上的错误，监理工程师应当立即给所有投标人发出改错通知，监理工程师在处理改错的问题上，应尽量通过信函的办法与投标人联系，避免与投标人进行直接的面谈，因为这一阶段的各种关系都是十分微妙和敏感的。

2. 评标

评标工作由招标单位组织评标小组或评标委员会负责开展工作，评标小组或评标委员会应邀请有关方面（技术、经济、合同等）的专家组成，评标委员会的成员不代表各自的单位或组织也不应受任何单位或个人的干扰。

评标工作一定要坚持公正性和独立性的原则，防止评标委员会的成员对任何单位带有倾向性，也应防止根据上级主管部门的授意或暗示来评定中标单位。同时，还必须根据投标书的报价、进度、质量保证、设计方案、工艺技术水平和经济效益以及投标单位的社会信誉等情况进行综合考虑，在整个评标过程中，由评标领导小组负责监督并检查评标的公正性、独立性和严肃性。

评标是一个复杂的审议过程，是决标的基础。评标绝非简单地仅仅是投标报价的比较，而是从多方面对投标人进行综合比较。主要内容有：

（1）报价是否合理。

合理性原则，是指投标人并非是报价越低越合理，而是指报价与标底接近，或不越过预先规定的浮动范围。对于这点，国内各专业部门都有不同的规定。如水利部在《水利工程施工招标投标工作管理规定》中第五章第42条规定："为防止投标单位串通，哄抬报价，或盲目竞争，不合理地压低报价，投标的有效标价在标底价的上5%和下5%之间。"

比较报价，既要比较总价，也要分析单价报价。

（2）能否确保工程质量。

主要审查投标人保证质量的条件，投标人提出的工程施工方案在技术上能否保证达到要求的质量标准或质量等级。

（3）能否确保进度。

进度的考虑要全面，进度的制定要科学合理，适当的进度是必要的，这样才能保证工程质量。进度过长会影响投资效益，可是不合理不科学地缩短进度也会影响工程质量。要分析投标文件中包含的施工方法、施工设备是否符合工程进度或施工进度要求。

（4）投标企业的信誉、业绩、承包能力等。

（5）商务、法律等合同条件方面。

因此我们说评标是一项复杂的审议过程，它决不只是投标人标价之间的简单比较，价格因素在评标中只占有30%的份额，图9-3所示为各评标因素份额的示例。

由上图可见，目前有些业主单位选择承包商的标准主要考虑投标价格的高低，而忽视其他条件的做法，是不正确的。

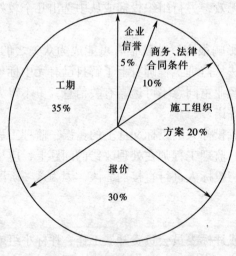

图9-3 评标因素分值示例图

3. 决标

决标是在评标的基础上选出标价合理、进度适当、施工方案措施有力、社会信誉好的投标单位作为中标单位，并与其签订工程合同。同时，应通知其他没有中标的单位。

决标亦是由评标领导小组或评标委员会负责。工程施工的招标，一般在开标后，评标和决标的时间不超过15日。对大中型项目也不应超过30日。

决标后应立即向中标单位发出中标通知书，并预约合同谈判与签署的时间、地点等事宜。

4. 承、发包合同的谈判与签署

(1) 中标后的谈判

确定中标单位后应在一定时间内签署承包合同。若中标单位借故不承包、或招标单位另行改换中标单位均属违约行为，应按中标总价的一定百分率补偿对方的经济损失。

中标单位确定后，该单位的地位有所改变，他可能利用这一点来争取对他更有利的承包条件。所以，双方应对已达成的协议再予以确认或具体化。重新达成的协议应有书面记录，或对合同文件予以修改或另写备忘录，或有合同附件。

(2) 承、发包合同的签署

承、发包合同的内容必须明确，文字含义要清楚，对有关工程的主要条款必须作详细规定。承、发包合同一般必须具备以下主要条款：

1) 工程名称和地点；
2) 工程范围和内容；
3) 开、竣工日期及中间交工工程开、竣工日期；
4) 工程质量及保修；
5) 工程造价；
6) 工程价款的支付、结算及交工验收；
7) 施工图及预算和技术资料的提供期限；
8) 材料和设备的供应进场期限；
9) 双方相互协作事项；
10) 违约责任等。

招标单位与中标单位的合同，必须经公证机关的公证。

9.3 城市水工程施工的国际招标

随着我国的改革开放的不断深化，工程项目的国际性招标会越来越多，特别是对于城市水工程建设项目，这种机会可能会更多一些。一项城市水工程，可能是城市或农村集镇取水供水工程，也可能是城市或农村集镇污水处理工程。这些工程建设项目，正是世界银行贷款的目标，故申请世界银行贷款获得成功的机会更多些。利用世界银行贷款项目进行国际性招标的程序与国内招标基本类似。监理公司可受业主的委托来办理有关具体事项。

世界银行对特定项目的贷款，经与借款国谈判，签署贷款协议并经世界银行董事会批准以后，借款国就可以组织国际招标。在大多数情况下，世界银行要求借款国通过"国际竞争性招标"（International Competitive Bidding 简写为 IBC），向世界银行各成员国提供平等的、公开的投标机会。

为了保证项目招标的国际竞争性和公正性,世界银行对项目的招标程序有着非常严格的、标准的规定。如果是业主违反了规定,有可能被取消贷款;若是承包商违反了有关规定,则可能被取消投标资格;监理工程师若违反了规定,将受到失去承担世行项目业务资格的惩罚。国际竞争性招标程序完备而严格,如图9-4所示。整个招标过程可分为5个阶段,各阶段又可分为若干具体步骤。

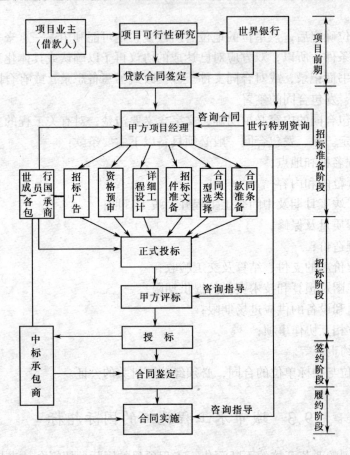

图 9-4 ICB 程序框图

9.3.1 招标准备阶段

本阶段包括公布招标广告、承包商资格预审、详细工程设计、招标文件及合同条款准备。

1. 招标通知和广告

为了让所有世界银行成员国承包商都能有机会平等地参与竞争,世行规定:要通过国际性报纸、技术杂志、联合国"开发论台"及大使馆刊登广告,并在开标前留有足够的时间（大型项目招标要求在招标60日之前发布广告和通知），以便于投标者取得招标文件和作投标准备。

2. 投标者的资格审查

对要求投标的承包商进行资格审查，其目的有三：一是测试承包商对本项目投标的兴趣；二是为不合格承包商节省投标费用和时间；三是保证投标者的质量。审查内容包括：投标者从事同类项目建设的经验及履历、财务状况、承包能力、设备及人员配备水平等。

3. 进行详细工程设计

世界银行贷款项目可行性研究要求达到我国初步设计深度。故在本阶段只需进行详细技术设计，以便为合同文件的准备提供可靠的技术资料依据。

4. 招标文件准备

招标文件包括：投标商须知、投标格式及程序、合同条款（一般条款和特殊条款）、技术规范、工程量表、图纸清单、投标说明（包括截止日期、语言、送达地点、所用货币等）、保证金和担保金、评标标准、优惠幅度、否认责任等。

9.3.2 招标阶段

1. 投标准备时间

为保证投标人有充分的投标准备时间，规定从发售招标文件到投标时间间隔不少于45日，大型项目应不少于90日，以便投标人能做好调查和投标准备。

2. 开标

按照招标公布的时间准时当众开标，要求大声宣读标书并记录在案。

3. 评标

标书评审内容主要包括：

(1) 检查所有投标文件的完整性；

(2) 审查报价计算有无错误；

(3) 技术方案的优劣；

(4) 财务和优惠条件；

(5) 是否回答了招标文件提出的要求；

(6) 所需担保是否落实；

(7) 预计进度及其保证措施；

(8) 设备效能、适用性及备件保证；

(9) 施工方法的可靠性；

(10) 标价评审。

综合考虑上述因素后进行标价比较，在其他条件相当时一般以总费用最低的标价为最佳标。

在下列条件下业主可以拒绝全部投标：全部投标价都大大超过预计费用（标

底);招标没有足够反响;竞争不充分。经世界银行同意后可重新招标或选择其中报价最低的承包商进行谈判议标。

9.3.3 签约阶段

根据评标结果,业主可向中标企业发出中标通知并约请前来谈判签约。

9.3.4 合同实施阶段

从业主下达开工命令到项目竣工为止,业主、承包商双方按合同履约,由业主监督承包商履行合同义务并负责提供相应服务。

总之,作为一个监理工程师,应当熟悉了解城市水工程项目建设的国际性招标、投标的惯例,学会如何在国际性招标、投标中受业主的委托,开展好城市水工程项目监理工作,并做到游刃有余。

复习思考题

1. 城市水工程施工招标阶段监理工作的主要内容有哪些?
2. 招标文件一般包括哪些内容?
3. 标底编制的依据及常用方法有哪些?
4. 阐述城市水工程项目招标的一般程序。
5. 阐述"国际竞争性招标"(IBC)的程序和要点。

第10章 城市水工程施工阶段监理

10.1 城市水工程施工概述

10.1.1 城市水工程施工任务

在我国，城市水工程建设主要包括：城市污水处理厂及城市排水管网建设；城市水厂及输配水管网建设；工矿企业污水局部处理工程建设；建筑小区城市水工程建设；建筑内部城市水工程建设以及城市水景建设等。其中，城市污水处理厂和城市排水管网建设具有规模大、投资多的特点，城市水厂用于供给城市人民生活和生产用水，直接关系到人民的身体健康，因此，城市水工程建设是我国市政建设的重要组成部分。

城市水工程施工是形成城市水工程实体的阶段，是城市水工程建设周期中最基本和最关键的阶段，这个阶段占有建设工程全部投资的绝大部分，此外，施工阶段具有生产条件复杂多变、生产周期不固定等特点，因此，城市水工程施工的主要任务是：在一定客观条件下，有计划地、合理地对人力、物力和财力进行综合使用，完成城市水工程建设并实现城市水工程建设的最佳效益。

城市水工程施工的主要内容有：各种建筑物和构筑物的建筑施工和水处理设备，供排水管道安装施工。

1. 城市污水处理厂中，主体建筑有各种水处理构筑物，如：机械除污物格栅井、曝气沉砂池、初沉池、二次沉淀池、深层曝气池和消化池等。辅助建筑物包括：泵房、鼓风机房、压缩机房、办公室、集中控制室、化验室、变电所、机修间、仓库、食堂等，此外还有联系各处理构筑物的污水和污泥管道、沟渠等。

2. 城市水厂中，主体建筑是生产构筑物和建筑物，包括沉砂池、澄清池、滤池、清水池、二级泵房、药剂间等，辅助建筑物包括化验室、修理部门、仓库、车库、办公楼、食堂、浴室和职工宿舍等。

3. 城市给水管网、排水管网和有关水泵站。

4. 在建筑小区和建筑内部城市水工程中主要有供排水管网、各类泵房和水箱间等，有热水供应的主要有热水管网、锅炉间以及热交换站等。

上述建筑或构筑物的施工既有建筑工程施工也有建筑设备安装工程施工，也就是既有土石方、混凝土、砌砖和装修等施工，也有设备和管道安装等施工。根据城市水工程施工的特点，施工一般遵守"先土建，后设备"、"先主体，后附属"、"先地下，后地上"的原则。在排水管道工程施工中，一般先把出水口做好，由下游向上游推进，分几个系列的净、配水厂及污水处理厂的施工中，应以确保某个系列先行投产的原则，有计划地向其他系列铺开。

10.1.2 城市水工程施工方法

城市水工程施工方法包括有建筑工程和设备安装工程中多种施工方法。

1. 钢筋混凝土工程

钢筋混凝土结构广泛用于城市水工程中，城市水工程中的贮水池、水处理构筑物、泵房以及管道材料等，大都是钢筋混凝土建造的，一般地说，钢筋混凝土工程由混凝土和钢筋两部分组成。

(1) 混凝土工程

1) 混凝土搅拌。混凝土搅拌有人工搅拌和机械搅拌两种方法。工地搅制塑性混凝土，常采用自落式鼓型搅拌机。工厂化搅拌站及拌制干硬性混凝土，常采用强制式搅拌机。如搅拌站与浇筑地点距离较远，为了不使混凝土在运输过程中离析或初凝，可采用搅拌运输车，由搅拌站供应干料，在运输中加水搅拌。

2) 混凝土运输。混凝土运输方法主要有手推车、内燃翻斗车、自卸车、输送带及泵车运送。

3) 混凝土浇筑。城市水工程中，混凝土浇筑主要是模板浇筑。但对于沉井封底，灌注桩和浇筑连续墙等常采用水下浇筑施工法。

(A) 模板浇筑施工法

(a) 模板按所用材料的不同分为：木模、钢模、钢木混合模板、砖模、钢丝网水泥砂浆模及土模。

(b) 按施工方法不同分为：拼装式、滑升式、移拉式等。在给水排水构筑物中所使用的模板，大部分是拼装式，现场浇筑混凝土管道时用拉模，竖向尺寸大的结构可使用滑升式模板。

(B) 水下浇筑施工法

水下施工根据水深、结构形状和现场条件，一般可分为水下浇筑法和水下压浆法两类，每一类中又各有不同的施工方法。主要有直接浇筑法、导管法、泵压法、柔性管法和开底容器法等。

(2) 钢筋工程

1) 钢筋加工。钢筋加工采用冷加工，有冷拉、冷拔和冷轧三种方法。

2) 钢筋连接。钢筋连接有焊接和绑扎两种方法。焊接又分为接触焊和电弧焊两种方法。

2. 土石方工程

土石方工程施工方法主要有人工开挖，机械挖掘和石方爆破等方法。

3. 砖石工程

在城市水工程中，除采用钢筋混凝土浇筑外，砖石结构也占有一定数量。如：砖石砌筑的排水沟渠、贮水池及水处理构筑物、泵房及管道工程中的附属构筑物等。

砖石工程包括砌筑工程和抹面工程。砌筑工程有砌砖和砌石两种结构，砌完后，为了防止渗漏，常在结构的单面或双面进行抹面。

4. 管道工程

在城市水工程中，管道安装是重要组成部分。

给水排水管道按材料划分，有钢管、铸铁管、钢筋混凝土管、陶瓷管、塑料管及各种有色金属管道。

给水排水管道安装工艺主要有管道的调直、割断、煨弯、套丝和各种连接，如：焊接、螺纹连接、承插连接等。有时还要对管道进行防锈保温。对室外地下管道，有开槽施工法和不开槽的掘进顶管施工法、挤压土顶管法、管道牵引不开槽铺设和盾构法施工。对水下管道有浮漂拖航铺管、水底拖曳铺管、铺管船铺管和冲沉土层铺管等各种施工方法。

5. 设备安装

城市水工程施工中有大量的设备安装，主要是各种水处理设备和输配水设备的安装，此外还有电气设备，通讯设备以及微机自动控制系统等安装。在建筑城市水工程中，主要有各种卫生器具、水箱、水泵以及锅炉的安装等。

10.2 城市水工程施工阶段监理的基本任务和主要工作

10.2.1 施工阶段监理的基本任务

前已述及，城市水工程施工是城市水工程全部建设周期中最基本和最关键的阶段，施工阶段决定着全部工程建设的成败。正是由于施工阶段这种在全部工程建设中的地位和作用，施工阶段监理的重要性必须予以高度重视。

首先，施工阶段是形成工程实体的阶段，是将设计图纸变成可供生产和使用的固定资产的阶段，是工程质量的实际形成阶段，工程质量很大程度上取决于施工阶段质量监理工作的质量，施工阶段质量控制是整个工程质量控制的重点控制阶段，因此，施工阶段质量控制无疑是极其重要的。

第二，施工阶段是工程项目花钱最多的阶段，80%～90%的钱花在这个阶段，因此，这个阶段投资控制的工作最为繁重。

第三，工程一旦开工，就应当按计划进度完工，任何拖延进度，都意味着极大的浪费，影响投资效益的发挥。因此，施工阶段的进度控制将成为带动整个工程项目实施的中心环节。

上述三条就是监理工作的"三控制"，施工阶段监理的"三控制"重要性可归纳为：施工质量控制是对形成工程实体的质量进行控制，达到预定的质量标准和质量等级，是整个工程质量控制的重点控制阶段；进度控制是对工程的施工进度进行控制，达到工程要求的进度目标，是整个工程进度控制的关键控制阶段；投资控制是在合同价的基础上，控制施工阶段所增费用，达到对工程实际价的控制，是整个工程投资控制的最有效控制阶段。

施工阶段监理中的合同管理，是对工程施工有关的各类合同，从合同条件的拟定、协商、签署、执行情况的检查和分析等环节进行的组织管理工作，以期通过合同体现"三控制"的任务要求，同时维护双方当事人的正当权益。合同管理是进行监理工作的工具和手段。

施工阶段监理中的信息管理，是对工程施工活动各类信息的传递、储存、分析和利用的组织管理，以期使监理工作高效、有序地进行。信息管理是监理工作的依据和基础。

施工阶段监理中的组织协调，包括内部协调和外部协调。内部协调包括：参与工程施工各单位之间的配合协调，如：技术图纸、材料、设备、劳动力、资金供应等方面的协调。外部协调包括：与政府有关部门之间的协调，如：与规划、国土、城建、人防、环保、城管等部门间的协调；与资源供应有关部门之间的协调，如：供电、运输、电信等单位之间的协调。组织协调是监理工作的基本工作方式和方法。

综上所述，施工阶段监理的"三控制"、"两管理"、"一协调"构成施工阶段监理工作的基本任务。如表10-1所示。

施工阶段监理基本任务　　　　　　　　　表10-1

监理工作名称	任务及作用
质量控制	对形成工作实体的质量进行控制，达到预定的质量标准和质量等级，是整个项目质量控制的重点控制阶段
进度控制	对工程施工进度进行控制，达到项目要求的进度目标，是整个项目进度控制的关键控制阶段
投资控制	在合同价的基础上，控制施工阶段新增费用，达到对工程实际价的控制是整个项目投资控制的有效控制阶段
合同管理	对工程施工有关的各类合同进行组织管理是达到监理目标的工具和手段

续表

监理工作名称	任务及作用
信息管理	对工程施工活动各类信息传递、储存、分析和利用的组织管理，是进行监理工作的依据和基础
组织协调	包括工程施工活动中，内部各种关系之间协调和与外部各种关系之间的协调，是监理工作的基本工作方式和方法

10.2.2 施工阶段监理的主要工作

为了实现施工阶段监理的基本任务，监理单位应根据我国现行"建设工程监理规定"和城市水工程施工阶段的实际情况，完成以下主要工作：

(1) 协助项目法人与承包商编写开工报告；
(2) 审查承包商选择的分包单位；
(3) 审查承包商提出的施工组织设计、施工技术方案和施工进度计划，提出改进意见；
(4) 审查承包商提出的材料和设备清单及其所列的规格和质量；
(5) 督促检查承包商严格执行工程承包合同和工程技术标准；
(6) 调解项目法人与承包商之间的争议；
(7) 检查工程使用的材料、构件和设备的质量，检查安全防护措施；
(8) 检查工程进度和施工质量，验收分部、分项工程，签署工程付款凭证；
(9) 整理合同文件和技术档案资料；
(10) 组织设计单位和施工单位进行工程竣工初步验收，提出竣工验收报告；
(11) 审查工程结算。

城市水工程施工阶段监理任务繁重，工作千头万绪，要想较好完成施工阶段的监理任务必须抓住关键问题，有针对性地进行工作。下面仅就城市水工程施工监理的基本任务和主要工作，重点介绍施工阶段的质量控制、进度控制和投资控制。

10.3 城市水工程施工阶段的质量控制

10.3.1 城市水工程施工阶段质量控制的基本概念

质量的定义是：产品、过程或服务满足规定或潜在要求的特征和特性的总和。工程项目质量是指通过工程建设过程所形成的工程项目应满足用户从事生产、生活所需的功能和使用价值，应符合设计要求和合同规定的质量标准。城市水工程质量和其他工程项目质量一样，有类似的功能和使用价值以及质量标准，一般包括设计质量、设备质量、土建施工质量和设备安装质量等几个方面。

所谓质量控制，按国际标准（ISO）定义是：为满足质量要求所采取的作业技术和活动，对项目工程质量而言，就是为了确保合同所规定的质量标准，所采取的一系列监控措施、手段和方法。

由于形成最终工程实体质量是一个系统的过程，所以施工阶段的质量控制，也是一个由对投入原材料的质量控制开始，直到完成工程质量检验为止的全过程的系统控制过程，如图10-1所示。

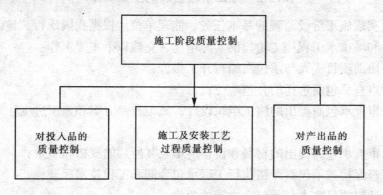

图10-1 施工全过程的质量控制图

另外，工程施工又是一种物质生产活动，所以，施工阶段质量的范围，应包括影响工程质量的五个主要方面，即要对人、材料、机械、方法和环境五个质量因素进行全面控制，如图10-2所示。

根据工程实体质量形成的施工阶段的质量控制，又可分为施工准备控制、施工过程控制和施工验收控制三个环节如图10-3所示。

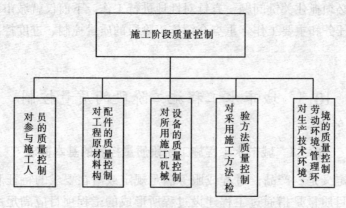

图10-2 质量因素的全面控制图

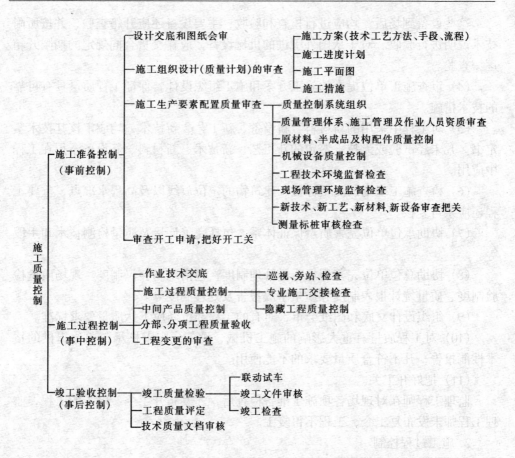

图 10-3 施工阶段质量控制的系统过程图

10.3.2 施工阶段质量控制过程

1. 施工准备控制

指在正式施工前进行的质量控制，其具体工作内容有：

(1) 审查承包单位的技术资质。

对于总包单位的技术资质，已在招标阶段进行审查。对于总包单位通过招标选择的分包施工单位，需经监理工程师审查认可后，方能进场施工。主要审查是否具有能完成工程并确保其质量的技术能力及管理水平。

(2) 对工程所需原材料、构配件的质量进行检查与控制。

有的工程材料、半成品、构配件应事先提交样品，经认可后才能采购订货。凡进场材料均应有产品合格证或技术说明书。同时，还应按有关规定进行抽检。没有产品合格证和抽检不合格的材料，不得在工程中使用。

(3) 对永久性生产设备或装置，应按审批同意的设计图纸组织采购或订货。

这些设备到场后,均应进行检查和验收;主要设备还应开箱查验,并按所附技术说明进行验收。对于从国外引进的机械设备,应在交货合同规定的期限开箱逐一查验。

(4) 审查施工单位提交的施工方案和施工组织设计,保证工程质量具有可靠的技术措施。

(5) 对工程中采用的新材料、新设备、新工艺、新技术,均应审核其技术鉴定书。凡未经试验或无技术鉴定的新工艺、新技术、新材料、新设备不得在工程中应用。

(6) 检查施工现场的测量标桩、建筑物的定位放线以及高程水准点,重要工程还应亲自复核。

(7) 协助承包单位完善质量保证体系,包括完善计量及质量检测技术和手段等。

(8) 协助总包单位完善现场质量管理制度,包括现场会议制度、现场质量检验制度、质量统计报表制度和质量事故报告及处理制度等。

(9) 组织设计交底和图纸会审,对有的工程部位尚应下达质量要求标准。

(10) 对工程质量有重大影响的施工机械、设备,应审核承包单位提供的技术性能报告,凡不符合质量要求的不能使用。

(11) 把好开工关。

监理工程师在对现场各项施工准备检查后,才发布开工令。停工的工程,监理工程师未发布复工令,工程不得复工。

2. 施工过程控制

指在施工过程中进行的质量控制,其具体工作内容有:

(1) 协助承包单位完善工序控制。

把影响工序质量的因素都纳入管理状态,建立质量管理点,及时检查和审核承包单位提交的质量统计分析资料和质量控制图表。

(2) 严格工序间交接检查。

主要工序作业(包括隐蔽作业)需按有关验收规定经现场监理人员检查、签署验收。如基础工程中,对开挖的基槽、基坑,在未经鉴定(工程地质鉴定)和量测标高、尺寸的情况下,不得浇筑垫层混凝土;钢筋混凝土工程中,安装模板后,未经检查验收,不得架立钢筋;钢筋架设后,未经检查验收,不得浇筑混凝土等。

(3) 重要的工程部位或专业工程还要亲自进行试验或技术复核。

如:亲自在工作面测定混凝土的温度或坍落度;亲自试作混凝土试件;亲自取样等。对于重要材料、半成品,可自行组织材料试验工作。

(4) 对完成的分项、分部工程,按相应的质量评定标准和办法进行检查、验收。

10.3 城市水工程施工阶段的质量控制

(5) 审核设计变更和图纸修改。
(6) 按合同行使质量监督权。在下述情况下,监理工程师有权下达停工

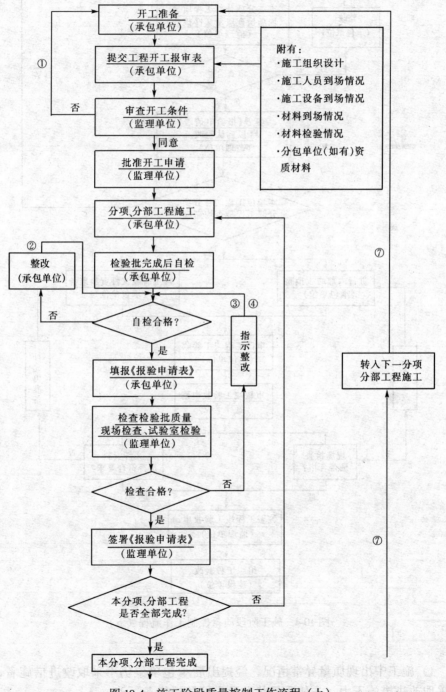

图 10-4 施工阶段质量控制工作流程(上)

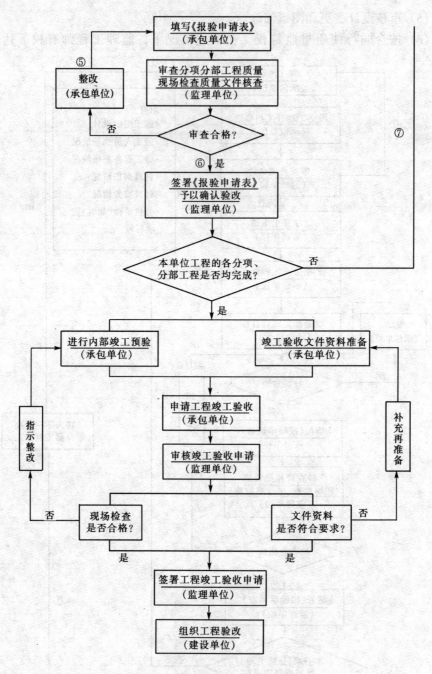

图 10-4 施工阶段质量控制工作流程（下）

令。

1）施工中出现质量异常情况，经提出后承包单位仍不采取改进措施者；或者采取改进措施不力，未使质量状况发生好转趋势者。

2）隐蔽作业未经现场监理人员查验自行封闭、掩盖者。

3）对已发生的质量事故未进行处理和提出有效的改进措施就继续作业者。

4）擅自变更设计、图纸进行施工者。

5）使用没有技术合格证的工程材料，或者擅自替换、变更工程材料者。

6）未经技术资质审查的人员进入现场施工者。

（7）组织定期或不定期的现场会议，及时分析、通报工程质量状况，并协调有关单位间的业务活动等。

3．竣工验收控制

指在完成施工过程形成产品的质量控制，其具体工作内容有：

（1）按规定的质量评定标准和办法，对完成的分项、分部工程、单位工程进行检查验收；

（2）组织联动试车；

（3）审核承包单位提供的质量检验报告及有关技术性文件；

（4）审核承包单位提交的竣工图；

（5）整理有关工程项目质量的技术文件，并编目、建档。

根据上述质量控制系统和内容，监理工程师和承包单位在施工阶段对质量控制的工作流程如图10-4所示。

10.3.3 施工阶段质量控制的依据和方法

1．施工阶段质量控制的依据

施工阶段监理工程师进行质量控制的依据，大体上有以下4类：

（1）工程合同文件

工程施工承包合同文件和委托监理合同文件中分别规定了参与建设各方在质量控制方面的权利和义务，有关各方必须履行在合同中的承诺。对于监理单位，即要履行委托监理合同的条款，又要督促建设单位监督承包单位、设计单位履行有关质量控制条款。因此，监理工程师要熟悉这些条款，据以进行质量监督和控制。

（2）设计文件

"按图施工"是施工阶段质量控制的一项重要原则。因此，经过批准的设计图纸和技术说明书等设计文件，无疑是质量控制的重要依据。

（3）国家及政府有关部门颁布的有关质量管理方面的法律、法规性文件

《中华人民共和国建筑法》、《建设工程质量管理条例》等文件都是建设行业质量管理方面所应遵循的基本法规文件。此外，其他各行业如交通、能源、水利、冶金、化工等的政府主管部门和省、市、自治区的有关主管部门，也均根据本行业及地方的特点，制定和颁发了有关的法规性文件。

（4）有关质量检验与控制的专门技术法规性文件

这类文件一般是针对不同行业、不同的质量控制对象而制定的技术法规性的文件，包括各种有关的标准、规范、规程或规定。

属于这类专门的技术法规性的依据主要有以下几类：

1）工程项目施工质量验收标准。这类标准主要是由国家或部统一制定的，用来作为检验和验收工程项目质量水平所依据的技术法规性文件。例如，评定建筑工程质量验收的《建筑工程施工质量验收统一标准》（GB 50300—2001）、《混凝土结构工程质量验收规范》（GB 50204—2002）、《建筑给水排水及采暖工程施工质量验收规范》（GB 50242—2002）等。

2）有关工程材料、半成品和构配件质量控制方面的专门技术法规性依据。

（A）有关材料及其制品质量的技术标准。诸如水泥、木材及其制品、钢材、砖瓦、砌块、石材、石灰、砂、玻璃、陶瓷及其制品；建筑五金、电缆电线、绝缘材料以及其他材料或制品的质量标准。

（B）有关材料或半成品等的取样、试验等方面的技术标准或规程。例如：木材的物理力学试验方法总则，钢材的机械及工艺试验取样法等。

（C）有关材料验收、包装、标志方面的技术标准和规定。例如，型钢的验收、包装、标志及质量证明书的一般规定等。

3）控制施工作业活动质量的技术规程。例如砌砖操作规程、混凝土施工操作规程等。它们是为了保证施工作业活动质量在作业过程中应遵照执行的技术规程。

4）凡采用新工艺、新技术、新材料、新设备的工程，事先应进行试验，并应有权威性技术部门的技术鉴定书及有关的质量数据、指标，在此基础上制定有关的质量标准和施工工艺规程，以此作为判断与控制质量的依据。

2. 施工阶段质量控制方法

（1）审核技术文件、报告和报表

这是对工程质量进行全面监督、检查与控制的重要手段。审核的具体内容包括以下几方面：

1）检查进入施工现场的施工承包单位的资质证明文件，控制分包单位的质量；

2）审批施工承包单位的开工申请书，检查、核实与控制其施工准备工作质量；

3）审批施工承包单位提交的施工方案、质量计划、施工组织设计或施工计划，确保工程施工质量有可靠的技术措施保障；

4）审批施工承包单位提交的有关材料、半成品和构配件质量证明文件（出厂合格证、质量检验或试验报告等），确保工程质量有可靠的物质基础；

5）审核施工承包单位提交的反映工序施工质量的动态统计资料或管理图表；

6）审核施工承包单位提交的有关工序产品质量的证明文件（检验记录及试验报告）、工序交接检查（自检）、隐蔽工程检查、分部、分项工程质量检查报告等文件、资料，以确保和控制施工过程的质量；

7）审批有关工程变更、设计图纸修改等，确保设计及施工图纸的质量；

8）审核有关应用新技术、新工艺、新材料、新设备等的技术鉴定书，审批其应用申请报告，确保新技术应用的质量；

9）审批有关工程质量事故或质量问题的处理报告，确保质量事故或质量问题处理的质量；

10）审核与签署现场有关质量技术签证、文件等。

（2）指令文件与一般管理文书

指令文件是监理工程师运用指令控制权的具体形式。所谓指令文件是表达监理工程师对施工承包单位提出指示或命令的书面文件，属要求强制性执行的文件。监理工程师的各项指令都应是书面的或有文件记载方为有效，并作为技术文件资料存档。

一般管理文书，如监理工程师函、备忘录、会议纪要、发布有关信息等。主要是对承包商工作状态和行为提出建议、希望和劝阻等，不属强制性要求执行，仅供承包人自主决策参考。

（3）现场监督和检查

1）现场监督检查的内容

（A）开工前的检查。主要是检查开工前准备工作的质量，能否保证正常施工及工程施工质量；

（B）工序施工中的跟踪监督、检查与控制。施工机械设备、材料、施工方法及工艺或操作以及施工环境条件等是否均处于良好的状态，是否符合保证工程量的要求，若发现有问题及时纠偏和加以控制；

（C）对于重要的和对工程质量有重大影响的工序和工程部位，还应在现场进行施工过程的旁站监督与控制，确保使用材料及工艺过程质量。

2）现场监督检查的方式

（A）旁站与巡视

旁站是指在关键部位或关键工序施工过程中由监理人员在现场进行的监督活动。旁站的部位或工序要根据工程特点，也应根据施工承包单位内部质量管理水平及技术操作水平决定。一般而言，混凝土灌注、预应力张拉过程及压浆、基础工程中的软基处理、复合地基施工（如搅拌桩、悬喷柱、粉喷柱）、路面工程的沥青拌合料摊铺、沉井过程、桩基的打桩过程、防水施工、隧道衬砌施工中超挖部分的回填、边坡喷锚打锚杆等要实施旁站。

巡视是指监理人员对正在施工的部位或工序现场进行的定期或不定期的监督活动，巡视是一种"面"上的活动，它不限于某一部位或过程，而旁站则是"点"的活动，它是针对某一部位或工序。因此，在施工过程中，监理人员必须加强对现场的巡视、旁站监督与检查，及时发现违章操作和不按设计要求、不按施工图纸或施工规范、规程或质量标准施工的现象，对不符合质量要求的要及时进行纠正和严格控制。

（B）平行检验

监理工程师利用一定的检查或检测手段在施工承包单位自检的基础上，按照一定的比例独立进行检查或检测的活动。

(4) 规定质量监控工作程序

规定双方必须遵守的质量监控工程程序，按规定的程序进行工作，这也是进行质量监控的必要手段。例如，未提交开工申请单并得到监理工程师的审查、批准不得开工；未经监理工程师签署质量验收单并予以质量确认，不得进行下道工序等。

(5) 利用支付手段

这是国际上较通用的一种重要的控制手段，也是建设单位在合同中赋予监理工程师的支付控制权。所谓支付控制权就是：对施工承包单位支付任何工程款项，均需由总监理工程师审核签认支付证明书，没有总监理工程师签署的支付证书，建设单位不得向施工承包单位进行支付工程款。

10.3.4 城市水工程施工质量的验收

1. 概述

城市水工程施工质量的验收是城市水工程施工阶段质量控制的重要工作，也是最终保证工程质量的重要手段，监理工程师必须根据合同和设计图纸的要求，严格执行国家颁发的有关工程项目质量验收规范，及时组织有关人员进行质量验收。在施工期间，对隐蔽工程组织交工验收，并作相应的文字记录，对已竣工的单位工程或分项工程，也可组织交工验收或交接验收。在完成工程局部验收后，可进行单机调试、单位工程的准备使用等工作，然后逐步进行全厂性的运转调试和试生产。当试生产已趋稳定或达到设计规定的处理能力或出水量时，进行工程的总验收，之后，工程进入投产使用阶段。

2. 工程施工质量的验收

城市水工程中的污水处理厂和水厂是一个完整的群体工程，是多专业综合性工程。在城市水工程中即使是一个建筑物或构筑物的建成，也要经过若干工序、若干工种的配合施工。一个工程质量的优劣，能否通过竣工验收，取决于各个施工工序和各工种的操作质量。因此，为便于控制、检查和鉴定每个施工工序和工种的质量，需将一个单位工程划分为若干分部工程。每个分部工程，又划分为若干个分项工程。每个分项工程中包含若干个检验批，检验批质量是施工质量验收最小单位，是分项工程乃至整个建筑工程质量验收的基础。

(1) 施工质量验收统一标准、规范体系及编制指导思想

建筑工程施工质量验收统一标准、规范体系由《建筑工程施工质量验收统一标准》（GB 50300—2001）和各专业验收规范共同组成，在使用过程中它们必须配套使用。各专业验收规范具体包括：《建筑地基基础工程施工质量验收规范》（GB 50202—2002）；《砌体工程施工质量验收规范》（GB 50203—2002）；《混凝土结构工程施工质量验收规范》（GB 50204—2002）；《建筑给水排水及采暖工程施工质量验收规范》（GB 50242—2002）；《建筑电气工程施工质量验收规范》（GB 50303—2002）；《城市污水处理厂工程质量验收规范》（GB 50334—2002）等。

为了进一步做好工程质量验收工作，结合当前建设工程质量管理的方针和政策，增强各规范间的协调性及适用性并考虑与国际惯例接轨，在建筑工程质量验收标准、规范体系的编制中坚持了"验评分离，强化验收，完善手段，过程控制"的指导思想。

(2) 施工质量验收的有关术语

下面列出《建筑工程施工质量验收统一标准》（GB 50300—2001）几个较重要的质量验收相关术语：

1) 验收。建筑工程在施工单位自行质量检查评定的基础上，参与建设活动的有关单位共同对检验批、分项、分部、单位工程的质量进行抽样复验，根据相关标准以书面形式对工程质量达到合格与否作出确认。

2) 检验批。按同一生产条件或按规定的方式汇总起来供检验用的，由一定数量样本组成的检验体。

3) 主控项目。建筑工程中的对安全、卫生、环境保护和公共利益起决定性作用的检验项目。

4) 一般项目。除主控项目以外的项目都是一般项目。

5) 抽样检验。按照规定的抽样方案，随机地从进场的材料、构配件、设备或建筑工程检验项目中，按检验批抽取一定数量的样本所进行的检验。

6) 观感质量。通过观察和必要的量测所反映的工程外在质量。

7) 返修。对工程不符合标准规定的部位采取整修等措施。

8) 返工。对不合格的工程部位采取的重新制作、重新施工等措施。

(3) 施工质量验收的基本规定

1) 施工质量现场管理应有相应的施工技术标准，健全的质量管理体系、施工质量检验制度和综合施工质量水平评价考核制度，并作好施工现场质量管理检查记录。

施工现场质量管理检查记录由施工单位按相应表填写,总监理工程师(建设单位项目负责人)进行检查,并作出检查结论。

2)建筑工程施工质量应按下列要求进行验收:

(A)建筑工程施工质量应符合建筑工程施工质量验收统一标准和相关专业验收规范的规定。

(B)建筑工程应符合工程勘察、设计文件的要求。

(C)参加工程施工质量验收的各方人员应具备规定的资格。

(D)工程质量的验收应在施工单位自行检查评定的基础上进行。

(E)隐蔽工程在隐蔽前应由施工单位通知有关方进行验收。

(F)涉及结构安全的试块、试件以及有关资料,应按规定进行见证取样检测。

(G)检验批的质量应按主控项目和一般项目验收。

(H)对涉及结构安全和使用功能的分部工程应进行抽样检测。

(I)承担见证取样检测及有关结构安全检测的单位应具有相应的资质。

(J)工程的观感质量应由验收人员通过现场检查,并应共同确认。

3)城市水工程施工质量除应遵守统一标准及相关各专业施工质量验收规范外,还应遵守城市水工程专业的专业验收规范。城市水工程专业验收规范有《建筑给水排水及采暖工程施工质量验收规范》(GB 50242—2002);《城市污水处理厂工程质量验收规范》(GB 50334—2002)等。下面仅介绍规范中部分施工质量验收规定的要求。

(A)室内给水系统安装

(a)一般规定

a)本规定适用于工作压力$\leqslant 1.0$MPa的室内给水和消火栓系统管道安装工程的质量检验与验收。

b)给水管道必须采用与管材相适应的管件。生活给水系统所涉及的材料必须达到饮用水卫生标准。

c)管径$\leqslant 100$mm的镀锌钢管应采用螺纹连接,套丝扣时破坏的镀锌层表面及外露螺纹部分应作防腐处理;管径>100mm的镀锌钢管应采用法兰或卡套式专用管件连接,镀锌钢管与法兰的焊接处应二次镀锌。

d)给水塑料管和复合管可以采用橡胶圈接口、粘接接口、热熔连接、专用管件连接及法兰连接等形式。塑料管和复合管与金属管件、阀门等的连接应使用专用管件连接,不得在塑料管上套丝。

e)给水铸铁管管道应采用水泥捻口或橡胶圈接口方式进行连接。

f)铜管连接可采用专用接头或焊接,当管径<22mm时宜采用承插或套管焊接,承口应迎介质流向安装;当管径$\geqslant 22$mm时宜采用对口焊接。

g)给水立管和装有3个或3个以上配水点的支管始端,均应安装可拆卸的连接件。

h) 冷、热水管道同时安装应符合下列规定：
ⓐ上、下平行安装时热水管应在冷水管上方。
ⓑ垂直平行安装时热水管应在冷水管左侧。
(b) 给水管道及配件安装

主控项目

a) 室内给水管道的水压试验必须符合设计要求。当设计未注明时，各种材质的给水管道系统试验压力均为工作压力的 1.5 倍，但不得小于 0.6MPa。

检验方法：金属及复合管给水管道系统在试验压力下观测 10min，压力降不应大于 0.02MPa，然后降到工作压力进行检查，应不渗不漏；塑料管给水系统应在试验压力下稳压 1h，压力降不得超过 0.05MPa，然后在工作压力的 1.15 倍状态下稳压 2h，压力降不得超过 0.03MPa，同时检查各连接处不得渗漏。

b) 给水系统交付使用前必须进行通水试验并做好记录。

检验方法：观察和开启阀门、水嘴等放水。

c) 生产给水系统管道在交付使用前必须冲洗和消毒，并经有关部门取样检验，符合国家《生活饮用水标准》方可使用。

检验方法：检查有关部门提供的检测报告。

d) 室内直埋给水管道（塑料管道和复合管道除外）应作防腐处理。埋地管道防腐层材质和结构应符合设计要求。

检验方法：观察或局部解剖检查。

一般项目

a) 给水引入管与排水排出管的水平净距不得小于 1m。室内给水与排水管道平行敷设时，两管间的最小水平净距不得小于 0.5m；交叉铺设时，垂直净距不得小于 0.15m。给水管应铺在排水管上面，若给水管必须铺在排水管的下面时，给水管套应加套管，其长度不得小于排水管管径的 3 倍。

检验方法：尺量检查。

b) 管道及管件焊接的焊缝表面质量应符合下列要求：
ⓐ焊缝外形尺寸应符合图纸和工艺文件的规定，焊缝高度不得低于母材表面，焊缝与母材应圆滑过渡。
ⓑ焊缝及热影响区表面应无裂纹、未熔合、未焊透、夹渣、弧坑和气孔等缺陷。

检验方法：观察检查。

c) 给水水平管道应有 2‰~5‰的坡度坡向泄水装置。

检验方法：水平尺和尺量检查。

d) 给水管道和阀门安装的允许偏差和检验方法应符合表 10-2 的规定。

管道和阀门安装的允许偏差和检验方法　　　　　表 10-2

项次	项 目		允许偏差（mm）	检验方法
1	水平管道纵横方向弯曲	钢管 每米 全长 25m 以上	1 ≥25	用水平尺、直尺、拉线和尺量检查
		塑料管复合管 每米 全长 25m 以上	1.5 ≥25	
		铸铁管 每米 全长 25m 以上	2 ≥25	
2	立管垂直度	钢管 每米 5m 以上	3 ≥8	吊线和尺量检查
		塑料管复合管 每米 5m 以上	2 ≥8	
		铸铁管 每米 5m 以上	3 ≥10	
3	成排管段和成排阀门		在同一平面上间距 3	尺量检查

e）管道的支架安装应平整牢固，其间距应符合下列规定。
ⓐ钢管水平安装的支架间距不应大于表 10-3 的规定。

钢管管道支架最大间距　　　　　表 10-3

公称直径（mm）		15	20	25	32	40	50	70	80	100	125	150	200	250	300
支架的最大间距（m）	保温管	2	2.5	2.5	2.5	3	3	4	4	4.5	6	7	7	8	8.5
	不保温管	2.5	3	3.5	4	4.5	5	6	6	6.5	7	8	9.5	11	12

ⓑ采暖、给水及热水供应系统的塑料管及复合管垂直或水平安装的支架间距应符合表 10-4 的规定。采用金属制作的管道支架，应在管道与支架间加衬非金属垫或套管。

塑料管及复合管管道支架的最大间距　　　　　表 10-4

管径（mm）			12	14	16	18	20	25	32	40	50	63	75	90	110
最大间距（m）	立管		0.5	0.6	0.7	0.8	0.9	1.0	1.1	1.3	1.6	1.8	2.0	2.2	2.4
	水平管	冷水管	0.4	0.4	0.5	0.6	0.6	0.7	0.8	0.9	1.0	1.1	1.2	1.35	1.55
		热水管	0.2	0.2	0.25	0.3	0.3	0.35	0.4	0.5	0.6	0.7	0.8		

ⓒ铜管垂直或水平安装的支架间距应符合表 10-5 的规定。

铜管管道支架的最大间距　　　　　　表10-5

公称直径（mm）		15	20	25	32	40	50	65	80	100	125	150	200
支架的最大间距（m）	垂直管	1.8	2.4	2.4	3.0	3.0	3.0	3.5	3.5	3.5	3.5	4.0	4.0
	水平管	1.2	1.8	1.8	2.4	2.4	2.4	3.0	3.0	3.0	3.0	3.5	3.5

检验方法：观察、尺量及手扳检查。

f) 水表应安装在便于检修、不受曝晒、污染和冻结的地方。安装螺翼式水表，表前与阀门应有不小于8倍水表接口直径的直线管段。表外壳距墙表面净距为10~30mm；水表进水口中心标高按设计要求，允许偏差为±10mm。

检验方法：观察和尺量检查。

(c) 室内消火栓系统安装

主控项目

室内消火栓系统安装完成后应取屋顶层（或水箱间内）试验消火栓和首层取两处消火栓做试射试验，达到设计要求为合格。

检验方法：实地试射检查。

一般项目

a) 安装消火栓水龙带，水龙带与水枪和快速接头绑扎好后，应根据箱内构造将水龙带挂放在箱内的挂钉、托盘或支架上。

检验方法：观察检查。

b) 箱式消火栓的安装应符合下列规定：

ⓐ栓口应朝外，并不应安装在门轴侧。

ⓑ栓口中心距地面为1.1m，允许偏差±20mm。

ⓒ阀门中心距箱侧面为140mm，距箱后内表面为100mm，允许偏差±5mm。

ⓓ消火栓箱体安装的垂直度允许偏差为3mm。

检验方法：观察和尺量检查。

(d) 给水设备安装

主控项目

a) 水泵就位前的基础混凝土强度、坐标、标高、尺寸和螺栓孔位置必须符合设计规定。

检验方法：对照图纸用仪器和尺量检查。

b) 水泵试运转的轴承温升必须符合设备说明书的规定。

检验方法：温度计实测检查。

c) 敞口水箱的满水试验和密闭水箱（罐）的水压试验必须符合设计与本规范的规定。

检验方法：满水试验静置24h观察，不渗不漏；水压试验在试验压力下10min压力不降，不渗不漏。

一般项目

a）水箱支架或底座安装，其尺寸及位置应符合设计规定，埋设平整牢固。

检验方法：对照图纸，尺量检查。

b）水箱溢流管和泄放管应设置在排水地点附近但不得与排水管直接连接。

检验方法：观察检查。

c）立式水泵的减振装置不应采用弹簧减振器。

检验方法：观察检查。

d）室内给水设备安装的允许偏差和检验方法应符合表10-6的规定。

室内给水设备安装的允许偏差和检验方法　　　　表10-6

项次	项	目	允许偏差（mm）	检 验 方 法
1	静置设备	坐标	15	经纬仪或拉线、尺量
		标高	±5	用水准仪、拉线和尺量检查
		垂直度（每米）	5	吊线和尺量检查
2	离心式水泵	立式泵体垂直度（每米）	0.1	水平尺和塞尺检查
		卧式泵体水平度（每米）	0.1	水平尺和塞尺检查
		联轴器同心度 轴向倾斜(每米)	0.8	在联轴器互相垂直的四个位置上用水准仪、百分表或测微螺钉和塞尺检查
		联轴器同心度 径向位移	0.1	

e）管道及设备保温层的厚度和平整度的允许偏差和检验方法应符合表10-7的规定。

管道及设备保温的允许偏差和检验方法　　　　表10-7

项次	项	目	允许偏差（mm）	检 验 方 法
1	厚　度		$+0.1\delta$ -0.05δ	用钢针刺入
2	表面平整度	卷材	5	用2m靠尺和楔形塞尺检查
		涂材	10	

注：δ为保温层厚度。

（B）卫生器具安装

（a）一般规定

a）本规定适用于室内污水盆、洗涤盆、洗脸（手）盆、盥洗槽、浴盆、淋浴器、大便器、小便器、小便槽、大便冲洗槽、妇女卫生盆、化验盆、排水栓、地漏、加热器、煮沸消毒和饮水器等卫生器具安装的的质量检验与验收。

b）卫生器具的安装应采用预埋螺栓或膨胀螺栓安装固定。

c）卫生器具安装高度如设计无要求时，应符合表10-8的规定。

卫生器具的安装高度 表 10-8

项次	卫生器具名称		卫生器具安装高度（mm）		备注
			居住和公共建筑	幼儿园	
1	污水盆（池）	加空式	800	800	
		落地式	500	500	
2	洗涤盆（池）		800	800	自地面至器具上边缘
3	洗脸盆、洗手盆（有塞、无塞）		800	500	
4	盥洗槽		800	500	
5	浴盆		≮520		
6	蹲式大便器	高水箱	1800	1800	自台阶面至高水箱底
		低水箱	900	900	自台阶面至低水箱底
7	坐式大便器	高水箱	1800	1800	自地面至高水箱底
		低水箱 外露排水管式	510	370	自地面至低水箱底
		虹吸喷射式	470		
8	小便器	挂式	600	450	自地面至下边缘
9	小便槽		200	150	自地面至台阶面
10	大便槽冲洗水箱		≮2000		自台阶面至水箱底
11	妇女卫生盆		360		自地面至器具上边缘
12	化验室		800		自地面至器具上边缘

d) 卫生器具给水配件的安装高度，如设计无要求时，应符合表 10-9 的规定。

卫生器具给水配件的安装高度 表 10-9

项次	给水配件名称		配件中心距地面高度（mm）	冷热水龙头距离（mm）
1	架空式污水盆（池）水龙头		1000	—
2	落地式污水盆（池）水龙头		800	—
3	洗涤盆（池）水龙头		1000	150
4	住宅集中给水龙头		1000	—
5	洗手盆水龙头		1000	—
6	洗脸盆	水龙头（上配水）	1000	150
		水龙头（下配水）	800	150
		角阀（下配水）	450	—

续表

项次	给水配件名称		配件中心距地面高度（mm）	冷热水龙头距离（mm）
7	盥洗槽	水龙头	1000	150
		冷热水管上下并行 其中热水龙头	1000	150
8	浴盆	水龙头（上配水）	670	150
9	淋浴器	截止阀	1150	95
		混合阀	1150	—
		淋浴喷头下沿	2100	—
10	蹲式大便器（台阶面算起）	高水箱角阀及截止阀	2040	—
		低水箱角阀	250	—
		手动式自闭冲洗阀	600	—
		脚踏式自闭冲洗阀	150	—
		拉管式冲洗阀（从地面算起）	1600	—
		带防污助冲器阀门（从地面算起）	900	—
11	坐式大便器	高水箱角阀及截止阀	2040	—
		低水箱角阀	150	—
12	大便槽冲洗水箱截止阀（从台阶面算起）		≤2400	—
13	立式小便器角阀		1130	—
14	挂式小便器角阀及截止阀		1050	—
15	小便槽多孔冲洗管		1100	—
16	实验室化验水龙头		1000	—
	妇女卫生盆混合阀		360	—

注：装设在幼儿园内的洗手盆、洗脸盆和盥洗槽水嘴中心离地面安装高度应为700mm，其他卫生器具给水配件安装高度，应按卫生器具实际尺寸相应减少。

(b) 卫生器具安装

主控项目

a) 排水栓和地漏的安装应平正、牢固，低于排水表面，周边无渗漏。地漏水封高度不得小于50mm。

检验方法：试水观察检查。

b) 卫生器具交工前应做满水和通水试验。

检验方法：满水后各连接件不渗不漏；通水试验给水排水畅通。

一般项目

a) 卫生器具安装的允许偏差和检验方法应符合表10-10的规定。

卫生器具安装的允许偏差和检验方法　　　　　表10-10

项次	项	目	允许偏差（mm）	检 验 方 法
1	坐 标	单独器具	10	拉线、吊线和尺量检查
1	坐 标	成排器具	5	拉线、吊线和尺量检查
2	标 高	单独器具	±15	拉线、吊线和尺量检查
2	标 高	成排器具	±10	拉线、吊线和尺量检查
3	器具水平度		2	用水平尺和尺量检查
4	器具垂直度		3	吊线和尺量检查

b）有饰面的浴盆，应留有通向浴盆排水口的检修门。

检验方法：观察检查。

c）小便槽冲洗管，应采用镀锌钢管或硬质塑料管。冲洗孔应斜向下方安装，冲洗水流同墙面成45°角。镀锌钢管钻孔后应进行二次镀锌。

检验方法：观察检查。

d）卫生器具的支、托架必须防腐良好，安装平整、牢固，与器具接触紧密、平稳。

检验方法：观察和手扳检查。

(c) 卫生器具给水配件安装

主控项目

卫生器具给水配件应完好无损伤，接口严密，启闭部分灵活。

检验方法：观察及手扳检查。

一般项目

a）卫生器具给水配件安装标高的允许偏差和检验方法应符合表10-11的规定。

卫生器具给水配件安装标高的允许
偏差和检验方法　　　　　表10-11

项次	项　目	允许偏差（mm）	检 验 方 法
1	大便器高、低水箱角阀及截止阀	±10	尺量检查
2	水　嘴	±10	尺量检查
3	淋浴器喷头下沿	±15	尺量检查
4	浴盆软管淋浴器挂钩	±20	尺量检查

b）浴盆软管淋浴器挂钩的高度，如设计无要求，应距地面1.8m。

检验方法：尺量检查。

(d) 卫生器具排水管道安装

主控项目

a）与排水横管连接的各卫生器具的受水口和立管均应采取妥善可靠的固定

措施，管道与楼板的接合部位应采取牢固可靠的防渗、防漏措施。

检验方法：观察和手扳检查。

b）连接卫生器具的排水管道接口应紧密不漏，其固定支架、管卡等支撑位置应正确、牢固，与管道的接触应平整。

检验方法：观察及通水检查。

一般项目

a）卫生器具排水管道安装的允许偏差和检验方法应符合表 10-12 的规定。

卫生器具排水管道安装的允许偏差及检验方法　　　　表 10-12

项次	检查项目		允许偏差（mm）	检验方法
1	横管弯曲度	每 1m 长	2	用水平尺量检查
		横管长度≤10m，全长	＜8	
		横管长度＞10m，全长	10	
2	卫生器具的排水管口及横支管的纵横坐标	单独器具	10	用尺量检查
		成排器具	5	
3	卫生器具的接口标高	单独器具	±10	用水平尺和尺量检查
		成排器具	±5	

b）连接卫生器具的排水管道径和最小坡度，如设计无要求时，应符合表 10-13 的规定。

连接卫生器具的排水管管径和最小坡度　　　　表 10-13

项次	卫生器具名称		排水管管径（mm）	管道的最小坡度（‰）
1	污水盆（池）		50	25
2	单、双格洗涤盆（池）		50	25
3	洗手盆、洗脸盆		32～50	20
4	浴盆		50	20
5	淋浴器		50	20
6	大便器	高、低水箱	100	12
		自闭式冲洗阀	100	12
		拉管式冲洗阀	100	12
7	小便器	手动、自闭式冲洗阀	40～50	20
		自动冲洗水箱	40～50	20
8	化验盆（无塞）		40～50	25
9	净身器		40～50	20
10	饮水器		20～50	10～20
11	家用洗衣机		50（软管为 30）	

检验方法：用水平和尺量检查。

(C) 室外排水管网安装

(a) 一般规定

a) 本章适用于民用建筑群（住宅小区）及厂区的室外排水管网安装工程的质量检验与验收。

b) 室外排水管道应采用混凝土管、钢筋混凝土管、排水铸铁管或塑料管，其规格及质量必须符合现行国家标准及设计要求。

c) 排水管沟及井池的土方工程、沟底的处理、管道穿井壁处的处理、管沟及井池周围的回填要求等，均参照给水管沟及井室的规定执行。

d) 各种排水井、池应按设计给定的标准图施工，各种排水井和化粪池均应用混凝土做底板（雨水井除外），厚度不小于100mm。

(b) 排水管道安装

主控项目

a) 排水管道的坡度必须符合设计要求，严禁无坡或倒坡。

检验方法：用水准仪、拉线和尺量检查。

b) 管道埋设前必须做灌水试验和通水试验，排水应畅通，无堵塞，管接口无渗漏。

检验方法：按排水检查井分段试验，试验水头应以试验段上游管顶加1m，时间不少于30min，逐段观察。

一般项目

a) 管道的坐标和标高应符合设计要求，安装的允许偏差和检验方法应符合表10-14的规定。

室外排水管道安装的允许偏差和检验方法　　　　表10-14

项次	项目		允许偏差（mm）	检验方法
1	坐标	埋地	100	拉线尺量
		敷设在沟槽内	50	
2	标高	埋地	±20	用水平仪、拉线和尺量
		敷设在沟槽内	±20	
3	水平管道纵横向弯曲	每5m长	10	拉线尺量
		全长（两井间）	30	

b) 排水铸铁管采用水泥捻口时，油麻填塞应密实，接口水泥应密实饱满，其接口面凹入承口边缘且深度不得大于2mm。

检验方法：观察和尺量检查。

c) 排水铸铁管外壁在安装前应除锈，涂二遍石油沥青漆。

检验方法：观察检查。

d) 承插接口的排水管道安装时，管道和管件的承口应与水流方向相反。
检验方法：观察检查。
e) 混凝土管或钢筋混凝土管采用抹带接口时，应符合下列规定：
ⓐ抹带前应将管口的外壁凿毛、扫净，当管径≤500mm时，抹带可一次完成；当管径＞500mm时，应分二次抹成，抹带不得有裂纹。
ⓑ钢丝网应在管道就位前放入下方，抹压砂浆时应将钢丝网抹压牢固，钢丝网不得外露。
ⓒ抹带厚度不得小于管壁的厚度，宽度宜为 80～100mm。
检验方法：观察和尺量检查。
（c）排水管沟及井池
主控项目
a) 沟基的处理和井池的底板强度必须符合设计要求。
检验方法：现场观察和尺量检查，检查混凝土强度报告。
b) 排水检查井、化粪池的底板及进、出水管的标高，必须符合设计，其允许偏差±15mm。
检验方法：用水准仪及尺量检查。
一般项目
a) 井、池的规格、尺寸和位置应正确，砌筑和抹灰符合要求。
检验方法：观察及尺量检查。
b) 井盖选用应正确，标志应明显，标高应符合设计要求。
检验方法：观察、尺量检查。
（D）污水处理构筑物
（a）一般规定
a) 本段内容适用于污水处理系统的沉砂池、初次沉淀池、二次沉淀池、曝气池、配水井、调节池、生物反应池、氧化沟、计量槽、闸井等工程。
b) 污水处理构筑物工程验收时应检查下列文件；
ⓐ施工图、设计说明及其他设计文件；
ⓑ测量放线资料和沉降观测记录；
ⓒ隐蔽工程验收记录；
ⓓ施工记录与监理检验记录。
c) 污水处理构筑物的混凝土，除应具有良好的抗压性能外，还应具有抗渗性能、抗腐蚀性能，寒冷地区还应考虑抗冻性能。对混凝土的碱活性骨料反应，应加以控制，最大碱含量每立方米混凝土为3kg。
d) 污水处理构筑物的混凝土池壁与底板、壁板间湿接缝以及施工缝等的混凝土应密实、结合牢固。
e) 污水处理构筑物处于地下水位较高时，施工时应根据当地实际情况采取抗浮措施。

f）污水处理构筑物的混凝土质量验收，除应符合本规范规定外，还应符合现行国家《给水排水构筑物施工及验收规范》(GBJ 141)和《混凝土结构工程施工及验收规范》(GB 50204)的规定。

g）污水处理构筑物宜采用新型、耐久的"止水带"材料，质量验收应满足设计要求。

(b) 钢筋混凝土预制拼装水池

主控项目

a）混凝土抗压强度、抗渗、抗冻性能必须符合设计要求。

检验方法：检查试验检测报告。

b）底板高程和坡度应符合设计要求，其高程允许偏差应为±5mm，坡度允许偏差应为±0.15%，底板平整度允许偏差应为5mm。

检验方法：仪器检测、尺量检查。

c）池壁板安装应垂直、稳固，相邻板湿接缝及杯口填充部位混凝土应密实。

检验方法：观察检查。

d）预制的池壁板应保证几何尺寸准确。池壁板安装的间隙允许偏差应为±10mm。

检验方法：尺量检查、观察检查。

e）池壁顶面高程和平整度应满足设备安装及运行的精度要求。

检验方法：仪器检测，尺量检查。

一般项目

a）底板混凝土应连续浇筑。

检验方法：检查施工记录、观察检查。

b）钢筋混凝土池底板允许偏差和检验方法应符合表10-15的规定。

钢筋混凝土池底板允许偏差和检验方法 表10-15

项次	检 验 项 目		允许偏差（mm）	检 验 方 法
1	圆池半径		±20	用钢尺量
2	底板轴线位移		10	用经纬仪测量1点
3	中心支墩与杯口圆周的圆心位移		8	用钢尺量
4	预埋管、预留孔中心		10	用钢尺量
5	预埋件	中心位置	5	用钢尺量
		顶面高程	±5	用水准仪测量

c）现浇混凝土杯口应与底板混凝土衔接密实，杯口内表面应平整。

检验方法：检查施工记录、观察检查。

d）现浇混凝土杯口允许偏差和检验方法应符合表10-16的规定。

现浇混凝土杯口允许偏差和检验方法　　　　　　表 10-16

项次	检验项目	允许偏差（mm）	检验方法
1	杯口内高程	0，-5	用水准仪测量
2	中心位移	8	用经纬仪测量

e) 预制壁板和混凝土湿接缝不应有裂缝。
检验方法：观察检查。

f) 预制混凝土构件安装位置应准确、牢固、不应出现扭曲、损坏、明显错台等现象。
检验方法：观察检查。

g) 壁板安装时，应将杯口内杂物清理干净，做好界面处理。
检验方法：观察检查。

h) 预制混凝土构件安装允许偏差和检验方法应符合表 10-17 的规定。

预制构件安装允许偏差和检验方法　　　　　　表 10-17

项次	检验项目		允许偏差（mm）	检验方法
1	壁板、梁、主中心轴线		5	用钢尺量
2	壁板、柱高程		±5	用水准仪测量
3	壁板及柱垂直度	$H \leqslant 5m$	5	用垂线及尺测量
		$H > 5m$	8	
4	挑梁高程		-5，0	用水准仪测量
5	壁板与定位中线半径		±7	用钢尺量

注：H 为壁板及柱的全高。

i) 混凝土构件预制，砂、石材料应满足相关规范要求。混凝土的浇筑应振捣密实、养护充分，不得有蜂窝、麻面及损伤。
检验方法：检查施工记录、观察检查。

j) 预制的混凝土构件允许偏差和检验方法应符合表 10-18 的规定。

k) 水池的悬臂梁轴线位移应不大于 8mm，支承面高程允许偏差应为 +2mm，-5mm。
检验方法：检查施工记录、仪器测量。

l) 喷涂混凝土的强度和厚度应符合设计要求，不得有砂浆流淌、流坠、空鼓现象。
检验方法：观察检查。

m) 集水槽安装应与水池同心，允许偏差应为 5mm。

检验方法：尺量检查。

预制的混凝土构件允许偏差和检验方法　　　　　表 10-18

项次	检验项目		允许偏差（mm）	检验方法
1	平整度		5	用 2m 直尺量测
2	断面尺寸	壁板（梁、柱）长度	0，-8（0，-10）	用钢尺量测
		壁板（梁、柱）宽度	+4，-2（±5）	
		壁板（梁、柱）厚度	+4，-2（直顺度：$L/750$ 且 $\not> 20$）	
		矢高	±2	
3	预埋件	中心	5	
		螺栓位置	2	
		螺栓外露长度	+10，-5	
4	预留孔中心		10	

注：表中 L 为与质量、柱的长度；括号内为梁、柱的允许偏差。

n）堰板加工厚度应均匀一致，锯齿外形尺寸应对称、分布均匀。

检验方法：尺量检查。

o）堰板安装应平整、垂直、牢固，安装位置及高程应准确。堰板齿口下底高程应处在同一水平线上，接缝应严密。保证全周长上的水平度允许偏差应不大于±1mm。

检验方法：检查施工记录、观察检查、仪器测量。

（c）现浇钢筋混凝土水池

主控项目

a）浇筑池壁混凝土之前，混凝土施工缝应凿毛，清洗干净。混凝土衔接应密实，不得渗漏。

检验方法：观察检查、检查试验记录。

b）钢筋混凝土水池的其他项目质量验收应按钢筋混凝土预制拼装水池①、②、⑥条款执行。

c）混凝土结构部位的变形缝（止水带）应竖直、贯通、密实，三维位置准确，功能有效，不得有渗漏现象。

检验方法：观察检查。

一般项目

a）混凝土表面不得出现有害裂缝，蜂窝、麻面面积不得超过相关规范规定，且应平整、洁净、边角整齐。

检验方法：观察检查。

b）现浇混凝土水池允许偏差和检验方法应符合表 10-19 的规定。

现浇混凝土水池允许偏差和检验方法　　　　　　表 10-19

项次	检验项目		允许偏差（mm）	检验方法
1	轴线位移	池壁、柱、梁	8	用经纬仪测量纵横轴线各计 1 点
2	高程	池壁	±10	用水准仪测量
		柱、梁、顶板	±10	
3	平面尺寸（池体的长、宽或直径）	边长或直径	±20	用尺量长、宽各计 1 点
4	截面尺寸	池壁、柱、梁、顶板	+10, −5	用尺量测
		孔洞、槽、内净空	±10	用尺量测
5	表面平整度	一般平面	8	用 2m 直尺检查
		轮轨面	5	用水准仪器测量
6	墙面垂直度	$H \leqslant 5m$	8	用垂线检查，每侧面
		$5m < H \leqslant 20m$	$1.5H/1000$	
7	中心线位置偏移	预埋件、预埋支管	6	用尺量测
		预留洞	10	
		沉砂槽	±5	用经纬仪，纵横各计 1 点
8	坡度		0.15%	水准仪测量

注：H 为池壁高度。

　　c）水池混凝土保护层厚度应符合设计要求，允许偏差应为 0，+3mm。

　　检验方法：检查施工记录。

　　d）预埋管、件、止水带和填缝板等应安装牢固、位置准确。

　　检验方法：检查施工记录，尺量检查。

　　（d）土建与设备安装连接部位

　　主控项目

　　a）设备安装的预埋件或预留孔的位置、数量、规格应准确无误，预埋件标高允许偏差应为±3mm，中心位置允许偏差应不大于 5mm。

　　检验方法：检查施工记录。

　　b）水池顶部平面的混凝土应平整，高程应符合设计要求。

　　检验方法：观察检查、尺量检查、仪器检测。

　　c）安装刮泥机设备的水池底板应平整，高程和坡度应符合设计要求。

　　检验方法：仪器测量、检查施工记录。

　　d）螺旋泵的泵叶与混凝土基槽之间的间隙量必须符合设计要求。

　　检验方法：尺量检查。

　　一般项目

　　a）安装刮泥机和螺旋泵的池底板，在水泥砂浆抹面前应凿毛处理、分层抹面。

检验方法：检查施工记录。

(e) 水池满水试验

每座水池完工后，必须进行满水的渗漏试验。试验应符合现行国家标准《给水排水构筑物施工及验收规范》（GBJ 141）的规定。

检验方法：检查施工记录观察检查。

(4) 建筑工程质量验收划分

建筑工程质量验收划分为单位（子单位）工程、分部（子分部）工程、分项工程和检验批。

1) 单位工程的划分。单位工程的划分应按下列原则确定：

(A) 具备独立施工条件并能形成独立使用功能的建筑物及构筑物为一个单位工程。如一个学校中的一栋教学楼、某城市的广播电视塔等。

(B) 规模较大的单位工程，可将其能形成独立使用功能的部分划分为一个子单位工程。子单位工程的划分一般可根据工程的建筑设计分区、使用功能的显著差异、结构缝的设置等实际情况，在施工前由建设、监理、施工单位自行商定，并据此收集施工技术资料并组织验收。

(C) 室外工程可根据专业类别和工程规模划分单位（子单位）工程。

2) 分部工程的划分。分部工程的划分应按下列原则确定：

(A) 分部工程的划分应按专业性质、建筑部位确定。如建筑工程划分为地基与基础、主体结构、建筑装饰装修、建筑屋面、建筑给水排水及采暖、建筑电气、智能建筑、通风与空调、电梯等9个分部工程。

(B) 当分部工程较大或较复杂时，可按施工程序、专业系统及类别等划分为若干个子分部工程。如建筑给水排水及采暖分部工程就包含了室内给水系统、室内排水系统、室内热水供应系统、卫生器具安装等子分部工程。

3) 分项工程的划分。分项工程应按主要工种、材料、施工工艺、设备类别等进行划分。

建筑工程分部（子分部）工程、分项工程的具体划分见《建筑工程施工质量验收统一标准》（GB 50300—2001）。建筑给水排水及采暖分部、分项工程的具体划分见表10-20。污水处理厂工程的单位、分部、分项工程的具体划分见表10-21。

4) 检验批的划分。分项工程可由一个或若干个检验批组成，检验批可根据施工及质量控制和专业验收需要按楼层、施工段、变形缝等进行划分。分项工程划分为检验批进行验收有助于及时纠正施工中出现的质量问题，确保工程质量，也符合施工实际需要。

多层及高层建筑工程中的主体分部工程的分项工程可按楼层或施工段来划分检验批，单层建筑工程中的分项工程可按变形缝等划分检验批；地基基础分部工程中的分项工程一般划分为一个检验批，有地下层的基础工程可按不同地下层划分检验批；屋面分部工程中的分项工程不同楼层屋面可划分为不同的检验批；其他分部工程的分项工程一般按楼层划分检验批；对于工作量较少的分项工程可统一划分为一个检验批。安装工程一般按一个设计系统或设备组别划分为一个检验批。室外工程统一划分为一个检验批。散水、台阶、明沟等含在地面检验批中。

建筑给水排水及采暖工程分部、分项工程划分表　　　　　表10-20

分部工程	序号	子分部工程	分 项 工 程
建筑给水排水及采暖工程	1	室内给水系统	给水管道及配件安装、室内消火栓系统安装、给水设备安装、管道防腐、绝热
	2	室内排水系统	排水管道及配件安装、雨水管道及配件安装
	3	室内热水供应系统	管道及配件安装、辅助设备安装、防腐、绝热
	4	卫生器具安装	卫生器具安装、卫生器具给水配件安装、卫生器具排水管道安装
	5	室内采暖安装	管道及配件安装、辅助设备及散热器安装、金属辐射板安装、低温热水地板辐射采暖系统安装、系统水压试验及调试、防腐、绝热
	6	室外给水管网	给水管道安装、消防水泵接合器及室外消火栓安装、管沟及井室
	7	室外排水管网	排水管道安装、排水管沟与井池
	8	室外供热管网	管道及配件安装、系统水压试验及调试、防腐、绝热
	9	建筑中水系统及游泳系统	建筑中水系统管道及辅助设备安装、游泳池水系统安装
	10	供热锅炉及辅助设备安装	锅炉安装、辅助设备及管道安装、安全附件安装、烘炉、煮炉和试运行、换热站安装、防腐、绝热

污水处理厂工程的单位、分部、分项工程划分表　　　　　表10-21

分部 \ 单位 分项	构筑物工程	安装工程	厂区配套工程
	泵房、沉砂池、初沉淀池、曝气池、二次沉淀池、消化池、建筑物（综合楼、脱水机房、鼓风机房等）	格栅间、进水泵房、曝气沉砂池、沉砂池、曝气池、二次沉淀地、污泥泵房、鼓风机房、消化池、浓缩池、污泥控制室、脱水机房、脱硫塔、沼气柜、锅炉房、加氯间、生物反应池、氧化沟、计量槽等	厂内道路、排水、绿化、室内外照明等
地基与基础工程	土石方、搅拌桩地基、打（压）桩、灌注桩、基槽、混凝土垫层等	设备安装工程（分部）	起重机械、格栅除污机、水泵、鼓风机、搅拌设备、吸刮泥机、沼气柜、脱硫装置等	路槽软基处理、照明设施基础处理、混凝土基座等
主体工程	钢筋、模版、混凝土、构件安装预制构件制作、预应力钢筋混凝土、砌砖、砌石、钢结构制作、安装等	管线工程（分部）	各种工艺管线：电力管线、沼气管、空气管、污泥管、放空管、热力管、给水排水管线等	道路各结构层、面层、照明装置、接线及设施等

续表

分部\单位工程项目	构筑物工程	安装工程		厂区配套工程
	泵房、沉砂池、初沉淀池、曝气池、二次沉淀池、消化池、建筑物（综合楼、脱水机房、鼓风机房等）	格栅间、进水泵房、曝气沉砂池、沉砂池、曝气池、二次沉淀地、污泥泵房、鼓风机房、消化池、浓缩池、污泥控制室、脱水机房、脱硫塔、沼气柜、锅炉房、加氯间、生物反应池、氧化沟、计量槽等		厂内道路、排水、绿化、室内外照明等
附属工程	土建和设备安装连接部位及预留孔、预埋件等	电器装置工程（分部）	电力变压器、成套柜及二次回路接线、电机、配电盘、低压电器、起重机械电气装置、母线装置、电缆线路、架空配电线路、配线工程、电器照明装置、接地装置等	道路人行道、侧缘石、花砖、收水井支管、照明开关控制、接地、绿化种植等
		自动化仪表（分部）	检测系统安装调试、调节系统安装调试、供电、供气、供液系统调试、仪表防爆和接地系统、仪表盘（箱、操作台）、仪表防护等	
功能性检验	气密性试验、满水试验等	管道水压试验、闭水试验、设备单机试车、运行、联动试车等		道路弯沉检测等

(5) 建筑工程施工质量验收

1) 检验批的质量验收

(A) 检验批合格质量应符合下列规定：

(a) 主控项目和一般项目的质量经抽样检验合格。

(b) 具有完整的施工操作依据、质量检查记录。

从上面的规定可以看出，检验批的质量验收包括了质量资料的检查和主控项目、一般项目的检验两方面的内容。

(B) 检验批按规定验收

(a) 资料检查。质量控制资料反映了检验批从原材料到验收的各施工工序的施工操作依据、检查情况以及保证质量所必须的管理制度等。对其完整性的检查实际是对过程控制的确认，这是检验批合格的前提。所要检查的资料主要包括：

a) 图纸会审、设计变更、洽商记录；

b) 建筑材料、成品、半成品、建筑构配件、器具和设备的质量保证书及进场检验（试验）报告；

c) 工程测量、放线记录；

d) 按专业质量验收规范规定的抽样检验报告；

e) 隐蔽工程检查记录；

f) 施工过程记录和施工过程检查记录；

g) 新材料、新工艺的施工记录；

h) 质量管理资料和施工单位操作依据等。

(b) 主控项目和一般项目的检验。为确保工程质量，使检验批的质量符合安全和使用功能的基本要求，各专业质量验收规范对各检验批的主控项目和一般项目的子项合格质量都给予明确规定。

检验批的合格质量主要取决于对主控项目和一般项目的检验结果。主控项目是对检验批的基本质量起决定性影响的检验项目，因此必须完全符合有关专业工程验收规范的规定，这意味着主控项目不允许有不符合要求的检验结果，即这种项目的检查具有否决权。而其一般项目则可按专业规范的要求处理。

(c) 检验批的抽样方案。合理的抽样方案的制定对检验批的质量验收有十分重要的影响。在制定检验批的抽样方案时，应考虑合理分配生产方风险（或错判概率 α）或使用方风险（或漏判概率 β）。主控项目：对应于合格质量水平的 α 和 β 不宜超过 5%；一般项目：对应于合格质量水平的 α 不宜超过 5%，β 不宜超过 10%。检验批的质量检验，应根据检验项目的特点在下列抽样方案中进行选择：

a) 计量、计数或计量-计数等抽样方案。

b) 一次、二次或多次抽样方案。

c) 根据生产连续性和生产控制稳定性等情况，尚可采用调整型抽样方案。

d) 对重要的检验项目当可采用简易快速的检验方法时，可选用全数检验方案。

e) 经实践检验有效的抽样方案。

(d) 检验批的质量验收记录。检验批的质量验收记录由施工项目专业质量检查员填写，监理工程师（建设单位专业技术负责人）组织项目专业质量检查员等进行验收，并按有关表格记录。

2) 分项工程质量验收

(A) 分项工程质量验收合格应符合下列规定：

(a) 分项工程所含的检验批均应符合合格质量规定。

(b) 分项工程所含的检验批的质量验收记录应完整。

分项工程的验收在检验批的基础上进行。一般情况下，两者具有相同或相近的性质，只是批量的大小不同而已。因此，将有关的检验批汇集构成分项工程。分项工程合格质量的条件比较简单，只要构成验收分项工程的各检验批的验收资料文件完整，并且已验收合格，则分项工程验收合格。

(B) 分项工程质量验收记录

分项工程的质量应由监理工程师（建设单位专业技术负责人）组织项目专业技术负责人等进行验收，并按有关表格记录。

3) 分部（子分部）工程质量验收

(A) 分部（子分部）工程质量验收合格应符合下列规定：

(a) 分部（子分部）工程所含分项工程质量均应验收合格。
(b) 质量控制资料应完整。
(c) 地基与基础、主体结构和设备安装等分部工程有关安全及功能的检验和抽样检测结果应符合有关规定。
(d) 观感质量验收应符合要求。

分部工程的验收在其所含分项工程验收基础上进行。首先，分部工程的各分项工程必须已验收且相应的质量控制资料文件必须完整，这是验收的基本条件。此外，由于各分项工程的性质不尽相同，因此作为分部工程不能简单的组合而加以验收，尚须增加以下两类检查。

涉及安全和使用功能的地基基础、主体结构、有关安全及重要使用功能的安装分部工程，应进行有关见证取样送样抽样检测。如建筑物垂直度、标高、全高测量记录，建筑物沉降观测测量记录，给水管道通水试验记录，暖气管道、散热器压力试验记录等。关于观感质量验收，这类检查往往难以定量，只能以观察、触摸或简单量测的方式进行，并由各个人的主观印象作判断，检查结果并不给出"合格"或"不合格"的结论，而是综合给出质量评价。评价的结论为"好"、"一般"和"差"三种。对于"差"的检查点应通过返修处理等进行补救。

(B) 分部（子分部）工程质量验收记录

分部（子分部）工程质量应由总监理工程师（建设单位专业负责人）组织施工项目经理和有关勘察、设计单位项目负责人等进行验收，并按有关表格记录。

4) 单位（子单位）工程质量验收

(A) 单位（子单位）工程质量验收合格应符合下列规定：
(a) 单位（子单位）工程所含分部（子分部）工程的质量均应验收合格。
(b) 质量控制资料应完整。
(c) 单位（子单位）工程所含分部工程有关安全及功能的检验资料应完整。
(d) 主要功能项目的抽查结果应符合相关专业质量验收规范的规定。
(e) 观感质量验收应符合要求。

单位工程验收也称质量竣工验收，是建筑工程投入使用前的最后一次验收，也是最重要的一次验收。验收合格的条件有5个：除构成单位工程的各分部工程应该合格，并且有关的资料文件应完整以外，还应进行以下三方面的检查。

涉及安全和使用功能的分部工程应进行检验资料的复查。不仅要全面检查其完整性（不得有漏项、缺项），而且对分部工程验收时补充进行的见证抽样检验报告也要复核。这种强化验收的手段体现了对安全和主要使用功能的重视。

此外，对主要使用功能还须进行抽查。使用功能的检查是对建筑工程和设备安装工程最终质量的综合检查，也是用户最为关心的内容。因此，在分项、分部工程验收合格的基础上，竣工验收时再作全面检查。抽查项目是在检查资料文件的基础上由参加验收的各方人员商定，并用计量、计数的抽样方法确定检查部位。检查要求按有关专业工程施工质量验收标准的要求进行。

最后，还须由参加验收的各方人员共同进行观感质量检查。检查的方法、内容、结论等应在分部工程的相应部分中阐述，最后共同确定是否通过验收。

(B) 单位（子单位）工程质量验收记录

验收记录由施工单位填写，验收结论由监理（建设）单位填写。综合验收结论由参加验收的各方共同商定，建设单位填写，应对工程质量是否符合设计和规范要求及总体质量水平作出评价。

5) 工程施工质量不符合要求时的处理。一般情况下，不合格现象在最基层的验收单位—检验批的验收时就应发现并及时处理，否则将影响后续检验批和相关的分项、分部工程的验收。但在非正常情况下，当建筑工程质量不符合要求时，应按下述规定进行处理：

(A) 经返工重做或更换器具、设备的检验批，应重新进行验收。

(B) 经有资质的检测单位检测鉴定能够达到设计要求的检验批，应予以验收。

(C) 经有资质的检测单位检测鉴定达不到设计要求，但经原设计单位核算认可能够满足结构安全和使用功能的检验批，可予以验收。

(D) 经返修或加固处理的分项、分部工程，虽然改变外形尺寸但仍能满足安全使用要求，可按技术处理方案和协商文件进行验收。

(E) 通过返修或加固仍不能满足安全使用要求的分部工程、单位（子单位）工程，严禁验收。即分部工程、单位（子单位）工程存在严重缺陷，经返修或加固仍不能满足安全使用要求的，严禁验收。

(6) 建筑工程施工质量验收的程序和组织

1) 检验批及分项工程的验收程序和组织。检验批及分项工程应由监理工程师（建设单位项目技术负责人）组织施工单位项目专业质量（技术）负责人等进行验收。验收前，施工单位先填写好"检验批和分项工程的验收记录"（有关监理记录和结论不填），并由项目专业质量检验员和项目专业技术负责人分别在检验批和分项工程质量检验记录中的相应栏目里签字，然后由监理工程师组织，严格按规定程序进行验收。

2) 分部工程的验收程序和组织。分部工程应由总监理工程师（建设单位项目负责人）组织施工单位项目和技术负责人等进行验收。由于地基基础、主体结构技术性能要求严格、技术性强，关系到整个工程的安全，因此规定与地基基础、主体结构分部工程相关的勘察、设计单位工程负责人和施工单位质量、技术部门负责人也应参加相关分部工程的验收。

3) 单位（子单位）工程的验收程序和组织

(A) 竣工预验收的程序与组织

当单位工程达到竣工验收条件后，施工单位应在自查、自评工作完成后，填写工程竣工报验单，并将全部竣工资料报送项目监理机构，申请竣工验收。总监理工程师应组织各专业监理工程师对竣工资料及工程的质量情况进行全面检查，对检查出的问题，应督促施工单位及时整改。对需要进行功能试验的项目（包括单机试车和无负荷试车），监理工程师应督促施工单位及时进行试验，并对重要项目进行监督、检查，必要时请建设单位和设计单位参加；监理工程师应认真审查试验报告单并督促施工单位搞好成品保护和现场清理。

经项目监理机构对竣工资料及实物全面检查、验收合格后，由总监理工程师签署工程竣工报验单，并向建设单位提出质量评估报告。

（B）正式验收

建设单位收到工程验收报告后，应由建设单位（项目）负责人组织施工单位（含分包单位）、设计单位、监理单位等单位（项目）负责人进行单位（子单位）工程验收。单位工程由分包单位施工时，分包单位对其所承包的工程项目应按规定的程序检查评定，总包单位应派人参加。分包工程完成后，应将工程有关资料交总包单位。建设工程验收合格的，方可使用。

建设工程竣工验收应具备下列条件：

(a) 完成建设工程设计和合同约定的各项内容；

(b) 有完整的技术档案和施工管理资料；

(c) 有工程使用的主要建筑材料、建筑构配件和设备的进场试验报告；

(d) 有勘察、设计、施工、工程监理等单位分别签署的质量合格文件；

(e) 有施工单位签署的工程保修书。

在一个单位工程中，对满足生产要求或具备使用条件、施工单位已预验、监理工程师已初验通过的子单位工程，建设单位可组织进行验收。有几个施工单位负责施工的单位工程，当其中的施工单位所负责的子单位工程已按设计完成，并经自行检验，也可组织正式验收，办理交工手续。在整个单位工程进行全部验收时，已验收的子单位工程验收资料应作为单位工程验收的附件。

在竣工验收时，对某些剩余工程和缺陷工程，在不影响交付的前提下经建设单位、设计单位、施工单位和监理单位协商，施工单位应在竣工验收后限定时间内完成。

参加验收各方对工程质量验收意见不一致时，可请当地建设行政主管部门或工程质量监督机构协调处理。

4）单位工程竣工验收备案。单位工程质量验收合格后，建设单位应在规定时间内将工程竣工验收报告和有关文件报建设行政管理部门备案。

建设工程竣工备案制度是加强政府监督管理，防止不合格工程流向社会的一个重要手段。建设单位应根据《建设工程质量管理条例》和建设部有关规定到县级或县级以上人民政府建设行政主管部门或其他有关部门备案，否则，不允许使用。

最后应该特别说明的是，在城市水工程中，有些工程的建设，如：污水处理厂和水厂的建设，由于涉及建筑物和构筑物较多，往往由几个施工单位负责施工，当其中某一个或几个施工单位所负责的部分已按设计完成施工任务，也可组织正式验收，办理交工手续，交工时并请总承包施工单位参加，以免相互耽误进度。例如：水厂的进水口工程，其中钢筋混凝土沉箱和水下顶管是基础公司承担施工的，泵房土建是建筑公司承担的，建筑公司是总承包单位，基础公司是分包单位，基础公司负责的施工完毕后，即可办理竣工验收交接手续，并请总承包单位建筑公司参加。水厂的住宅、宿舍、办公楼等建筑，可分幢进行正式验收。即对已建成并具备居住和办公条件的可先期进行正式验收，以便及早交付使用，提高投资效益。

10.4 城市水工程施工阶段的进度控制

10.4.1 施工进度控制概述

1. 施工进度控制及与质量、投资控制的关系

城市水工程项目周期中，施工进度控制是整个项目进度控制的关键阶段，施工进度控制的基本任务，就是在保证项目总进度要求的条件下，编制或审核各种类型的施工进度计划，监督施工单位按进度计划施工，以保证项目按期竣工。

施工进度控制与施工质量控制和投资控制是对立和统一的关系，一般地说，进度加快或进度缩短就需要增加施工人员和物资，也就是增加投资。但进度加快，工程提前投入使用就能提高投资效益；另一方面进度加快有可能影响施工质量，相反，严格控制施工质量，就有可能影响施工进度。因此，施工期间，监理工程师必须全面、系统、科学地考虑和处理进度、质量和投资三大目标的关系，求得进度、质量和投资三大控制的最佳效果。

2. 影响施工进度主要因素

施工阶段是形成工程实体的阶段，施工一旦开始，各个单位都要介入，如建设单位、设计单位、施工单位、材料设备供应单位、银行等金融单位、上级政府主管部门和当地政府与群众，乃至公安、消防、环保、交通以及新闻媒介都要介入，各种矛盾都暴露出来，加上工程量大、进度长、工序多，影响施工进度的因素纷繁复杂，如技术原因、组织协调原因、气候原因、政治原因、资金原因、人力原因、物资原因等。正是由于这些影响因素，最终使得工程不能按期完成，归纳起来，影响施工进度的因素有：

（1）资金不到位

因资金不到位而造成停工的事件在建筑行业时有发生，甚至会出现难预收拾的"半拉子"工程，建设单位必须按期筹集足够的资金，按合同拨给施工单位预

付款和进度付款,才能保证工程按期完工。

(2) 物资材料不能按期供应

在施工中,如果各种设备和材料不能按期供应或出现质量问题不能使用,都会直接影响施工进度。

(3) 有关技术问题悬而未决

施工中出现一些有关施工技术问题尚没解决,不能冒险行事,必须进行必要的试验研究后,才能继续施工,另外,施工单位不能全面领会设计图纸和技术要求,错误施工或盲目施工,必然会造成返工、停工等现象,严重影响施工进度。

(4) 临时改变设计

建设单位或设计部门在施工中,突然要求改变部分工程的功能或变更设计图纸,打乱了原来的施工进度计划,致使施工速度降低或停工。

(5) 其他原因打乱

其他尚有施工有关单位、部门之间不协调,出现互相"扯皮"现象,或因劳动力或施工机械调配不当出现有物无人或有人无物而停工现象,或者阴雨连绵,或人身伤亡,或工人闹事等原因,致使工程不能按期完成。

3. 施工进度控制的原理与方法

(1) 施工进度动态控制原理

城市水工程施工进度控制是根据施工任务,确定施工目标后,订出施工计划,通过对施工计划的执行情况的检查、督促和调整来控制工程进度。在施工进度计划的执行过程中,监理工程师经常地了解、收集现场施工进度信息,并不断地将实际进度与计划进度进行比较,从中发现实际进度是提前、拖后还是与计划相符。一旦发现进度偏差,首先分析偏差的原因,并分析对后续工作的影响,在此基础上提出修改措施,以保证工程最终按预计目标实现。图10-5 所示为施工进度计划控制原理图,一般称之为动态控制原理。

(2) 施工进度控制方法

1) 收集施工信息,了解现场施工进度情况。监理工程师可通过定期或经常收集由施工单位提供的有关报表资料和常驻施工现场,具体观察检查工程进度实际执行情况来了解施工进度进度情况。其中报表资料一般有施工单位每日施工进度表和作业状况表,施工单位必须真实、准确地填写这些进度表,监理工程师才能真正了解到工程进展的实际情况。现场检查是直接获得工程进展情况的重要手段,监理工程师一定要深入施工现场,亲自检查施工现状,才能真正了解工程进展情况。

2) 比较分析进度情况,确定施工调整方案。根据了解到的施工现场实际施工进度情况与施工进度计划进行比较分析,并进行相应的调整,监理人员需要分析出产生进度偏差的原因,并分析偏差对后续施工产生的影响后,才能作出合理的调整方案。

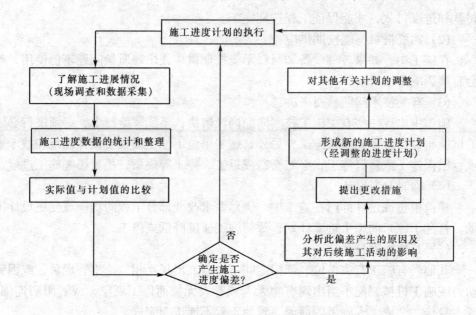

图 10-5 施工进度计划控制原理图

3) 施工进度计划的调整。监理工程师在进行施工进度计划调整时,首先应该调整的是直接引起偏差的施工活动或紧后的施工活动,以使这种偏差的影响尽可能小和尽可能快地消失。否则,会对后续施工产生较大的影响,甚至引发索赔事件。第二,采取加人、加班、加设备和采用新技术或先进施工机械等方法,加快进度,弥补损失。第三,综合考虑全部施工过程,调整分项工程或单位工程施工顺序,充分利用时间和空间,尽量采用平行流水、主体交叉施工,最终达到按期完工的目的。

10.4.2 施工进度控制的实施

施工进度控制的实施,主要分事前控制、事中控制和事后控制三个阶段。

1. 施工进度的事前控制

进度的事前控制,主要是指施工开始前,控制进度的准备工作,或称进度预控。主要工作有:

(1) 编制或审核工程实施总进度计划

施工总进度计划是施工进度的总控制,主要内容包括:
1) 施工进度安排是否与项目合同中规定的进度要求一致。
2) 施工顺序的安排是否符合施工程序和满足分期投产的要求。
3) 施工组织总体设计是否合理和可行。
4) 进度安排与资金供应、材料、物资供应及劳动力使用等是否协调。

(2) 编制或审核施工单位提交的施工进度计划和施工方案,主要内容有:

1) 施工单位施工进度计划是否符合施工总进度计划的目标要求。
2) 施工方案是否合理可行。
3) 施工进度与施工方案是否协调和合理。

(3) 制定材料、物资和设备采购和供应计划。确定材料、物资和设备的需用量和供应时间。

(4) 按期完成现场障碍物的拆除，及时向施工单位提供现场。并为施工单位创造必要的条件，如：临时供水、电、施工道路和电话等。

(5) 按合同规定及时向施工单位提交设计图纸等设计文件。

(6) 按合同规定及时向施工单位支付预付备料款。

2．施工进度的事中控制

施工进度的事中控制是指工程施工过程中进行的进度控制，是施工进度计划能否付诸实现的关键过程，监理人员一旦发现实际进度与计划进度发生偏差，应及时进行动态控制和调整。具体工作有：

(1) 建立现场办公室，组织人员记写监理日志，逐日写实记录工程进度情况。

(2) 检查工程进度，审核施工单位半月或月报进度报告，审核要点是：
1) 计划进度与实际进度的差异。
2) 形象进度，实物工程量与工作量指标完成情况是否一致。

(3) 按合同要求，在质监验收人员的配合下及时进行工程计量验收。

(4) 完成有关进度、计量方面的签证。

进度、计量方面的签证是支付工程进度款、计算索赔、延长进度的重要依据。专业监理工程师和现场检查员需在有关原始凭证上签署，最后由项目总监理工程师核签后方可生效。

(5) 进行工程进度的动态管理。

实际进度与计划进度发生差异时，应分析产生的原因，提出调整方案和措施，相应调整施工进度计划及设计、材料、设备、资金供应计划。并进行必要的工时目标调整。

(6) 签署支付工程进度款的进度、计量方面的认证意见。

(7) 组织现场协调会，就地解决施工中的重大问题。

(8) 定期向总监和项目法人报告有关工程进度情况。

3．施工进度的事后控制

施工进度的事后控制是指完成整个施工任务后进行的控制工作。主要有：

(1) 及时组织验收工作。

(2) 处理工程遗留问题。

(3) 整理工程进度资料，并归类、编目和建档。

(4) 根据实际施工进度，及时调整验收阶段进度计划及监理工作计划，以保证下一阶段工作的顺利开展。

10.5 城市水工程施工阶段的投资控制

10.5.1 施工阶段投资控制概述

我国城市水工程建设特别是城市污水处理厂、水厂和城市给水排水管网的建设与一般工程建设相比，具有投资大、进度长的特点，资金来源主要是国家投资，随着我国改革开放的不断深入，地方政府集资和利用外资也是重要的资金来源。城市水工程建设投资控制的重要任务就是控制实际建设投资额不超过计划投资额，并确保资金使用合理，使资金和资源得到最有效的利用，以期提高投资效益。

施工阶段，监理工程师担负着繁重的投资控制任务，这主要是因为工程建设投资的绝大部分都是用于施工阶段。施工阶段投资控制的基本任务是，在工程合同价的基础上，控制施工过程中可能发生的新增工程费用，以及正确处理索赔事宜，并达到对工程实际投资的有效控制。施工阶段投资控制的主要依据是合同文件和各种技术规范，包括材料的技术标准和施工验收规范等。施工阶段投资控制的主要方法是以工程计划控制额作为工程项目投资控制的目标值，把工程项目建设施工过程中的实际支出额与工程项目投资控制目标值进行比较，从中找出实际支出额与投资控制目标值之间的偏差，并采取切实有效的措施进行调整，最终达到对工程实际价的控制，具体控制过程如图 10-6 所示。

10.5.2 施工阶段投资控制实施

1. 施工阶段投资的事前控制

事前控制主要是开工前对施工投资的控制的准备工作或预控制。预控制重点是进行工程风险预测，并采取相应的防范性对策，尽量减少索赔。事前控制主要工作有：

（1）严格履行合同及时向施工单位提交设计图纸等技术资料，按期向施工单位供给合同规定的物资材料和设备，防止违反合同和发生索赔事件。

（2）按合同规定的条件，如期提交施工现场，使施工单位能按期开工，以免延误进度，造成索赔条件。

（3）深入了解和研究工程情况和各类合同，分析合同价构成因素，明确投资控制重点，并制定严密的防范措施，确保资金按合同规定及时到位，保障工程顺利进行。

2. 施工阶段投资的事中控制

（1）施工中及时处理好有关物资、材料及设备的供应问题，防止由此而产生

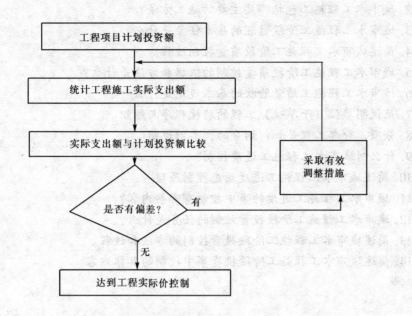

图 10-6 施工阶段投资控制流程

的延误进度和索赔事件的发生。

(2) 施工中涉及工程变更和修改等问题要慎重处理,应进行全面、合理的技术、经济分析,以免造成不必要的浪费。

(3) 对已完成的工程,按合同规定及时进行计量验方,计量应实事求是,力求准确,不要造成资金的浪费。

(4) 严格执行合同,及时足额向施工单位支付进度款。

(5) 严格经费签证,凡涉及费用支出的签证,如用工签证、材料调价签证等,必须经项目总监理工程师核签后方可有效。

(6) 经常进行工程费用超支分析,并提出控制费用超支的方案和措施。

(7) 及时收集市场价格信息,合理调整采购资金。

(8) 定期向总监和项目法人报告工程投资动态情况。

3. 施工阶段事后控制

(1) 审核施工单位提交的工程结算书。

(2) 结合竣工验收工作,组织项目法人和施工单位进行工程结算。

(3) 如果涉及索赔事件,应在事后控制中妥善处理。

复 习 思 考 题

1. 城市水工程施工任务是什么?

2. 城市水工程施工包括哪些主要的施工方法？
3. 城市水工程施工阶段监理的基本任务是什么？
4. 简述城市水工程施工阶段质量控制过程。
5. 城市水工程施工阶段质量控制的依据和方法是什么？
6. 城市水工程施工质量验收的基本规定是什么？
7. 试说明单位（子单位）工程的验收程序与组织。
8. 分项、分部工程是如何划分的，举例说明。
9. 什么叫城市水工程施工进度控制？
10. 简述城市水工程施工进度动态控制原理。
11. 城市水工程施工进度的事中控制有哪些内容？
12. 城市水工程施工阶段投资控制的任务是什么？
13. 简述城市水工程施工阶段投资控制的方法和过程。
14. 简述城市水工程施工阶段投资事中控制的具体内容。

第11章 城市水工程建设监理实例

11.1 工程项目概况

11.1.1 概述

1. 工程名称：××市××污水处理厂
2. 工程建设规模：一期工程处理污水20万 m^3/d，二期工程处理污水10万 m^3/d，建设总规模30万 m^3/d。
3. 建设地点：××市××路西侧300m，××路南侧200m
4. 工程投资：项目总投资为32166万元
5. 主要建筑结构类型：构筑物（钢筋混凝土）、建筑物（砖泥框架）
6. 建筑工程设计单位：××市政工程设计研究院
7. 施工单位：××市建筑安装工程有限公司

11.1.2 工程内容

该工程为××市重点工程，主要处理该市区的工业废水和生活污水，污水处理工艺采用改良连续环形生物池活性污泥法二级生化处理工艺，污泥脱水采用离心浓缩脱水机方案，并设置污泥厌氧消化处理。厂区内主要生产性构筑物有细格栅渠、曝气沉砂池、鼓风机房、二沉池、接触池等；其余为综合楼、宿舍、食堂及库房等附属建筑，包括不同性质、特点和规模的构（建）筑物共计30处、55座（幢）。

11.2 监理工作范围

主要包括污水处理厂厂区所有生产性构筑物、生活用建筑物的施工以及污水处理厂工艺设备、全厂电气、自控等设备的安装、调试及试运作阶段的监理。

11.3 监理工作内容

对本工程的质量、投资和工程进度进行严格控制，对工程建设合同、信息进行有效管理，并组织协调好有关单位之间的关系。具体主要有以下内容：
1. 审查施工单位选择的分包单位、试验单位的资质并认可；

2. 审查施工单位提交的施工组织设计、施工技术方案、施工质量保证措施、施工进度计划、安全文明施工措施，提出改进意见；

3. 核查网络计划，并组织协调实施；

4. 审查施工单位开工申请报告；

5. 审查施工单位质保体系和质保手册并监督实施；

6. 检查现场施工人员中特殊工种持证上岗情况；

7. 检查施工现场原材料及构件的采购、入库、保管、领用等管理制度及其执行情况；

8. 参加主要设备的现场开箱检查，对设备保管提出监理意见；

9. 参与分项工程、分部工程、关键程序和隐蔽工程的质量检查和验收；

10. 遇到威胁安全的重大问题时，有权下达"暂停施工"的通知，并报业主；

11. 审查施工单位工程结算书；

12. 监督施工合同的履行，维护业主和施工单位的正当权益；

13. 当发现工程设计不符合国家颁布的建设工程质量标准时，应书面报告业主并提出建议；

14. 协助业主办理规划、报建、质量监督等与工程相关的所有手续；

15. 协助业主办理结算和维修阶段发生的有关事项；

16. 编制整理监理工作的各种文件、通知、记录、检测资料、图纸等，合同完成或终止时移交给业主。

11.3.1 质量控制

1. 事前控制

（1）掌握和熟悉质量控制的技术依据

1）国家及地方标准、技术规范、施工设计图纸及设计说明书；

2）质量评定标准及施工验收规范。

（2）组织设计交底和图纸会审

了解设计意图，预先发现施工图的不足和失误，纠正图纸中的错、漏、碰现象，提出完善和整改的具体建议和意见。

（3）审查承包单位提交的施工组织设计或方案

工程质量的控制应以预控为重点，对施工全过程从人、机械、材料、方法、环境等因素进行全面控制。承包单位应将施工组织设计或主要分部（分项）的施工方案提前报送监理单位；审查监督承包单位的质量保证体系是否落实到位；对具体专业施工、关键工序施工要有详细的技术措施保证工程质量，承包单位待方案批准后方可组织施工。

（4）工程所需原材料、半成品的质量控制

1)专业监理工程师应接受承包单位在采购主要施工装修材料、设备建筑构配件定货前,提出的样品(或看样)和有关定货厂家及单价等资料的申报,在确认符合控制要求后书面通报业主,在征得建设单位同意后方可由项目总监签署《建筑材料报审表》和《主要设备选型报审表》;

2)由建设单位提供材料设备时,专业监理工程师应协助业主进行设备选型、定货,专业监理工程师必须审核材质化验单、复核单,并在现场对材料进行质量观感检查(凡进口设备、材料等,必须具备海关商检证明)。

(5)核查承包单位的质量保证和质量管理体系

核查承包单位的机构设置、人员配备、职责与分工的落实情况;督促各级专职质量检查人员的配备;查验各级管理人员及专业操作人员的资格证和持证上岗情况;检查承包单位质量管理制度是否健全,协助承包单位完善管理制度。

(6)查验承包单位的测量放线

检查施工的平面和高程控制;检查施工轴线控制桩位置;查验轴线位置、高程控制标志,核查垂直度控制;签认承包单位的《施工测量放线报验单》。

(7)施工机械的质量控制

1)审查承包商为工程配备的施工机械是否满足技术和数量要求。对工程质量有重大影响的施工机械、设备,应审核承包商提供的技术性能的报告,凡不符和质量要求的,不得在工程中采用。

2)施工中使用的衡器、量具、计量装置等设备必须有技术监督部门检测证明;

3)认真检查塔吊质量安全。

(8)设备基础交接检验

工程设备安装前,协助业主组织土建工程和设备安装承包单位,对设备安装现场的设备基础、预埋件、预留孔等进行中间交接验收,复核其坐标位置、标高、尺寸、数量、材质、混凝土强度等是否符合设计要求和施工规范的规定。主要内容有:

1)所有基础表面的模板、地脚螺栓固定架及漏出基础外的钢筋等,必须拆除;地脚螺栓孔内模板、碎料及杂物、积水等,应全部清除干净;

2)根据设计图纸要求,检查所有预埋件的数量和位置的正确性;

3)设备基础断面尺寸、位置、标高、平整度和质量,必须符合图纸和规范要求,其偏差不超过规定的允许偏差范围;

4)设备基础经检查后,对不符合要求的质量问题,应立即进行处理,直至检验合格为止。

(9)设备交接检验

1)外观检查。对其包装、外观、制造质量、附件质量与数量,按要求核对;

2)审核出厂质量证明及资料。设备进场应具有产品合格证,各种资料(产品说明书、安装说明书、装箱单）齐全；

3) 设备开箱检验记录签证；

4) 进口设备均应有商检局签署的使用合格证，并应按有关规定进行严格的检验；

5) 按规范或有关规定对部分设备在现场做压力试验、严密性试验或局部拆卸检验。

（10）施工环境、管理环境改善的措施

1) 主动与质检站联系，汇报在本项目开展质监工作的具体办法、措施，争取质检站的支持和帮助；

2) 审核承包单位关于材料、制品试件取样及试验的方法和方案，审查分包单位和试验室的资质；

3) 审核承包单位制定的成品保护措施、方案；

4) 完善质量报表、质量事故的报告制度等。

2．事中控制

（1）监理工程师应对施工现场采取巡检、平行检查、旁站等多种形式实施检查与控制；

1) 应在巡视过程中发现和及时纠正施工与安装过程中存在的问题；

2) 应对施工过程中的重点部位和关键控制点进行旁站；

3) 对所发现的问题应立即口头通知施工单位纠正，再由监理工程师签发《监理通知单》，责令承包单位整改。整改结果书面回复监理工程师，经监理复查合格后方可继续施工；

（2）在施工过程中，对重要的或影响全局的技术工作，必须加强复核，避免发生重大差错，影响工程质量和使用安全。

监理单位除按质量标准规定的复查、检查外，对下列项目应特别进行预检、复核：

1) 复查定位放线、水准点和标高是否符合设计要求和施工规范的规定，保证建筑物（构筑物）施工测量放线平面位置正确无误。检测施工平面控制网和标高控制网，经实地校测验线合格签证后，方允许其正式使用，施工过程中监督施工方对其经常进行校验和保护工作；

2) 土方工程施工过程中应经常复查平面位置、水平标高、边坡坡度、挖方基地土质、填方基地处理、场地排水或降水等是否符合设计要求和施工规范规定，回填土料必须符合设计要求和施工规范的规定且必须分层夯压密实，并按要求环刀取样；

3) 检查施工中所使用的材料和设备是否符合经批准的质量标准；

4) 基础工程：检查轴线、标高、有无积水、杂物清理等，在验槽完毕后混凝土基础浇筑前要检查基础的插筋、埋件、预留孔洞位置，浇筑混凝土过程须分层连续浇筑完毕。浇筑终凝后监督承包方覆盖浇水养护；

　　5) 钢筋混凝土工程：检查模板的尺寸、标高、支撑和模板系统强度、刚度及其稳定性、预埋件、预留孔等；检查钢筋的品种、型号、规格、数量、安装位置、连接加工质量、锚固、保护层厚度等；检查混凝土配比、混凝土外加剂、养护条件等；

　　6) 设备安装：检查基础处理、基础预埋件、预留洞、管口方位、轴线、垂直度、水平度、主要配合尺寸间隙等；跟踪监督、控制安装工艺过程，针对监理项目的具体情况，列出关键工序"监控要点"，并采取旁站、测量、实验等手段予以控制；检查承包人的安装工艺是否符合技术规范的规定，是否按开工前监理批准的施工方案进行施工；

　　7) 管道安装：检查标高、位置、坡度、连接方式、防腐要求等；

　　8) 预制构件安装：检查构件位置、型号、支撑长度、标高等；

　　9) 电气工程：检查变电和配电位置、高低压进出口方向、电缆沟位置、标高、送电方向、接地保护、防雷装置等；

　　10) 对已完工程的质量按规范要求的项目和抽样频率进行各项检验；

　　11) 认真审查设计变更；

　　12) 做好质量、技术签证，行使好质量否决权，为工程进度款的支付签署质量认证意见；

　　13) 建立质量监理日记；

　　14) 组织现场质量协调会；

　　15) 定期向业主报告有关工程质量动态情况。

　　预检或核定合格，监理单位签署意见后方可进行下道工序施工。

　　(3) 旁站监督：系驻地监理人员经常采用的一种主要现场检查方式。即在施工过程中对关键部位、关键工序的施工质量实施全过程现场跟班的监督活动。注意并及时发现质量事故的苗头和影响质量因素的不利的发展变化；潜在的质量隐患和出现的问题等，以利及时进行控制。对于隐蔽工程的施工，进行旁站监理更为重要。具体旁站监理措施：

　　1) 依据施工图列出重点部位、关键工序及施工技术要求、质量标准设置旁站控制点；

　　2) 旁站监理由专业监理工程师、监理员完成，对工程施工进行不间断质量控制；

　　3) 旁站监理的质量与监理工程师的业绩、经济收入挂钩，奖优罚劣；

　　4) 建立旁站监理制度，合理配置旁站资源，以保证旁站监理有序进行；

　　5) 建立《旁站监理记录》，要求参与旁站监理的人员跟班填写，总监理工程师不定期检查，以督促旁站监理工作的完成；

　　6) 对旁站监理部位进行标识，责任到人，便于追溯；

7) 总监理工程师不定期对旁站监理工作进行检查及时进行总结讲评。

若旁站监理人员发现承包单位有违反工程建设强制性标准行为的，有效制止并责令其立即整改。

(4) 隐蔽工程的检查验收

1) 隐蔽工程施工完毕，承包单位按照有关技术规程、规范、施工图纸先进行自检，自检合格后，填写《工程报验申请表》，并随同《隐蔽工程检查记录》及有关材料证明、试验报告、复试报告等报送项目监理部；

2) 监理工程师和业主代表对《隐蔽工程检查记录》的内容和施工质量进行检测、核查；

3) 对隐蔽工程检查不合格工程，应由监理工程师签发《不合格工程项目通知单》，要求承包单位整改，整改自检合格后再报监理工程师复查；

4) 经现场检查如符合质量要求，监理工程师在《工程报验申请表》及《隐蔽工程检查记录》上签字确认，准予承包单位隐蔽覆盖，并进行下一道工序施工。

(5) 检验批和分项工程的检查验收

1) 承包单位在一个检验批或一个分项工程完成并自检合格后，填写《工程报验申请表》，报项目监理部；

2) 监理工程师对报验的资料进行审查，并到施工现场进行抽检、核查；

3) 对符合要求的检验批或分项工程由监理工程师签认并确定为合格工程；

4) 对不符合要求的检验批或分项工程由监理工程师签发《监理工程师通知单》，由承包单位整改。经整改的工程承包单位填报《监理工程师通知回复单》，报项目监理部，由监理工程师进行复查签认，直至符合要求时确定为合格工程。

(6) 分部工程的验收

1) 承包单位在分部工程完成后，应根据监理工程师签认的检验批和分项工程质量检查评定结果，监理单位验收结论，进行分部工程的质量汇总评定，填写分部工程验收记录并附《工程报验申请表》，报项目监理部签认；

2) 地基和基础、主体结构工程完成后，承包单位进行自检评定，并填报《工程报验申请表》，报项目监理部。由项目总监组织业主、设计、地质、施工和监理五大主体单位共同核查施工单位的施工技术资料，并进行现场质量验收，由各方协商意见，在《结构（地基与基础、主体）工程验收报告》表签字认可并报当地质量监督机构备案。结构工程验收前应由业主填写《结构工程验收联系单》和监理单位编写的结构工程验收方案，并报送当地质检机构，请派人员监督验收工作。结构工程验收的资料核查，施工现场工程各部位的测量和观感检查都要在质检机构的监督下进行。

3. 事后控制

(1) 行使质量监督权，必要时下达停工指令为了保证工程质量，出现下述情况之一者，监理工程师有权指令承包商立即停工整改。

1) 未经检验即进行下一道工序作业者；

2) 工程质量下降经指出后，未采取有效改正措施，或采取了一定措施，而效果不好，继续作业者；

3) 擅自采用未经认可或批准的材料和设备；

4) 擅自变更设计图纸的要求；

5) 擅自将工程转包；

6) 擅自让未经同意的分包单位进场作业者；

7) 没有可靠的质保措施贸然施工，已出现质量下降征兆者。

(2) 参加工程质量事故处理

参加质量事故原因、责任的分析，质量事故处理措施的商定；批准处理工程质量事故的技术措施或方案；检查处理后的效果。

(3) 做好分部分项工程验收

(4) 做好单位工程竣工验收

1) 检查交验条件。各专业监理工程师按设计图纸、施工规范、验收标准和施工承包合同所明确的要求对各专业工程的质量情况和使用功能进行全面检查。对出现影响竣工验收的问题（质量、未完项目等）签发《监理通知》，要求承包单位进行整改；

2) 功能试验是否完成。对水、电、空调通风系统和智能化系统需要进行功能试验（调试）报告，并对重要项目与承包单位共同试验（调试），必要时应请业主、设计单位、设备及仪表供货厂家代表共同参加。

上述检查完成并符合要求后，监理单位与承包单位、专业人员共同对工程进行初验。初验通过后，由承包单位提出单位工程验收申请，报有关各方并要求承包单位提交全部竣工资料和竣工图纸。

(5) 监督承包商对单机设备调整试车和联动调整试车，记录数据

(6) 审核竣工图及其他技术文件资料

对承包单位提交的竣工资料，监理工程师要逐一认真审查和验证，重点是资料齐全清楚、手续完善，分项、分部工程划分合理。对竣工图的审查重点是施工过程中所发生的设计变更和工地洽商是否已包括到竣工图中，竣工图是否完整等。

(7) 竣工验收及质量评估

监理工程师在审查、核验施工单位所提交的竣工资料和竣工图纸并认可后，同时整理监理资料。根据两套资料对工程质量进行分析、评估，最终给出监理单位对该工程的质量评估意见，并向业主提交《工程质量评估报告》，供质量监督部门进行竣工验收时核查。监理工程师将及时、认真地参与业主组织的竣工验收

工作，全面、公正、准确地提供验收依据和发表验收意见。

（8）整理工程技术资料并编订建档

（9）做好缺陷责任期工作

指示并检查验收承包商的修补缺陷工作。

11.3.2 进 度 控 制

1. 事前控制

依据施工合同约定审批承包单位提交的施工总进度计划，对网络计划的关键线路进行认真的审查、分析；

根据工程条件和施工队伍条件，分析进度计划的合理性、可行性；

审核承包单位提交的施工总平面图；

制定由业主供应的材料、设备的采、供计划；

按期完成现场障碍物的拆除，及时向施工单位提供现场；

组织临时供水、供电、接通施工道路、电话线路，及时为承包单位创造必要的施工条件；

向承包单位移交作为临设使用的待拆房屋；

按合同规定及时向承包单位提交设计图纸等设计文件；

按合同规定及时向承包单位支付预付备料款；

对进度目标进行风险分析，制定防范对策。

2. 事中控制

建立反映工程进度状况的监理日志；

进行工程进度的检查；

审批施工计划及施工修改计划；

审核承包单位每半月或每月提交的工程进度报告；

按合同要求，及时进行工程计量验收（需如质监验收协调进行）；

做好有关进度、计量方面的签证；

进行工程进度跟踪监督检查动态管理，将实际进度与计划进度进行比较、分析、评价，发现偏离，采取措施进行纠正；

为工程进度款的支付签署进度、计量方面认证意见；

组织现场协调会；

定期向建设单位报告有关工程进度情况，现场监理部每月报告一次。

3. 事后控制

针对某环节拖期，制定保证总工期不突破的对策措施，主要有技术措施、组织措施、经济措施、合同措施；

制定总工期突破后的补救措施；

调整相应的施工计划、材料、设备、资金供应计划等，在新的条件下组织新的协调和平衡；

当确认承包单位具有充分理由要求延长工期时，经与建设单位协商后可确定和批准延长工期的期限。

11.3.3 投资控制

1. 事前控制

熟悉设计图纸、设计要求，分析合同价构成因素，明确工程费用最易突破的部分和环节，从而明确投资控制的重点。

预测工程风险及可能发生索赔的诱因，制订防范性对策，减少向业主索赔事件的发生。

按合同规定的条件，提醒业主监督承包商如期提交施工现场，使承包商能如期开工、正常施工、连续施工，避免业主违约造成索赔条件发生。

提醒业主按合同要求，及时提供设计图纸等技术资料，避免业主违约造成索赔条件发生。

2. 事中控制

慎重审查工程变更、设计修改。

严格进行工程计量，严格控制各类经费签证，如停窝工签证、用工和使用机械签证、材料代用和材料调价等的签证。

按合同规定，及时对已完工程进行计量并及时向业主提供支付工程进度款的依据。

及时掌握国家调价的范围和幅度。

检查、监督承包商执行合同情况，使其全面履行。

定期向业主报告工程投资动态情况；定期、不定期地进行工程费用超支分析，并及时向业主提出控制工程费用突破的方案和措施。

3. 事后控制

审核承包商提交的工程结算书。

公正地处理业主和承包商提出的索赔。

11.3.4 合同管理

1. 工程变更管理

(1) 工程变更无论由谁提出和批准，均须按设计变更洽商的基本程序进行处理；

(2) 工程变更记录，必须经监理单位签认后，承包单位方可执行；

(3) 工程变更记录的内容必须符合有关规定、规程和技术指标；

(4) 工程变更的内容及时反映在施工图纸上；

(5) 分包工程的工程变更通过总承包单位办理；

(6) 工程变更的费用由承包单位填写《工程变更费用报审表》报项目监理

部，由监理工程师审核后，总监理工程师签认；

（7）工程变更的工程完成并经监理工程师验收合格后，按正常的支付程序办理变更工程费用的支付手续。

2．费用索赔的处理

（1）项目监理部对合同规定的原因造成的费用索赔事件给予受理；

（2）项目监理部在费用索赔事件发生后，承包单位按合同约定在规定期限内提交费用索赔意向和费用索赔事件的详细资料及《费用索赔申请表》的情况下，受理承包单位提出的费用索赔申请；

（3）监理工程师对费用索赔申请报告进行审查与评估；

（4）监理工程师根据审查与评估结果，与业主协商，确认索赔金额，签发《费用索赔审批表》；

（5）索赔费用批准以后，承包单位按正常的交付程序办理费用索赔支付。

3．争端与仲裁

（1）争端

监理工程师在收到争议通知后，按合同规定的期限，完成对争议事件的全面调查与取证。同时对争议作出决定并将其书面通知业主和承包单位；

监理工程师发出书面通知后，如果业主或承包单位未在合同规定的期限内要求仲裁，其决定为最终决定。

合同只要未被放弃或终止，监理工程师应要求承包单位继续精心施工。

（2）仲裁

当合同一方提出仲裁要求时，监理工程师应在合同规定的期限内，对争议说法进行友好解释，同时监督双方继续遵守合同，执行监理工程师的决定。在合同规定的仲裁机构进行仲裁调查时，监理工程师以公正的态度提供证据和作证，监理工程师应在仲裁后向合同双方人执行裁决。

4．工程延期

（1）监理工程师必须在确认下述条件满足后，受理工程延期：

1）由于非承包单位的责任，工程没有按原定进度完工；

2）延期情况发生后，承包单位在合同规定期限内向监理工程师提交工程延期意向；

3）承包单位承诺继续按合同规定向监理工程师提交有关延期的详细资料，并根据监理工程师需求随时提供有关证明；

延期事件终止后，承包单位在合同决定的期限内，向监理工程师提交正式的延期申请报告。

（2）审查承包单位的延期申请

当监理工程师收到承包单位正式延期申请后，应从以下几方面进行审查：

1）延期申请的格式是否满足监理工程师的要求；

2) 延期申请应列明延期的细目及编号，阐明延期发生、发展的原因及申请依据的合同条款，附有延期测算方法及测算细节和延期涉及的有关证明、文件、资料、图纸等。

(3) 延期的评估

监理工程师要从以下几个方面进行评定：

1) 承包单位提交的申请资料必须真实、齐全、满足评审要求；

2) 申请延期的理由必须正确与充分；

3) 申请延期天数的计算原则与方法恰当。

监理工程师应根据现场记录和有关资料，进行修订并就修订的结果与业主和承包单位进行协商。

(4) 确定延期

监理工程师通过上述手续，对照合同条件的有关规定办理确定是否延期的结论，在征得业主同意后签发有关手续。

(5) 违约

违约处理的原则：在监理过程中发现违约事件可能发生时，应及时提醒有关各方，防止或减少违约事件的发生；对已发生的违约事件要以事实为根据，以合同约定为准绳，公平处理；处理违约事件应在认真听取各方意见，与双方充分协商的基础上确定解决方案。

11.3.5 信 息 管 理

1. 实时记录

及时记录施工过程中的有关数据，保存好文件图纸，特别是实际施工变更情况的图纸，注意积累资料，为正确处理可能发生的索赔提供依据，参与处理索赔事宜。实时记录资料主要有以下四方面：

(1) 每日填写监理日记，如实记录施工情况；

(2) 定期召开工地例会，及时作出会议纪要；

(3) 针对专项问题召开的会议作出专项纪要；

(4) 对调查处理性的问题整理出专题资料。

收集有关投资信息，进行动态分析比较，提供给建设单位，为他们的决策提供依据。

2. 计算机辅助管理系统

建立计算机辅助管理系统，利用计算机进行辅助管理，对各类施工与监理信息有选择地进行输入、整理、储存与分析，提供评估、筹划与决策依据，为提高监理工作的质量与效率服务。

3. 监理档案

做好各项监理资料的日常管理工作，逐步形成完整的监理档案，并按有关规定作好监理资料的归档工作。

11.3.6 组织协调

工程项目实施存在业主、承包单位、监理工程师三方，但为实现工程项目总目标任务是大家共同的目的，然而在具体工作中三方从各自的管理和要求角度着眼多少会出现矛盾，因此对监理工程师来讲，在费用控制、进度控制、质量控制等方面会出现大量的协调工作。监理工程师协调的目的就是各方认真履行合同中所规定的责任与义务，保证工作顺利进行。

监理工程师在协调中的工作主要有以下几个方面：

使工程项目实施中业主、承包单位、监理工程师的工作配合协调，当好业主的参谋，与承包单位建立良好的工作关系，协调业主与承包单位之间的分歧；

协助业主处理有关问题，并督促总承包单位协调其各分包单位的关系。

11.4 监理工作目标

监理部将采用科学的管理方法和技术经济手段，对项目进行动态管理，使该工程建设的各项目标（质量目标、进度目标、造价目标、管理协调工作）得到有效控制和实现。

11.4.1 质量目标

按承包合同要求，通过监理工程师在施工过程中的事前、事中、事后的严格控制，使本工程达到或超过预定质量控制标准。

11.4.2 进度目标

协调设计、施工和材料设备供应单位和计划，使工程实际进度控制在计划进度范围之内，严格按承包合同协议书约定的总进度进行。

11.4.3 造价目标

公正、科学、及时核算工程实物量，实事求是按规定审核工程签证，把工程造价控制在施工承包合同约定的造价范围之内。

11.5 监理工作依据

11.5.1 政策、法律、法规

国家有关工程建设政策、法律、法规等；现行国家及行业颁布的建设工程施工及验收规范（GBJ141—90等）；建设工程质量验收标准等，现行地方有关规定和标准；政府有关规定及批文，省、市有关工程建设的规定、批示和批复。

11.5.2 合同依据

本建设工程的《建设工程委托监理合同》；

本建设工程的承包合同；

业主与承包单位、材料、设备供货单位依法签订的工程施工合同和有关购货合同。

11.5.3 设计文件及其它文件

1. 完整的工程项目施工图纸及技术说明（包括设计交底，会审记录）；

2. 施工单位编制的经其技术负责人批准并经业主、监理单位审查同意的施工组织设计（含施工技术核定单）；

3. 业主和监理单位以书面形式确认的其他决议、备忘录等；

4. 监理单位与施工单位在工程实施过程中有关会议记录、函电及其他有效的文字记录，现场项目监理部监理工程师发出的有关通知书和指令等；

5. 各项设备的技术文件和安装说明。

11.6 项目监理机构的组织形式

为履行委托监理合同，公司在项目现场设立××市××污水处理工程项目监理部。项目监理部由总监理工程师、总监理工程师代表、副总监理工程师、专业监理工程师、监理员等组成。总监理工程师全面负责该工程施工监理业务及行政

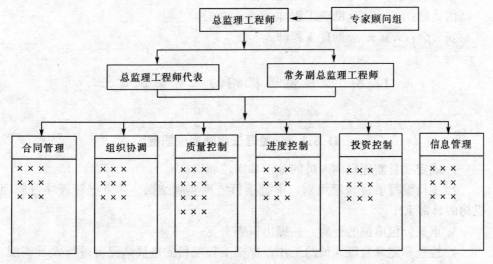

图11-1 项目监理机构组织形式

管理工作，以完成本监理承接的监理业务。针对本工程特点，借鉴以往工程建设监理的经验，确定项目监理组织采用直线制组织形式。该组织形式优点是职责分明、决策迅速、集中领导，有利于提高办事效率，并能够充分发挥各专业监理工程师的积极性。现场监理组织机构如图 11-1（注：以后将根据工程进展情况，按工作需要予以适当的补充）。

11.7 项目监理机构的人员配备计划

项目监理机构实行总监理工程师负责，全面负责委托监理合同的履行工作，各专业监理工程师及监理部的其他人员具体实施监理工作，以监理规划和监理实施细则为中心，共同实现项目建设的监理目标。

配备计划如下：
总监理工程师：×××　给排水专业高级工程师　国家级注册监理工程师
总监理工程师代表：×××　给排水专业高级工程师
　　　　　　　　国家级注册监理工程师
常务副总监理工程师：×××　土建专业高级工程师
　　　　　　　　××省注册监理工程师
电　气：×××　电气专业高级工程师　××省注册监理工程师
预　算：×××　经济专业工程师
土　建：×××　土建专业工程师
　　　　×××　土建专业工程师
测　量：×××　测量专业工程师
给排水：×××　给排水专业工程师
信　息：×××　助理工程师
安　全：×××　助理工程师

11.8 项目监理机构的人员岗位责任

11.8.1 总监理工程师岗位职责

1. 确定项目监理机构人员的分工和岗位职责；
2. 主持编写项目监理规划、审批项目监理实施细则，并负责管理项目监理机构的日常工作；
3. 审查分包单位的资质，并提出审查意见；
4. 检查和监督监理人员的工作，根据工程项目的进展情况可进行人员调配，对不称职的人员应调换其工作；

5. 主持监理工作会议,签发项目监理机构的文件和指令;
6. 审定承包单位提交的开工报告、施工组织设计、技术方案、进度计划;
7. 审核签署承包单位的申请、支付证书和竣工结算;
8. 审查和处理工程变更;
9. 主持或参与工程质量事故的调查;
10. 调解建设单位和承包单位的合同争议、处理索赔、审批工程延期;
11. 组织编写并签发监理月报、监理工作阶段报告、专题报告和项目监理工作总结;
12. 审核签认分部工程和单位工程的质量检验评定资料,审查承包单位的竣工申请,组织监理人员对待验收的工程项目进行质量检查,参与工程项目的竣工验收;
13. 主持整理工程项目的监理资料。

11.8.2 总监理工程师代表岗位职责

1. 负责总监理工程师指定或交办的监理工作;
2. 按总监理工程师的授权,行使总监理工程师的部分职责和权力。

11.8.3 专业监理工程师岗位职责

1. 负责编制本专业的监理实施细则;
2. 负责本专业监理工作的具体实施;
3. 组织、指导、检查和监督本专业监理员的工作,当人员需要调整时向总监理工程师提出意见;
4. 审查承包单位提交的涉及本专业的计划、方案、申请、变更,并向总监理工程师提出报告;
5. 负责本专业分项工程验收及隐蔽工程验收;
6. 定期向总监理工程师提交本专业监理工作实施情况报告,对重大问题及时向总监理工程师汇报和请示;
7. 根据本专业监理工作实施情况做好监理日记;
8. 负责本专业监理资料的收集、汇总及整理,参与编写监理月报;
9. 核查进场材料、设备、构配件的原始凭证、检测报告等质量证明文件及其质量情况,根据实际情况认为有必要时对进场材料、设备、构配件进行平行检验,合格时予以确认;
10. 负责本专业的工程计量工作,审核工程计量的数据和原始凭证。

11.8.4 监理员岗位职责

1. 在专业监理工程师的指导下开展现场监理工作；
2. 检查承包单位投入工程项目的人力、材料、主要设备及其使用、运行状况并做好检查纪录；
3. 复核或从施工现场直接获取工程计量的有关数据并签署原始凭证；
4. 按设计图及有关标准，对承包单位的工艺过程或施工工序进行检查和记录，对加工制作及工序施工质量检查结果进行纪录；
5. 担任旁站工作，发现问题及时指出并向专业监理工程师报告；
6. 做好监理日记和有关的监理记录；
7. 完成监理工程师交办的其他事情。

11.8.5 管理人员职责（资料员、信息员、档案管理员）

1. 按总监安排记好项目监理日志，了解工程进展；
2. 及时处理收到的文件、资料，发现问题及时与各专业监理工程师联系，确保资料的完整、准确、有效，负责监理文件的打印、分发、复制、传递信息，按公司信息管理文件要求传递信息。
3. 定期到施工现场巡视，采集现场各种监理信息，负责收集整理会议纪要，总监签字后发出；
4. 对已核实的月工程量、实物量进行登记，打印月度监理台账；
5. 对监理工程师返回的文件资料，按统一编目系统进行分类整理归类；
6. 负责资料的借阅、保管、回收工作；
7. 负责办公用品、劳保用品的保管和领用；
8. 协助总监理工程师做好后勤工作。

11.9 监理工作程序

11.9.1 总的工作程序（见图 11-2）

11.9.2 质量控制程序

1. 工程材料、构配件和设备质量控制程序（见图 11-3）
2. 分包单位资格审查程序（见图 11-4）
3. 设备安装调试质量监理基本程序（见图 11-5）
4. 分部、分项工程签认程序（见图 11-6）

11.9 监理工作程序

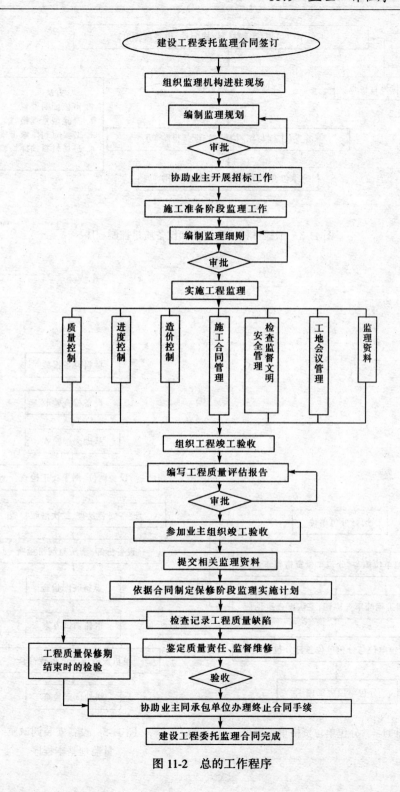

图 11-2 总的工作程序

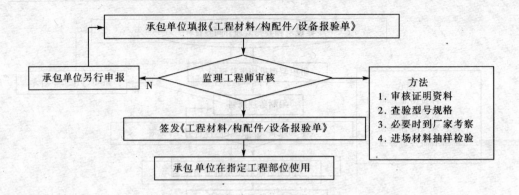

图 11-3 工程材料、构配件和设备质量控制程序

图 11-4 分包单位资格审查程序

图 11-5 设备安装调试质量监理基本程序

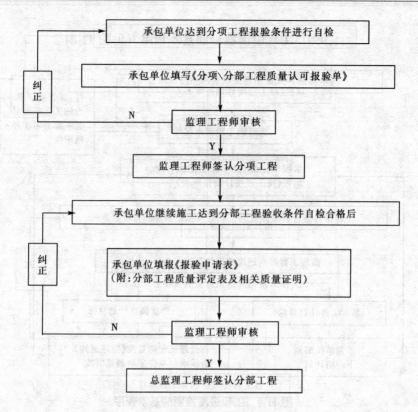

图 11-6 分部、分项工程签认程序

5. 单位工程验收程序（见图 11-7）

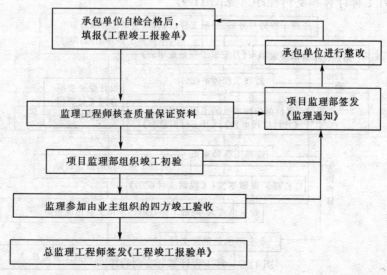

图 11-7 单位工程验收程序

11.9.3 工程进度控制的基本程序（见图11-8）

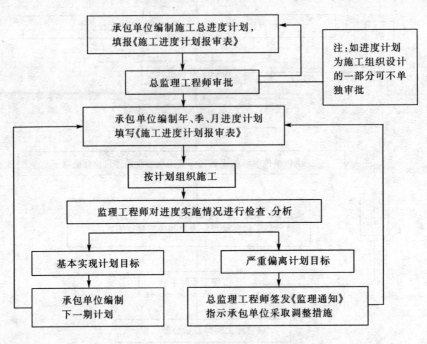

图11-8 工程进度控制的基本程序

11.9.4 工程投资控制的基本程序

1. 月工程计算和支付程序（见图11-9）

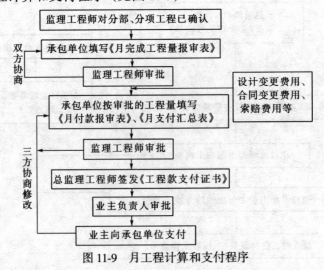

图11-9 月工程计算和支付程序

2. 工程款竣工结算程序（见图 11-10）

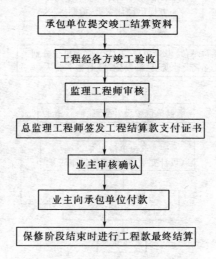

图 11-10　工程款竣工结算程序

11.9.5　合同管理的基本程序

1. 工程延期管理程序（见图 11-11）

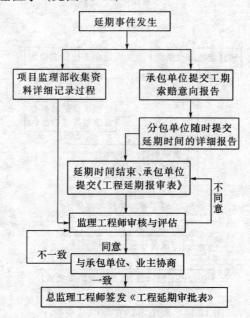

图 11-11　工程延期管理程序

2. 设计变更、洽商管理的基本程序（见图 11-12）

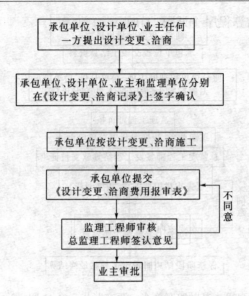

图 11-12 设计变更、洽商管理的基本程序

3. 费用索赔管理的基本程序（见图 11-13）

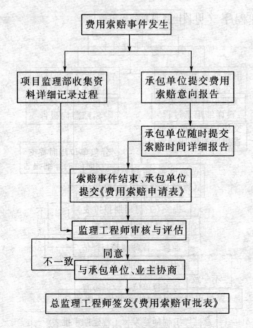

图 11-13 费用索赔管理的基本程序

4. 合同争议调解的基本程序（见图 11-14）

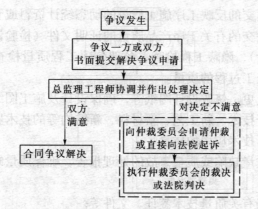

图 11-14 合同争议调解的基本程序

5. 违约处理程序（见图 11-15）

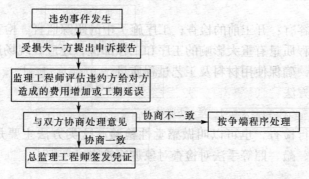

图 11-15 违约处理程序

11.10 监理工作方法及措施

11.10.1 监理工作方法

1. 审核有关技术文件、报告或报表

审查进入施工现场的分包单位的技术资质证明文件，控制分包单位的施工质量。

审批施工承包单位的开工申请书，检查、核实与控制其施工准备工作质量。

审批承包单位提交的施工方案、施工组织设计，确保工程施工质量有可靠技术措施。

审批施工承包单位提交的有关材料、半成品和构配件的质量证明文件（出厂合格证、质量检验或试验报告等），确保工程质量有可靠的物质基础。

审核承包单位提交的反映工序施工质量的动态统计资料或管理图表。

审核承包单位提交的有关工序产品质量的证明文件（检验记录及试验报告）、工序交接检查（自检）、隐蔽工程检查、分部分项工程质量检查报告等文件、资料，以确保和控制施工过程的质量。

审批有关设计变更、修改设计图纸等，确保设计及施工图纸的质量。

审核有关应用新技术、新工艺、新材料、新结构等的技术鉴定书，审批其应用申请报告，确保新技术应用的质量。

审批有关工程质量缺陷或质量事故的处理报告，确保质量缺陷或事故处理的质量。

审核并签署现场有关质量技术签证、文件等。

2. 现场监督和检查

在施工现场进行质量监督和检查，及时发现问题并就地解决是对施工质量控制的有效方法。

（1）检查内容有：开工前的检查；工序施工中的跟踪监督、检查与控制；对于重要的和对工程质量有重大影响的工序和工程部位，还应在现场进行施工过程旁站监督与控制，确保使用材料及工艺过程质量。

（2）检查的方法

1）目测法

凭借感官进行检查，也可以叫做感觉性检验。这类方法主要是根据质量要求，采用看、摸、敲、照等手法对检查对象进行检查。

2）量测法

利用量测工具或计量仪表，通过实际量测结果与规定的质量标准或规范的要求相对照，从而判断质量是否符合要求。

3）试验法

通过进行现场试验或实验室试验等理化试验手段，取得数据，分析判断质量情况。包括：理化试验及无损测试或检验。

（3）旁站监督

1）编制旁站监理计划；

2）在监理内部进行旁站监理计划交底；

3）向施工单位进行旁站监理计划交底；

4）按旁站监理计划实施旁站；

5）做好旁站监理记录；

6）检查评估旁站监理效果，将经验总结、整改意见等信息反馈到下一阶段旁站监理工作中去，达到改进完善旁站监理工作的目的。

3. 指令文件

监理工程师对施工承包单位提出指示和要求，指出施工中存在的问题，提请承包商注意或改正，以及向施工单位提出要求或指示其做什么或不做什么等等。

4. 规定的质量监控工作程序

双方规定必须遵守的质量监控工作程序，并按规定的程序进行工作。

5. 利用支付控制手段

合同条件的管理主要是采用经济手段和法律手段。因此，质量监理是以计量支付控制权为保障手段的。对承包单位支付任何工程款项，均需由监理工程师开具支付证明书，没有监理工程师签署的支付证书，业主不得向承包方进行支付工程款。工程款支付的条件之一就是工程质量要达到规定的要求和标准。如果承包商的工程质量达不到要求的标准，而又不能按监理工程师的指示承担处理质量缺陷的责任、予以处理使之达到要求的标准，监理工程师有权采取拒绝开具支付证书的手段，停止对承包商支付部分或全部工程款，由此造成的损失由承包商负责。

6. 投资控制的方法

(1) 依据施工设计图纸概预算，合同的工程量建立台账；

(2) 审核承包单位编制的工程项目各阶段及年、季、月度资金使用计划；

(3) 通过风险分析，找出工程投资最容易突破的部分，最易发生费用索赔的原因及部位，并制订防范性对策；

(4) 经常检查工程计量和工程款支付情况，对实际发生值与计划控制值进行分析比较；

(5) 严格执行工程计划和工程款的支付程序和时限要求；

(6) 通过《监理通知》与业主、承包单位沟通信息，提出工程投资控制的建议；

(7) 严格规范的进行工程计量：

1) 工程计划原则上每月计量一次，计量周期为上月26日至本月25日；

2) 承包单位每月26日前，根据工程实际进度及监理工程师签认的分项工程，填写《(X)月完成工程量报审表》，报项目监理部审核；

3) 监理工程师对承包单位的申报进行核实（必要时与承包单位协商），所计量的工程量经总监理工程师同意，由监理工程师签认；

4) 对某些特定的分项、分部工程的计量方法由项目监理部、业主和承包单位协商约定；

5) 对一些不可预见的工程量，监理工程师会同建设单位、承包单位如实进行计量。

(8) 加强工程的支付控制：

1) 根据承包单位填写的《工程款支付申请表》，由项目总监理工程师审核签发《工程款支付证书》，并按合同规定，及时抵扣工程预付款；

2) 监理工程师依据合同按月审核工程款（包括工程进度款、设计变更及洽商款、索赔款等），并由总监理工程师签发《工程款支付证书》，报业主。

（9）及时完成竣工结算

1）工程竣工，经业主、监理单位、承包单位验收合格后，承包单位在规定的时间内向监理项目部提交竣工结算资料；

2）监理工程师及时进行审核，并与承包单位、业主协商提出审核意见；

3）总监理工程师根据各方协商的结论，签发竣工结算《工程款支付证书》；

4）业主收到总监理工程师签发的结算支付证书后，应及时按合同约定与承包单位办理竣工结算有关事宜。

11.10.2 监理措施

1. 投资控制

（1）组织措施

1）建立健全监理组织机构，完善职责分工及有关制度；

2）编制本阶段造价控制工作计划和详细的工作流程图，落实造价控制的责任；

3）建立工程计量和支付制度，设计变更和签认监理工作制度，工程计量和支付、设计变更和签证均由专业监理工程师负责技术审核，造价监理工程师负责单价和取费的审核，最后由总监理工程师审核签字的三级责任制；

4）若业主同意，建立签证工程必须经业主和监理双方人员签字方为有效的制度。

（2）技术措施

1）审核施工组织设计和施工方案，合理开支施工措施费，按合同进度组织施工，避免不必要的赶工费；

2）熟悉设计图纸和设计要求，针对量大、质量和价款波动大的材料的涨价预测，采取对策，减少施工单位提出索赔的可能；

3）对设计变更进行技术、经济比较，严格控制设计变更。

（3）经济措施

1）编制资金使用计划，确定、分解投资控制目标；

2）严格进行工程计量；

3）复核工程付款账单，签发付款证书；

4）在施工过程中进行投资跟踪控制，定期地进行投资实际支出值与计划目标值比较，发现偏差，发现产生的原因，采取纠偏措施；

5）对工程施工过程中的投资支出做好分析和预测，经常或定期向业主提交项目投资控制及其存在的问题的报告。

（4）合同措施及其他配合措施

1）协助业主签订一个好的合同，合同中涉及投资的条款，字斟句酌，不出

现不利于业主的条款,并参与合同修改,补充工作;

2) 按合同条款支付工程款,防止过早、过量的现金支付,全面履约,减少对方提出索赔的条件和机会,正确地处理索赔等;

3) 做好工程施工记录,保存各种文件图纸,特别是注意实际施工变更情况的图纸,注意积累资料,为正确处理可能发生的索赔提供依据,参与处理索赔事宜;

4) 收集有关投资信息,进行动态分析比较,提供给业主,为他们的决策提供依据。

2. 质量控制

(1) 组织措施

建立健全监理组织、完善职责分工及有关质量监督制度,落实质量控制的责任。

(2) 技术措施

严格事前、事中和事后的质量控制措施。

(3) 经济措施及合同措施

严格质量检查和验收,不符合合同规定质量要求的不支付工程款。

3. 进度控制

(1) 组织措施

落实进度控制的责任,建立进度控制的协调制度。

(2) 技术措施

要求承包商建立施工作业计划体系,增加平行作业的施工面,采用高效能的施工机械设备,采用施工新工艺、新技术、缩短工艺过程间和工序间的技术间歇时间。

(3) 经济措施

建议业主对由于承包单位的原因拖延进度者进行必要的经济处罚,建议业主对进度提前者实行奖励。

(4) 合同措施

按合同要求及时协调有关各方的进度,以确保项目形象进度的要求。

4. 安全控制的措施

(1) 组织措施

1) 现场监理部由具有安全监理经验的专业监理工程师主持日常安全监理工作,配有专职安全、文明施工监理员协助工作;

2) 督促和检查施工企业落实安全生产的组织保证体系,建立安全专职机构;

3) 督促施工企业建立健全安全生产责任制和群治制度;

4) 督促并协调施工企业建立和完善安全保证体系,并促使该体系正常运作;

5) 建立并坚持每周安全例会制度;

6) 对不称职的安全管理人员,建议调离岗位,促使企业选用称职的安全管理人员。

(2) 技术措施

1) 对新的生产工艺、新技术的应用,帮助施工企业制定安全措施;

2) 审查施工组织设计及施工方案中的安全技术措施,措施必须可靠、可行、先进;

3) 帮助施工企业熟悉、掌握安全技术规程和标准,提高安全生产的技术水平。

(3) 检查和教育措施

1) 严格审查承包商提交的施工现场平面图,安全通道、消防设施、电缆架设必须符合安全操作规程中的要求。在施工过程中组织施工监理人员进行每周例检和不定期抽查,对用电安全、施工区域与非施工区域护栏设置、机械设备、消防重点检查;

2) 不定期的组织安全大检查;

3) 在现场旁站监理时,要注意检查施工人员的操作、作业的环境和条件是否符合安全生产的要求;

4) 监理对特殊工种操作人员必须严格审查上岗操作证,在工程实施过程中经常进行对号例查,严防违章操作;

5) 督促施工企业建立健全劳动安全生产教育培训制度,使其务必进行三项教育:一是新工人的"三级"教育,二是特殊工种的专业安全技术教育,三是新工艺和换岗人员的新岗位的安全教育。监督施工企业做到未经安全生产技术培训的人员不得上岗;

6) 帮助施工企业普及安全教育,学习安全知识,增强安全意识。

(4) 施工现场安全事故监控重点

1) 在施工现场,为消除事故隐患,监理工程师应重点监控如下方面:施工用电、塔吊、施工机械及安全处理不善;

2) 在施工现场时常有"三害"发生,触电、物体打击、机械伤害;

3) 物体打击的防护措施

施工现场在施工过程中,经常会有很多物体从上面落下来,打到了下面或旁站的作业人员即产生了物体打击事故。凡在施工现场作业的人都有受到打击的可能,特别是在一个垂直平面下的上下交驻作业,最易发生打击事故。在施工作业中,务必把安全网与安全帽落实到位,认真查验,对不戴安全帽的行为坚决禁止。

4) 机械伤害和起重伤害的防护措施

主要是指施工现场使用的木工机械如电平刨、圆盘锯等,钢筋加工机械如拉直机、弯曲机等,电焊机、搅拌机、各种气瓶及手持电动工具等在使用中,因缺少防护和保险装置对操作者造成的伤害。这类事故的预防主要对起重设备进行检查，防止设备意外事故，防止设备老化引起的各类机械事故。

5）触电事故的防护措施

电是施工现场中各种作业的主要动力来源，各种机械、工具等主要依靠电来驱动，即使不使用机械设备，也还要使用各种照明。事故发生主要是设备、机械、工具等漏电，电线老化破皮，违章使用电气用具，对在施工现场周围的外电线路不采取防护措施等。预防措施：编制临时用电施工组织设计；要用保护零线、PE 线；架空线路与电缆线路的架设要符合安全要求。

（5）隐患及事故处理措施

1）发现事故隐患及违章指挥、冒险作业，要立即令其停止，必要时发出隐患通知单，等其整改后即时复查，督促解决；

2）督促施工企业严格贯彻执行"伤亡事故调查处理制度"，使其对调查伤亡事故要做到"三不放过"，即事故原因分析不清不放过，事故责任和群众没有受到教育不放过，没有防范措施不放过。对事故责任者要严肃处理。

11.11 监理工作制度

11.11.1 设计交底及图纸会审制度

1. 为使工程参与方了解工程特点和设计意图，以及对关键部位质量控制的要求，减少图纸差错，监理工程师在收到施工设计文件、图纸，在工程开工前必须召开专门会议，进行设计交底和图纸会审，广泛听取意见，避免图纸中的差错、遗漏。

2. 设计交底和图纸会审由监理单位和业主共同组织，施工单位、监理单位、业主的有关人员参加，设计单位按照施工设计图纸进行全面技术交底（设计意图、施工要求、质量标准、技术措施）。

3. 设计交底前十五天，监理单位、施工单位和业主应组织有关人员仔细、认真熟悉图纸，了解工程特点以及关键部位质量要求，并将图纸中影响施工、使用及质量的问题和图纸差错等汇总，在设计交底时提交设计单位，协商研究并提出解决意见。

4. 图纸会审的内容包括：

（1）是否无证设计或越级设计，图纸是否经设计单位正式签署；

（2）地质勘探资料是否齐全；

（3）设计图纸与说明是否齐全，有无分期供图的时间表；

（4）设计地震烈度是否符合当地要求；

（5）总平面图与施工图的几何尺寸、平面位置、标高等是否一致；

(6) 防火、消防设计是否符合规范要求;

(7) 建筑、结构与各专业图纸本身是否有差错及矛盾,建筑图与结构图的平面尺寸及标高是否一致,所有图纸表示方法是否清楚、是否符合制图标准、预留、预埋件是否表示清楚,钢筋的构造要求在图中是否表示清楚;

(8) 施工图中所列各种标准图集施工单位是否具备;

(9) 材料来源有无保证,能否代换;图中所要求的条件能否满足;新材料、新技术的应用有无问题;

(10) 图中是否存在不能施工、不便于施工的技术问题,或容易导致质量、安全、工程费用增加等方面的问题;

(11) 工艺管道、电气线路、设备装置、运输道路与建筑物之间或相互间有无矛盾,布置是否合理;

(12) 施工安全、环境卫生有无保证。

5. 设计交底和图纸会审应有文字记录,交底后由监理单位组织施工单位、业主和设计单位分专业整理出图纸会审纪要,会审纪要应附分专业的会审问题附表,会审纪要经各方签字并加盖设计单位章后作为施工依据。

6. 图纸会审纪要作为交工资料的一部分存档。

11.11.2 施工组织设计(施工方案)审核制度

1. 施工组织设计(施工方案)的审核是事前控制的重要内容,应坚持开工前的审核工作。

2. 审核的范围是:总体施工组织设计,单位工程施工组织设计,关键分部、分项工程施工方案,或采用新工艺、新技术的施工方案等。监理单位应将报送的范围事先通知承包单位。

3. 承包单位应按照监理单位的要求,在规定的时间内组织人员认真进行编写。报审的施工组织设计、施工方案必须是在施工单位自审手续齐全的基础上(即有编制人、承包单位负责人、承包单位技术负责人的签名和单位公章)至少在开工前两周报监理单位审核。

4. 总监理工程师应组织专业监理工程师认真审核并提出意见。

审核重点为:

(1) 施工组织设计、方案中的技术保证及工艺措施是否科学、完善、可行,采用的规范、检验标准是否与设计要求一致、准确,能否满足质量要求;

(2) 特殊专业操作人员是否有上岗证,其中载明的项目、范围是否与本工程一致;

(3) 现场组织机构能否满足施工要求,技术员、安全员、质检员、预算员、资料员、项目经理是否有上岗证;

(4) 施工机具、检验仪器设备、劳动力安排是否能满足本工程要求;

(5) 施工总平面布置是否合理，是否需要调整；

(6) 施工进度计划中的起始节点、进度与总进度是否吻合，如何调整；

(7) 施工用水、电、气解决方案是否合理，有无计量装置；

(8) 安全防护措施情况等。

5. 监理单位审核意见应于承包单位报送后两周内书面返回承包单位，如需进一步修改，则承包单位必须在监理单位要求的时间内重新报送审核。

6. 施工组织设计、施工方案中涉及增加工程措施费和合同外其他费用以及延长合同进度的内容必须征得业主同意，已审批的施工组织设计、施工方案除监理单位存档外，应送业主备案。

7. 经监理单位审批后的施工组织设计、施工方案，承包单位应认真执行，一般不得随意改动。确需改变时，承包单位应申明理由，报监理单位审查同意并报业主备案。因承包单位擅自改动所发生的质量、安全、进度、费用等，由施工单位负责。

8. 总体施工组织设计的签字审批权在总监理工程师（或会同业主代表），分部、分项工程施工组织设计或施工方案的签字审批权在监理机构专业监理工程师（或会同总监和业主）。

11.11.3 施工测量放线成果、沉降观测检验制度

1. 测量放线开始前的检查

(1) 监理工程师应检查承包商的专职测量人员的岗位证书、测量设备检定证书是否超出有效期。未经检定的测量设备不得用于工程测量；

(2) 监理工程师应检查承包商的测量方案、红线桩的校核成果、水准点的引测成果等能否满足工程需要，审批《施工测量放线报验单》。

2. 测量放线过程中的检查

(1) 监理工程师应采取旁站、抽验等方式对承包商的测量放线过程进行监控；

(2) 承包商在施工现场设置平面坐标控制网（或控制导线）、高程控制网后，应填写《施工测量放线报验单》报项目监理部查验，监理工程师应对承包商上报的资料和现场放线成果进行核验，审批《施工测量放线报验单》。

3. 测量放线后的检查

监理工程师应检查承包商对红线桩、水准点、工程控制桩的保护措施是否得力，督促承包商对上述设施按规定建立永久性保护措施，保证工程的顺利实施。

4. 在建（构）筑物施工时，监理工程师应检查承包商的测量施工方案，随时跟踪平面误差、高程误差、垂直度误差是否满足规范要求，并定期做好记录，整理归档。

5. 沉降观测

(1) 监理工程师应审查承包商的沉降观测措施是否满足工程需要；

(2) 在建（构）筑物主体施工到±0.000后，检查承包商准备的沉降观测设施是否齐全，是否按规定数量、位置设置观测点；

(3) 检查承包商是否按规定时间进行沉降观测，观测资料是否真实可靠；

(4) 当建（构）筑物主体出现不均匀沉降时，及时下发停工令，按事故处理程序督促承包商处理。

11.11.4 第一次工地会议程序

1. 会前准备

(1) 第一次工地会议是明确监理权力、确立监理工作程序、建立监理工作制度的重要会议，对整个工程项目的监理过程和效果起着至关重要的作用。项目总监应充分认识其重要性、严肃性，在会议召开前做好充分准备；

(2) 会议召开前，项目总监应与业主充分沟通，争取业主对《建设工程委托监理合同》中规定的监理单位权力的理解和支持，对会议议题等达成共识；

(3) 项目总监明确会议内容记录人员，准备会议记录簿。

2. 会议参加人员

(1) 项目业主：业主负责人、授权驻现场代表和有关职能人员；

(2) 监理单位：项目总监和项目监理部全体监理人员；

(3) 承包商：总承包单位项目经理和有关职能人员，分包单位主要负责人。

3. 第一次工地会议由业主主持

4. 会议程序

(1) 业主负责人宣布项目总监，按《建设工程委托监理合同》的约定向项目总监授权；

(2) 业主负责人宣布业主驻现场代表、总承包单位项目经理；

(3) 项目总监介绍项目监理部组织机构、有关人员的专业和职务分工；

(4) 总承包单位项目经理介绍项目经理部组织机构、有关人员的专业和职务分工；

(5) 总承包单位项目经理汇报施工现场施工准备工作的情况；

(6) 项目总监进行监理交底，内容包括：

1) 国家及工程所在地建设行政主管部门发布的有关建设工程监理的法律法规和有关规定；

2) 阐明有关合同规定的业主、监理单位、承包单位的权力和义务；

3)《建设工程委托监理合同》中规定的监理工作内容；

4) 介绍监理控制工作的基本程序和方法；

5) 有关报表的报审要求。

(7) 确定项目进程中业主、监理单位、总承包单位三方相互协调的机制，参加监理例会、专题会议的人员、时间及安排；

(8) 业主、监理单位、总承包单位需说明的其他问题。

5. 会后安排

(1) 会议记录人员整理会议纪要，报项目总监审批；

(2) 项目总监根据自己的会议记录审查会议纪要；

(3) 请业主、总承包单位在会议记录上签字盖章；

(4) 项目总监签发《第一次工地会议纪要》。

11.11.5 工程开工申请制度

1. 为保证工程连续、均衡施工，确保投资、质量、进度目标的实现，实行开工申请制度。

2. 开工申请制度是指承包单位在充分作好施工准备工作的基础上，书面向监理单位提交开工申请报告，由监理单位逐项落实开工条件，并书面批准开工才可动工兴建的一项现场管理制度。

3. 需要申报申请开工的范围是：

(1) 单位工程的土建项目；

(2) 单位工程的安装项目；

(3) 分包单位独立承担的分部（分项）工程。

4. 开工申请表的内容为：单位工程、分部、分项工程的名称，设计单位、承包单位名称，工程概（预）算，主要工程量，建筑面积，安装工程的设备台数、管道长度、自控仪表台（件）、电气台（套）、防腐面积等，施工准备工作情况（图纸资料、进场人员、施工机具、交底情况、材料准备、设备到货等），开、竣工日期等，并应有承包单位行政、技术负责人签章（详见附表）。

5. 承包单位应在开工前至少一周内向监理单位送达开工申请；监理单位在接到开工申请后应及时组织人员落实开工条件，并予审批。监理审查的主要内容有：

(1) 拟开工工程图纸及后续供图能否保证连续施工，是否已经进行了设计交底及图纸会审；

(2) 承包单位有无施工组织设计（或施工方案），是否已经审批，承包单位内部技术交底情况如何；

(3) 承包单位现场组织结构能否适应现场管理需要，进场人员数量及工种配备、施工机具型号、台数、状况能否满足工程进度、质量要求，持证上岗人员有无上岗证；

(4) 工程设备到货是否能够保证连续施工，是否经过开箱检验，材料供应情况及质量状况、保管措施是否健全；

(5) 气候情况及水文地质情况对施工有无影响，应采取的措施是否齐全；

(6) 周围协调配合条件是否具备；

(7) 计划开、竣工日期对总进度有无影响，是否需要作调整；

(8) 现场安全防护措施是否健全等。

6. 监理单位在落实开工条件时应充分征求业主意见，并提请业主做好资金准备和需业主做好的工作。

7. 如果开工条件不具备，监理单位应要求承包单位尽快完善，业主应尽早提供由其承担的条件，然后由总监理工程师签发开工令。

8. 单位工程（或分部分项工程）开工日期以总监理工程师批准的开工日期为准。

11.11.6　工程材料、构配件、半成品采购报验制度

1. 工程材料（构配件、半成品）是构成工程的主要因素，应对其采购、检验、保管、使用等环节严格管理。

2. 主要工程材料（构配件、半成品）的采购，应由承包单位的采购部门向监理单位提交采购清单，注明品名、规格、型号、主要质量指标和采购数量，交监理单位审查。

3. 订货前，承包单位还应提供样品（或看样）和有关供货厂家资质证明、单价等向监理单位申报，经监理单位会同业主研究同意后方可定货。

4. 对用于工程的主要材料（构配件、半成品）进场时必须具备正式的出厂合格证和材质化验单。对于没有合格证或有疑问的材料，监理单位应要求承包单位采购部门补做检验并经监理单位认可。如经补检不合格，除责令其立即封存外，其发生的采购费用由施工单位采购部门承担；检验合格，检验费用由业主承担。

5. 对由于运输或安装等原因出现质量问题的构配件、半成品及封存不合格的工程材料，经监理单位、设计单位、业主研究后，可降低等级（在标准允许的情况下）在工程中使用，并书面通知承包单位，否则，应尽早运出工程现场。

6. 进入现场的工程材料（构配件、半成品）应按有关规定分类存放、保管或保养，对过期产品（有使用期限的）或变质产品不得用于工程。

7. 凡采用新材料、新型制品时，材料供应单位应出具技术鉴定文件，由监理单位、业主、设计单位确认并同意后，方可定货并使用在工程上。

8. 业主采购供应的工程材料（构配件、半成品），原则上也应遵守本制度。否则，承包单位可以拒领不合格的材料（构配件、半成品），监理单位不承担由此产生的一切责任。

11.11.7　工程设备采购报验制度

1. 此处所指工程设备是指用于永久工程的机械设备及其辅机、附件等。

2. 工程设备订货前，采购部门应向监理单位提交所采购设备的规格、型号、名称、数量、主要技术性能指标及订货厂家资质证明和价格等资料。监理单位应对照设计文件认真核对，并与业主、设计单位研究确定后才可定货。必要时，监理单位可提请业主共同对生产厂家进行实地考察，其费用由业主承担。

3. 采用招标方式订货的设备，监理单位可参与设备采购的招标工作，编制招标文件，提出对设备的技术要求及交货期限的要求。但无论采用何种方式定货，监理单位都不得代表业主或采购部门签章。

4. 监理单位对工程设备采购合同应及时编号，统一管理，防止漏订或误订，控制设备到货期，满足进度需求。

5. 如有必要，征得业主同意，在设备制造期间，监理单位有权对根据合同提供的工程设备的材料、制造工艺、检验等到供货厂家现场监制（依合同要求），其费用由业主或承包单位采购部门承担，制造厂应提供一切配合。

6. 工程设备的检验要求是：

(1) 对整机装的新购机械设备，监理单位应参与运输质量及供货情况的检查。对有包装的设备，应检查包装是否受损；对无包装的设备，则可直接进行外观检查及附件、备件的清点。对进口设备，应提请进出口商检局检验，并由其出具检验证书（该检验证书可作为向卖方提出索赔的依据）。若发现设备有较大的损伤，或其规格型号、性能指标与合同不符，及缺件、缺技术说明书、合格证等，应由承包单位采购部门做好详细记录或照相，并尽快与运输部门或供货厂家交涉处理；

(2) 对解体装运的自组装设备，在对总体、部件及随机附件、备件进行外观检查后，应按合同规定由供货厂家工地组装或指导工地组装，并按项目逐项进行检测实验，实验合格后，才能签署验收；

(3) 旧设备（指国际、国内二手设备）应达到"完好机械"标准，其验收工作应在调出地进行，经检查、测试不合格者不得发运。如业主委托，监理单位可参与调出地检查、测试工作，费用由业主承担；

(4) 现场组焊或有条件的业主自制设备，组焊（或制作）前应向监理单位报送施工方案。监理单位应按有关的规范、标准认真审核，对自制设备不得降低标准。制作单位应按审批后的方案进行制作和组焊，并经严格检验后，监理单位方可签认。

7. 随机原始材料（合格证、检验证明、技术资料等）、自制设备的设计计算资料、图纸、测试记录、验收鉴定结论等，监理单位应督促承包单位采购（制作）部门全部清点，移交承包单位整理归档。

8. 经检查，有缺陷或不符合合同规定的设备，监理单位应拒签验收单，并立即通知采购部门与供货单位取得联系进行处理，并尽快向业主报告。

9. 工程设备安装前，监理单位应组织采购供应部门、承包单位进行设备、随机资料的清点移交。出库后应办理移交手续。

10. 设备出库到现场的运输按合同及有关规定办理。

11.11.8 隐蔽工程、分部分项工程质量验收制度

1. 隐蔽工程检查验收，是指被其他工序施工所掩盖、隐蔽的分部、分项工程，在掩盖或隐蔽前所进行的检查验收。

2. 隐蔽检查验收，除业主特别授权外，一般应由监理单位质量控制工程师和业主共同检查签认。

3. 隐蔽工程具备掩盖、隐蔽条件或达到协议条款约定的中间验收部位，施工单位自检合格后应于隐蔽前至少48小时内书面通知监理单位，通知内容包括：隐蔽部位和内容、自检记录、验收时间和地点、联系人等，同时，由施工单位准备验收记录。

4. 监理单位接到验收通知后，应尽快通知业主代表，同时作好验收准备，在规定的时间内到现场检查验收。

5. 验收合格，监理单位与业主代表在验收记录上签字后，方可进行隐蔽和继续施工；验收不合格，施工单位应在限定的时间内整改，并重新通知监理单位验收，不得自行隐蔽。

6. 接到验收通知后，监理单位或业主代表未在规定的时间内到达现场，或监理单位、业主确认不需要验收，或虽已验收但并未对隐蔽工程质量提出异议，而验收后24小时内又未签认，则施工单位可自行隐蔽或继续施工。

7. 无论监理单位或业主代表是否参加验收，当其提出对已隐蔽工程重新检验的要求时，施工单位应按要求进行剥露，并在检验后重新覆盖或修复。检验合格，业主承担由此发生的经济支出，赔偿施工单位损失并相应顺延进度；检验不合格，施工单位承担发生的费用。

8. 施工过程质量控制实行工序控制办法，上道工序不合格不得进行下道工序施工。监理人员应确定并通知承包商工序的质量控制点，按国家、地方及行业标准检查验收。

9. 检验批和分项、分部工程验收，按国家、地方、行业的统一评定标准执行。检验批、分项工程的验收，应根据工程合同规定的质量等级要求，确定检查点数，计算检验项目合格、优良的百分比，以确定其质量等级；分部工程的验收，应根据各分项工程质量验收结论，参照分部工程质量标准，得出其质量等级，决定是否验收。

10. 土建工程完工转交安装工程施工前，或其他中间过程，监理单位应会同业主组织中间验收。承包单位和监理单位、业主共同确认合格后，应在中间验收凭证上签章，才可继续施工。

11. 隐蔽工程、检验批和分部、分项工程验收过程中，应严格按照国家、地

方、行业标准及时整理、签认交工技术资料，监理单位应在验收后及时查验技术资料整理情况。

11.11.9　设计变更及技术核定制度

1. 在施工过程中，发现图纸差错或与实际情况不符，或施工条件、材料的规格品种、质量等不能完全符合设计要求以及对工程的合理化建议等原因，需要进行施工图修改时，必须严格执行本制度。

2. 提出设计变更，应由施工单位或提出人填写技术核定单、提交监理单位，技术核定单应做到计算正确、书写清楚、绘图清晰，变更内容应写明图号、轴线位置、原设计内容、变更后的内容和要求等。

3. 监理单位接到技术核定单后，应尽快与业主技术负责人取得联系，由业主（或业主委托监理单位）送原设计单位（或其工地代表）审查，并提出相应的变更图纸和说明。

4. 监理单位接到变更通知后，应及时审核其技术和经济上的合理性及工程量增减对造价和进度的影响，经与业主充分协商后，向施工单位发出通知，施工单位应据此施工和结算。

5. 由合理化建议引起的设计变更所节约的投资或缩短进度增加的效益，业主应按有关合同规定办理。

6. 重大变更必须经监理单位（或业主）组织专家论证，并经业主、设计单位、施工单位三方同意，由设计单位负责修改，如变更超出原设计标准和规模时，须经原初步设计单位批准，以取得追加投资。

7. 所有设计变更资料，包括设计变更通知书、修改后的图纸等，均需有文字记录，纳入工程档案，作为交工资料的一部分。

8. 监理工作人员不得擅自进行设计变更。

9. 材料代用必须书面报请监理单位同意，以大代小，以优代劣主要考虑对费用的影响，如果以小代大，以劣代优则需经强度、刚度及稳定性计算，并附计算书方可审批。

10. 监理单位发现施工单位擅自改变设计时，有权通知停工，由此引起的一切后果由施工单位承担。

11.11.10　工程交接验收制度

1. 工程完工后，施工单位申请工程验收前，应先进行项目自检、施工单位工程处（或项目经理部）复检及公司预检，确认符合合同规定和设计要求，达到竣工标准后，填写《工程竣工报验单》，报监理项目部。

2. 监理单位接到验收申请后，应按照工程合同要求、验收规范和标准仔细审查。若认为已具备验收条件，监理单位可对工程进行初验。在初验中发现质量问题，应及时以书面通知或备忘录的形式通知施工单位整改和完善。

3. 监理单位初验合格，应报告业主，由业主、组织勘察、设计、施工、监理五大主体单位，在规定的时间内进行正式验收。

4. 业主应当在工程竣工验收 5 日前，向××市质量监督部门备案室领取《竣工验收备案表》，并书面通知××市质量监督部门。

5. 业主组织工程竣工验收程序：

（1）业主、勘察、设计、施工、监理单位分别汇报工程合同履约情况和在工程建设各个环节执行法律、法规和工程建设强制性标准的情况；

（2）审阅业主、勘察、设计、施工、监理单位的工程档案资料；

（3）实地查验工程质量；

（4）对工程勘察、设计、施工、设备安装质量和各管理环节等方面作出全面评价，形成验收组人员签署的工程竣工验收意见；

（5）参与工程竣工验收的业主、勘察、设计、施工、监理等各方不能形成一致意见时，应当协商提出解决的方法，待意见一致后，重新组织工程竣工验收。

6. 工程竣工验收合格后 15 日内，业主应到市质监部门备案室办理竣工验收备案。

7. 办理工程交接手续。

11.11.11 工地例会及专题会议程序及会议纪要签发制度

1. 工地例会应定期召开。专题会议是为解决某些专题性问题而随时召开的会议。工地例会和专题会议由总监理工程师或其委托的监理工程师主持召开。

2. 工地例会由总监主持，业主、施工单位的项目经理、技术负责人、设计单位代表、有关监理人员参加，必要时，还可邀请其他有关单位参加。

3. 工地例会召开前一天，应由总监召集有关监理人员和业主代表全面了解情况，提出会议中需解决的问题，并初步统一意见，以便在会上口径一致，节约时间。

4. 工地例会的主要议题是：

（1）施工单位分别汇报上次会议纪要执行情况、工程进展情况、存在问题及下步施工安排；

（2）研究并决定解决问题的方法；

（3）总监总结通报前段三大控制情况，协调、布署下步工作，提出工作要求。

5. 建立良好的会风，与会者不得迟到、早退，会议中间不得随意出入，不得闲扯与会议无关的事项。

6. 会议由监理单位指定专人担任记录，并有专用的会议记录本。会议记录应注明日期、参加单位、参加人员、主持人、主要议题及主要发言，记录应准确、干净，不得随意涂写。

7. 会后应及时整理会议纪要，经与会各方认可，分送与会各方和有关单位。会议纪要应写明：

(1) 会议时间及地点；

(2) 主持人、与会者姓名、职务及他们代表的单位；

(3) 议决事项及有待进一步研究的问题；

(4) 议决事项由何人在何时执行，如何配合及检查。

8. 会议纪要应由有关单位签字或盖章后，总监（或与业主代表共同）签发，一般应在会议第二天发出。

11.11.12 计划管理制度

1. 计划管理的目的是为了保证工程项目按照国家计划和业主要求顺利实施，编制的原则应是在充分调查研究的基础上，做到科学、合理、便于执行。

2. 计划编制包括工程项目总体控制网络计划（进度平衡计划）、工程项目一览表、投资计划年度分配、施工单位承包工程划分表等。

3. 工程项目总体控制网络计划应在充分调查研究的基础上，熟悉设计文件并与业主充分交换意见后编制。总体控制网络计划要做好进度平衡，表明各种设计交付日期、设备供应期、施工进度、试车时间、生产准备等与工程有关的各项工作。其编制应符合有关规范规定。工程项目总体控制网络计划应在监理委托合同签字生效后一个月内编制完成，并提交业主审核。

4. 根据设计文件编制工程项目一览表及投资计划年度分配表，应根据工程进度安排作好资金平衡，并提请业主及时筹措建设资金。

5. 施工单位承包工程划分表应根据施工合同编制。

6. 监理单位应认真审核施工单位提交的施工进度计划及月进度计划表，使之与总体进度网络计划相一致，否则应采取措施。认真审核施工单位提交的月统计表，作好进度分析。

7. 要作好实际进度动态分析，查找进度提前或滞后的原因，采取措施努力使实际进度接近计划值。这些措施包括技术措施、经济措施、组织措施等。

8. 总体控制进度网络计划应根据执行情况不断修正，至少每半年进行一次。修订前应充分作好分析工作，使之更加切实可行。

11.11.13 监理文件管理制度

1. 建立完善的文档编码系统，由计算机自动完成编码。

2. 设立监理项目文件柜，供监理人员迅速查阅、检索各类文档。

3. 建立严格的收、发文制度，并利用计算机辅助管理，同时现场备有收、发文本，收、发文本有签字手续，收文由经办人和责任人签字，发文由发往单位有关人员签字。收、发文应登记详细资料，写明文件处理要求。

4. 对各种外来文件实施收文处理登记制度，收文后明确处理要求（需传阅、回函、审批或签证）、处理时限和责任人，并由计算机跟踪管理，处理完毕后，登记处理结束日期及处理结果，确保各类施工信息及时完善地得以处理。

5. 建立文件存档、借阅、注销管理制度，确保监理资料完整性、真实性。

6. 监理函件（包括监理工程师审批表、监理工程师通知书、监理工程师联系单等）由计算机辅助生成和管理。

7. 监理文件（包括监理规划、监理实施细则、监理月报等）采用规范格式填写，并由计算机辅助生成，便于业主、监理等及时准确掌握监理动态。

8. 严格做好资料归档工作。

11.11.14 监理日记制度

1. 监理日记主要记录巡视情况，与业主、承包商洽商情况。公司统一印制的《监理日记》是详细记录工程现场情况和日常监理工作的重要资料。

2. 监理日记的管理

监理日记是项目监理部完整的工程跟踪资料，综合反映了项目监理部的工作状况，是"三控、两管、一协调"工作的重要依据，是项目监理档案的重要组成部分，是公司对项目监理部进行考核的重要内容。因此：

（1）监理日记应置于现场监理办公室的显要位置，项目监理部的每位成员均可查阅、监督和提出修改补充意见；

（2）监理日记的填写应实事求是、真实可信，严禁伪造和填写虚假情况，客观反映监理工作情况，不夸大、不缩小；

（3）监理日记应反映工程建设过程中监理人员参与"三控、两管、一协调"工作的所有情况，对参与人、时间、地点、原因、经过、结果等都应如实记录；

（4）监理日记应字迹工整、语句通顺、文字简练、逻辑合理；

（5）监理日记作为公司内部管理文件，未经项目总监批准，严禁项目监理部以外人员传阅、复印。

3. 监理日记的填写，于每天下午下班前具体填写，当日日记当日完成，不得后补。夜间值班记录于第二天上班后以 24:00 时为界记录。

4. 监理日记的内容

（1）天气情况：晴、阴、多云、阵雨、小到大雨、暴雨、降雪、大雾、气温、风力等，按气象台预报内容填写，以利日后的工程质量分析和监理人员提出科学合理的监理建议；

（2）施工状况：当日施工部位、内容、施工班组（工种、人数）、施工机械（种类、数量）使用情况；

（3）各方要求：当日收到的业主要求、设计变更、承包商请示等，应写明要求人、收到时间、地点、在场人员和要求内容（如为口头要求，应请要求人提出书面报告或由监理人员整理成文字请要求人签章）；

（4）监理工作：对各方要求处理情况，各专业主要监理工作、发现问题和对问题的处理措施、监理建议和处理结果，当日发出的监理指令、监理报表、会议纪要等；

（5）其他：政府颁发的有关法规、文件的收到、执行时间，各方原因引起的停水、停工、停电等损失情况，业主合同外工程、零星用工，不可抗拒因素的发生过程、影响程度，项目监理部完成的附加工作、额外工作，项目监理部应记录的其他情况。

5. 项目完成后，监理日记记录人应将监理日记加以整理，装订成册，项目监理部全体人员签字后报项目总监审阅，归入监理档案。

11.11.15 监理月报制度

1. 为加强对工地监理工作质量的检查和管理，总监理工程师应及时组织编制每月的监理月报，并于下月的5日前由项目总监理工程师签发后报送建设单位和公司总工程师。

2. 监理月报的编制周期为上月26日到本月25日，在下月的5日前发出。

3. 监理月报应真实反映工程进展情况和监理工作情况，做到数据准确、重点突出、语言简练，并附必要的图表和照片。

4. 监理月报的内容应重点突出本月监理过程中解决的问题、提出的建议以及发出的有关通知和工程中存在的问题。其主要内容有本月工程概况、本月工程形象进度、工程进度、工程质量、工程计量与工程款支付、合同其他事项的处理情况，本月监理工作小结。

5. 监理月报为监理档案资料的组成部分。

11.12 监理设施

11.12.1 办公、交通、通讯、生活设施

业主应提供满足监理工作需要的如下设施：办公用房、办公桌、椅子、电话等；其他设施由公司自行解决。

11.12.2 用于本工程施工监理的常规检测设备

序号	仪器设备名称	单位	数量	备注
1	电脑	台	2	
2	打印机	台	1	
3	水准仪	台	1	

续表

序　号	仪器设备名称	单　位	数　量	备　注
4	经纬仪	台	1	
5	回弹仪	台	1	
6	接地摇表	个	1	
7	环刀	台	1	
8	综合测量尺	把	1	
9	照相机	台	1	
10	录像机	台	1	

第 12 章 涉外城市水工程建设监理简介

随着我国改革开放形势的发展，我国涉外城市水工程项目从无到有、从小到大，取得了长足的发展，特别是在我国加入 WTO 之后的新形势下，利用外资在我国境内建设的城市水工程项目逐渐增加。同国内城市水工程建设监理相比，涉外工程的建设监理工作更加复杂，有必要单独分析。

12.1 涉外城市水工程

12.1.1 涉外工程和涉外城市水工程

1. 涉外工程

广义的涉外工程是一种以开发和建设工程项目为中心的国际经济交易活动，涉及的范围主要包括以下几个方面：

(1) 海外的工程项目承包。

包括工程的设计、施工或设备安装。前者指为国外的某项工程进行设计，提供设计方案和施工图纸与估价，或在施工阶段提供设计监督（到现场对施工进行监督及有关设计的技术指导工作）。后者指对国外工程项目进行施工承包，也可以包括设备安装、调试等工作的承包。

(2) 对外劳务合作。

它指工程劳务承包或成建制的劳务合作。前者指按劳务价格承包其工程量，或同时承包有关的周转材料费用。后者指按工程需要成建制地提供全套劳务合作（包括工人、管理人员甚至设计人员等）。

(3) 对外工程技术咨询服务或技术输出。

工程咨询服务包括工程项目的可行性研究、项目评估、投资概算、编制或审查标书、招标与评标以及担任项目法人的代表（监理工程师）。有些大的国际咨询机构甚至可以承担工程总包业务。技术咨询则以提供技术服务为主，如改进设计、改进生产工艺、提高劳动生产率以及专题试验研究等。

(4) 国内的国际技术经济合作工程项目。

它包括我国境内的国外投资（独资或合资）、国际贷款、国际联营或合作承包等建设项目。

在我国，涉外工程通常专指有国外投资或贷款的中国境内工程项目，是狭义的概念。本章讨论的涉外城市水工程建设监理中的"涉外城市水工程"也是指狭义的概念。

2. 涉外城市水工程

简言之，涉外城市水工程是指在我国境内利用外资建设的城市水工程。建设资金不足，是我国经济发展过程中面临的一个比较突出的问题。发展经济学的理论认为，发展中国家无力自我根除国内资金不足这一障碍，因而必须利用外资。历史的发展证明了这一理论正确性的一面。在历史上，加拿大、日本等许多已跻身发达行列的早期发展中国家，都曾是主要的资本和技术净输入国。二次世界大战以来的世界经济发展进一步证明：一批迅速崛起的第二、三代新兴工业化国家，如韩国、巴西等，也都是那些注重利用外资和发展外贸的开放型经济的国家。当然，经济发展不能完全归因于利用外资，一些国家利用外资也不无挫折甚至失败的教训。但是，确有一批发展中国家利用外资缩短了其工业化历程，争取了时间，获得了战略上的成功。需要辩证地看到，在利用外资推动一国经济发展的同时，利用外资也会带来一系列新的经济和社会风险，外来直接投资（不需要还本付息）势必会以其占有的资金、技术和管理优势对民族经济的生存和发展构成一定的冲击、威胁。对外借贷要承受按期还本付息的巨大压力。同时，连同外来资本流入的外来文化，势必对本地传统文化提出挑战，特别是在发展水平、社会制度迥异的国家中更是如此。

20世纪80年代以来，我国利用外资工作取得了显著的成绩，合理地利用外资对我国社会主义现代化建设起到了必要的补充作用。在主要依靠国内资金积累的同时，适当利用国外资金作为辅助的形式，对于弥补国内建设资金的不足是有积极意义的。这样，既可以支持因建设资金不足而暂停建、缓建的项目，又可以进一步推进现有企业的技术改造。当然，我们利用外资，必须是在平等互利的基础上的。无论采用什么方式，都不允许附带任何不平等的政治、经济条件。利用外资的规模，也应取决于国内的配套能力、消化能力和清偿能力。

涉外城市水工程有如下几个特点：

（1）工程的国际性

工程开发可能不止有一个国家或国际组织参与。因此，涉外城市水工程的国际性具有多国参与的特点。

由于多国参与的特点，所以在涉外城市水工程建设活动中，必须有一整套能为各国所普遍接受的国际惯常做法与规定，以便工程的项目法人、监理单位和承包商，按国际上通行的建设程序、管理制度和做法开展业务。

（2）竞争性

涉外城市水工程一般是通过国际性招标投标来选择承包商的。工程项目法人采取招标发包的目的是为了能以低廉的费用、良好的工程质量和理想的进度实现工程项目。而承包商投标和承包的目的则是希望在竞争中战胜对手并得到盈利。

因此，在国际工程市场上，各国承包商之间的竞争是很激烈的。

(3) 经济、法律环境的复杂性

由于涉外城市水工程当事各方的跨国关系，所以它们的经济法律关系一般是通过合同或协议的形式固定下来。凡项目法人、监理单位以及承包商之间产生的一切业务行为，都应以当事各方共同签订的、具有法律效力的合同为依据。各方应按照合同规定履行自己的义务和行使自己的权利。在执行合同过程中，遇有纠纷和争端时，可通过协商、第三者调解、国际仲裁等方式甚至通过起诉寻求法律解决。无论采取何种解决方式，都要以合同规定的有关条款为依据。

还应当看到，世界各国由于政治、经济条件的差异，形成了不同的法律制度。各国为了维护自己的利益，从法律上加强了对微观经济的控制。为了解决国际经济交往中的法律冲突，国际经济组织和国与国之间的"公约"、"条约"、"合约"等不断增多，众多的法律规定（国内法、国际公法、国际私法等）为涉外企业的国际交往规定了法律范围及界限。涉外企业经营者面临繁杂的法律环境，自己的经济行为不仅要符合本国的法律规定，而且要符合异国的有关法律规定。如发生纠纷，还要寻求通过国际法律解决问题的途径，这就涉及采用何国的法律和哪种法律为解决问题的依据，从而产生了复杂的法律适用问题。这与国内当事双方解决纠纷有着明显的不同。涉外城市水工程的当事人不仅要保证自身行为的合法性，避免因触犯有关法律而导致重大损失；而且要防止外来非法侵害，依法维护自身利益。

(4) 风险性

涉外城市水工程活动是国际间复杂的商业性交易活动，与国际政治、经济环境与形势密切相关，环境和市场的变化会严重影响到有关国际工程业务的成败。因此在涉外城市水工程中必须对可能的风险加以估计、预测和分析。对于像经济危机、通货膨胀及货币贬值、战争或动乱的影响、所在国的政局变化以及紧缩投资与削减或停止计划的可能性等，均需通过调查研究，及时掌握信息和进行科学的分析与预测，为决策提供依据。在工程实施过程中，也应随时注意了解、掌握有关方面的发展势态，及时采取措施，以避免或减少损失。

(5) 有关业务活动应遵循国际上通行的程序与做法

由于各国间政治、经济制度的差异和国际环境的复杂性，涉外城市水工程业务活动必须遵循长期以来形成的、为世界许多国家普遍接受的一套通行的程序与做法。它与我国习用的做法有许多不同之处。例如，在工程估价和投标报价方面，定额与标准或项目划分与计算等均有所不同。又如，涉外城市水工程承包中所必需的履约保证金或保函、保留金（留置金）以及施工进度常见的索赔和竣工后的维修期等，过去国内工程基本上不考虑。此外，诸如物资采购与供应、跨国运输所涉及的关税、报关与清关等一系列问题的发生与处理也与国内工程不同。

(6) 必须充分考虑不同国家各方面因素的差异性

由于涉外城市水工程涉及不同国家的企业和个人，因此，一个国家的地理环境、自然特点、历史和社会背景，国家间的政治、经济、法律和文化关系以及不同国家和民族在语言、宗教和习俗方面的差异等，都会在涉外城市水工程业务中发生影响。有关人员对这类不同国家间的差异应有充分的认识，并善于防止和处理由此而产生的问题。

(7) 对工程要求严格

与国内工程相比，在工程质量、进度或费用方面，涉外城市水工程的要求更为严格。例如涉外城市水工程中一般采用体现较高技术水平的、国际常用的技术规范或标准；承包商在工程实施的过程中，始终受到项目法人方面或监理工程师的严格监督与控制以及合同的制约。承包商延误进度将受到处罚；质量不合格需要返工或补救并承担由此造成的损失和责任；竣工后以维修期及保留金作为保证措施等。因此，涉外城市水工程承包商必须具有较强的技术力量、施工设备和手段、组织与管理水平以及熟悉国际工程业务，才能适应涉外城市水工程的要求。

12.1.2 利用外资

由于涉外城市水工程是指利用外资在中国境内建设的城市水工程，有必要研究利用外资问题。利用外资的方式主要有3种。

1. 吸收国外投资

这种方式不形成债务，不需要还本付息。外商投入资金形成项目资本金。外商作为项目法人股东，享有股东的权利和承担相应的义务。成立项目法人时，应按《中华人民共和国合资经营企业法》、《中华人民共和国合作经营企业法》等法律规定执行，设立的项目法人属中国法人。吸收外商投资建设城市水工程，要求有良好的投资环境，并符合1995年6月20日国家计委、经贸委、外贸部联合发布的《指导外商投资方向暂行规定》和《外商投资产业指导目标》，一般情况下较难取得。

2. 借用国外资金

这种方式要形成债务，需要按期还本付息，主要渠道有：

(1) 国际金融组织贷款。

国际金融组织的宗旨是为成员国或某些非成员国的经济发展提供资金和技术援助，主要对象是发展中国家和经济不发达地区。向我国提供贷款的国际金融组织有：国际复兴开发银行（International Bank for Reconstruction and Development IBRD）、国际开发协会（International Development Association IDA）、国际金融公司（International Finance Cooperation IFC）、国际货币基金组织（International Money Fund IMF）、亚洲开发银行（Asian Development Bank ADB）等。国际金融组织的贷款，还款期限长，利率较低，是我国政府大力提倡的一条重要渠道。

在贷款中，一般采用浮动利率。浮动利率通常由银行信贷业务利率确定。在国际银行信贷业务中，常用的利率有三种：英国银行间同业拆放利率（London Inter-Bank Offered Rate LIBOR）、新加坡银行间同业拆放利率（Singapore Inter-Bank Offered Rate SIBOR）和香港银行间同业拆放利率（HongKong Inter-Bank Offered Rate HIBOR），其中以 LIBOR 最为重要。

（2）外国政府贷款。

这种贷款是借款国政府利用国库资金提供的一种优惠贷款，具有赠款和双边经济援助的性质。目前，已有近 20 个国家向我国提供这种贷款，如日本政府向我国提供过三类政府贷款，包括日本海外协力基金贷款、日本能源贷款和黑字还流贷款。

政府贷款使用范围比较灵活，限制较小，只要是双方共同感兴趣的项目都可使用这种贷款；在贷款使用上，除日元贷款、科威特政府贷款采用国际招标选购设备外，其他国家政府贷款，借用哪一国贷款必须购买哪个国家的设备；总的来说，这种贷款的条件比较优惠。

政府混合贷款的利率中要用到经济合作与发展组织（Organization for Economic Co-operation and Development OECD）规定的利率，也是浮动利率。

政府贷款和后面要介绍的出口信贷合称政府混合贷款，其中政府贷款一般占混合贷款的 40%~50%。

（3）商业贷款。

商业贷款最大的优点是灵活，不受采购要求的限制。我国承办对外商业贷款的对外窗口是：中国银行、交通银行、中国国际信托投资公司、中国投资银行、广东国际信托投资公司、福建投资企业公司、海南国际信托投资公司、天津国际信托投资公司、大连国际信托投资公司。

商业贷款利率高、还款期限短，国家政策上要求要尽量少用商业贷款，争取多用优惠的国际金融组织和政府贷款。国务院为此于 1989 年专门发出《关于加强商业贷款管理的通知》。

（4）出口信贷。

这种信贷是出口国的官方金融机构或其政府给予补贴的商业银行，以优惠利率向本国出口商、外国进口商银行或进口商提供的信贷。其目的是为了扶持和鼓励本国商品特别是大型成套设备的出口。工业国家为了协调彼此的信贷政策，1976 年在经济合作与发展组织内就贷款期限和利率等问题达成了一项相互约束的协议，即出口信贷的"君子协定"。

根据贷款对象的不同，出口信贷分为卖方信贷和买方信贷。卖方信贷，即出口方银行向本国出口商提供的信贷，也就是通常所说的用延期付款形式进口设备。买方信贷，即由出口方银行向进口方银行或进口商提供的信贷，限于购买出口国的货物，并规定有最低使用限额。

3. 其他方式

(1) 国际补偿贸易。

我国所指的补偿贸易的概念是：在信贷的基础上，由国外厂商提供机器、设备、技术或劳务等。我国企业不以现汇支付，而以设备安装后生产出来的产品或双方商定的其他办法偿还赊购机器设备的价款。

补偿贸易按补偿产品方式不同分为三种类型：直接补偿，也称产品返销（Product buy back），具体内容是设备的进口方用引进的设备直接生产的产品，分期偿还合同价款；间接补偿，也称商品换购（Counter purchase），一般适用于进口的机器设备或技术并不生产有形的产品，或生产的有形产品对方并不需要，或进口机器设备的一方国内有较大的需要，经双方协商，也可以由进口机器设备一方承诺分期供应一种或几种其他产品作为补偿；综合补偿，指的是进口设备的一方，一部分用直接产品偿还进口设备价款，一部分用间接产品偿还，有时还可以用部分产品和部分现汇偿还进口设备价款。

(2) 国际租赁。

租赁是指出租人把某种物品出租给承租人在一定期限内使用，承租人按合同规定分期付给出租人一定的租金。国际租赁主要是指不同国籍当事人之间的租赁。国际租赁的历史较短，20世纪50年代初起源于美国，后发展到欧洲和日本等。1980年以后，我国国际租赁业务逐渐发展，先后成立了中国东方租赁公司、国际租赁公司、环球租赁公司等中外合资大型国际租赁机构。中国国际信托投资公司、中国银行等专业银行也经营租赁业务。

(3) 对外加工装配。

包括国外来料加工与国外来件装配两个方面。国外来料加工，指由外商提供全部或部分原料、材料和辅料及包装物料，必要时也提供设备和技术，我国企业按外商要求进行加工，成品交给外商，我方按合同规定收取加工费。国外来件装配，指由外商提供全部或关键零部件、元器件，必要时提供设备、技术，成品交给外商，我方按合同规定收取装配费。

利用外资时，要注意外汇风险（Foreign Exchange Exposure）防范，如采用合同中加列保值条款、选择好成交中的货币和货币结构、办理外汇期货买卖、提前或推迟外汇收付、选用欧洲货币单位（European Currency Unit ECU）和特别提款权（Special Drawing Rights SDR）等"一揽子货币"计价。

12.2 涉外城市水工程建设监理

涉外城市水工程的特点，决定了其监理工作的特殊性。

12.2.1 国家对涉外城市水工程建设监理的规定

1995年12月15日建设部和国家计委联合颁布的《建设工程监理规定》，对外资、中外合资和国外贷款、赠款、捐款建设的建设工程监理作了明确的规定：

1. 国外公司或社团组织在中国境内独立投资的工程项目建设，如果需要委托国外监理单位承担建设工程监理业务时，应当聘请中国监理单位参加，进行合作监理。

中国监理单位能够监理的中外合资的工程建设项目，应当委托中国监理单位监理。若有必要，可以委托与该工程项目建设有关的国外监理机构监理或者聘请监理顾问。

国外贷款的工程项目建设，原则上应由中国监理单位负责建设工程监理。如果贷款方要求国外监理单位参加的，应当与中国监理单位进行合作监理。

国外赠款、捐款建设的工程项目，一般由中国监理单位承担建设工程监理业务。

2. 外资、中外合资和国外贷款建设的工程项目的监理费用计取标准及付款方式参照国际惯例由双方协商解决。

以上规定，完全适用于涉外城市水工程的建设工程监理工作。

12.2.2 涉外城市水工程建设监理同非涉外城市水工程建设监理的比较

涉外城市水工程建设监理与非涉外城市水工程建设监理是两个不同的领域，它们既有相同之处，也有不同之处。

1. 两者的相同之处

涉外城市水工程建设监理的指导思想同非涉外城市水工程建设监理的指导思想是相同的，仍然是以项目目标管理——投资目标、质量目标及进度目标——为中心，通过目标规划与动态的目标控制，以使项目的目标尽可能好地实现。

在上述指导思想的指导下，为使涉外城市水工程投资目标、质量目标及进度目标尽可能好地实现，监理工程师亦需采用非涉外工程监理的方法和手段，通过对项目目标的动态控制，以使建设过程中项目目标的实际值同计划值相一致。也就是说，在涉外工程的监理工作中，监理工程师仍需制定监理规划，进行投资控制、质量控制、进度控制、合同管理及信息管理等工作，并协调好与项目建设有关各单位之间的关系。因此，从监理的指导思想、监理工作的目标、监理的职能等角度来看，涉外城市水工程建设监理与非涉外城市水工程建设监理是相同的，它们有着共同的规律性。

2. 两者的不同之处

虽然从监理工作的指导思想、监理的目标、监理的职能等角度来看，涉外城市水工程建设监理与非涉外城市水工程建设监理是相同的，而且，建设工程监理的一般规律、方法也是四海皆准的，但这并不能说明两者就是一回事。只有充分认识到涉外工程监理与非涉外工程监理的区别之处，才能真正了解涉外工程监理的内涵，从而把涉外城市水工程建设监理工作做好。

(1) 涉外工程的监理更加复杂

涉外工程的建设过程中，除原有的与项目建设有关的国内各单位外，还有国外的承包商、国外的资金提供者、国外银行等参加。在大量的货物进口过程中，还会遇到各国的货币及度量衡制度的不同、商业制度不同、海关制度及其他贸易法规不同、国际汇兑复杂、运输困难、风险及索赔技术不易把握等。这一切都决定了涉外城市水工程建设监理工作的复杂性。很显然，为使项目目标实现，监理工程师需要协调的因素增加，监理工作的困难性也就增加。

(2) 涉外工程监理的风险大

涉外工程监理工作中可能产生的风险有很多，尤其是信用风险、汇兑风险、运输风险、政治风险、商业风险等更加突出。以汇兑风险为例，涉外工程的建设过程中牵扯到大量的货物进口问题，同时也会牵扯到对承包商的货币支付问题，究竟采用哪种货币作为支付货币，便面临着汇兑风险的问题。同时，由于国际政治经济形势的复杂多变，也会给与国际政治经济形势息息相关的涉外工程的建设工作带来政治风险、信用风险、运输风险等。

(3) 涉外工程的监理对监理工程师提出了更高的要求

涉外工程在建设过程中会遇到许多非涉外工程的建设所面临不到的困难。如国外工程承包商进驻工地后，由于文化、风俗习惯、社会制度、语言不同，都会给监理工程师的工作带来诸多不便，从而也就对监理工程师提出了更高的要求。譬如，在涉外工程的监理工作中，要求监理工程师的外语水平要高，要掌握有关国际招标的程序及方法，要掌握国际建筑市场上的有关惯例，要掌握有关国际时事方面的知识。

复习思考题

1. 什么是涉外工程？什么是涉外城市水工程？
2. 涉外城市水工程有什么特点？
3. 我国利用外资的主要方式有哪些？
4. 国家对涉外城市水工程建设监理有什么专门规定？
5. 试比较涉外城市水工程建设监理与非涉外城市水工程建设监理的异同。

附 录

附录 I 《中华人民共和国建筑法》对工程监理的规定（摘录）

第四章 建筑工程监理

第三十条 国家推行建筑工程监理制度。

国务院可以规定实行强制监理的建筑工程的范围。

第三十一条 实行监理的建筑工程，由建设单位委托具有相应资质条件的工程监理单位监理。建设单位与其委托的工程监理单位应当订立书面委托监理合同。

第三十二条 建筑工程监理应当依照法律、行政法规及有关的技术标准、技术文件和建筑工程承包合同，对承包单位在施工质量、建设工期和建设资金使用等方面，代表建设单位实施监督。

工程监理人员认为工程施工不符合工程设计要求、施工技术标准和合同约定的，有权要求建筑施工企业改正。

工程监理人员发现工程设计不符合建筑工程质量标准或者合同约定的质量要求的，应当报告建设单位要求设计单位改正。

第三十三条 实施建筑工程监理前，建设单位应当将委托的工程监理单位、监理的内容及监理权限，书面通知被监理的建筑施工企业。

第三十四条 工程监理单位应当在其资质等级许可的监理范围内，承担工程监理业务。

工程监理单位应当根据建设单位的委托，客观、公正的执行监理任务。

工程监理单位与被监理工程的承包单位以及建筑材料、建筑构配件和设备供应单位不得有隶属关系或者其他利害关系。

工程监理单位不得转让工程监理业务。

第三十五条 工程监理单位不按照委托监理合同的约定履行监理业务，对应当监督检查的项目不检查或者不按照规定检查，给建设单位造成损失的，应当承担相应的赔偿责任。

工程监理单位与承包单位串通，为承包单位谋取非法利益，给建设单位造成损失的，应当与承包单位连带赔偿责任。

附录Ⅱ 工程监理企业资质管理规定

(2001年8月29日中华人民共和国建设部令第102号发布)

第一章 总　则

第一条 为了加强对工程监理企业资质管理，维护建筑市场秩序，保证建设工程的质量、进度和投资效益的发挥，根据《中华人民共和国建筑法》、《建设工程质量管理条例》，制定本规定。

第二条 在中华人民共和国境内申请工程监理企业资质，实施对工程监理企业资质管理，适用本规定。

第三条 工程监理企业应当按照其拥有的注册资本、专业技术人员和工程监理业绩等资质条件申请资质，经审查合格，取得相应等级的资质证书后，方可在其资质等级许可的范围内从事工程监理活动。

第四条 国务院建设行政主管部门负责全国工程监理企业资质的归口管理工作。国务院铁道、交通、水利、信息产业、民航等有关部门配合国务院建设行政主管部门实施相关资质类别工程监理企业资质的管理工作。

省、自治区、直辖市人民政府建设行政主管部门负责本行政区域内工程监理企业资质的归口管理工作。省、自治区、直辖市人民政府交通、水利、通信等有关部门配合同级建设行政主管部门实施相关资质类别工程监理企业资质的管理工作。

第二章　资质等级和业务范围

第五条 工程监理企业的资质等级分为甲级、乙级和丙级，并按照工程性质和技术特点划分为若干工程类别。

工程监理企业的资质等级标准如下：

（一）甲级

1．企业负责人和技术负责人应当具有15年以上从事工程建设工作的经历，企业技术负责人应当取得监理工程师注册证书；

2．取得监理工程师注册证书的人员不少于25人；

3．注册资本不少于100万元；

4．近3年内监理过5个以上二等房屋建筑工程项目或者3个以上二等专业工程项目。

（二）乙级

1．企业负责人和技术负责人应当具有10年以上从事工程建设工作的经历，企业技术负责人应当取得监理工程师注册证书；

2. 取得监理工程师注册证书的人员不少于15人；

3. 注册资本不少于50万元；

4. 近3年内监理过5个以上三等房屋建筑工程项目或者3个以上三等专业工程项目。

（三）丙级

1. 企业负责人和技术负责人应当具有8年以上从事工程建设工作的经历，企业技术负责人应当取得监理工程师注册证书；

2. 取得监理工程师注册证书的人员不少于5人；

3. 注册资本不少于10万元；

4. 承担过2个以上房屋建筑工程项目或者1个以上专业工程项目。

第六条 甲级工程监理企业可以监理经核定的工程类别中一、二、三等工程；乙级工程监理企业可以监理经核定的工程类别中二、三等工程；丙级工程监理企业可以监理经核定的工程类别中三等工程。

第七条 工程监理企业可以根据市场需求，开展家庭居室装修监理业务。具体管理办法另行规定。

第三章 资质申请和审批

第八条 工程监理企业应当向企业注册所在地的县级以上地方人民政府建设行政主管部门申请资质。

中央管理的企业直接向国务院建设行政主管部门申请资质，其所属的企业申请甲级资质的，由中央管理的企业向国务院建设行政主管部门申请，同时向企业注册所在地省、自治区、直辖市人民政府建设行政主管部门报告。

第九条 新设立的工程监理企业，到工商行政管理部门登记注册并取得企业法人营业执照后，方可到建设行政主管部门办理资质申请手续。

新设立的工程监理企业申请资质，应当向建设行政主管部门提供下列资料：

（一）工程监理企业资质申请表；

（二）企业法人营业执照；

（三）企业章程；

（四）企业负责人和技术负责人的工作简历、监理工程师注册证书等有关证明材料；

（五）工程监理人员的监理工程师注册证书；

（六）需要出具的其他有关证件、资料。

第十条 工程监理企业申请资质升级，除向建设行政主管部门提供本规定第九条所列资料外，还应当提供下列资料：

（一）企业原资质证书正、副本；

（二）企业的财务决算年报表；

(三)《监理业务手册》及已完成代表工程的监理合同、监理规划及监理工作总结。

第十一条 甲级工程监理企业资质,经省、自治区、直辖市人民政府建设行政主管部门审核同意后,由国务院建设行政主管部门组织专家评审,并提出初审意见;其中涉及铁道、交通、水利、信息产业、民航工程等方面工程监理企业资质的,由省、自治区、直辖市人民政府建设行政主管部门商同级有关专业部门审核同意后,报国务院建设行政主管部门,由国务院建设行政主管部门送国务院有关部门初审。国务院建设行政主管部门根据初审意见审批。

审核部门应当对工程监理企业的资质条件和申请资质提供的资料审查核实。

第十二条 乙、丙级工程监理企业资质,由企业注册所在地省、自治区、直辖市人民政府建设行政主管部门审批;其中交通、水利、通信等方面的工程监理企业资质,由省、自治区、直辖市人民政府建设行政主管部门征得同级有关部门初审同意后审批。

第十三条 申请甲级工程监理企业资质的,国务院建设行政主管部门每年定期集中审批1次。国务院建设行政主管部门应当在工程监理企业申请材料齐全后3个月内完成审批。由有关部门负责初审的,初审部门应当从收齐工程监理企业的申请材料之日起1个月内完成初审。国务院建设行政主管部门应当将审批结果通知初审部门。

国务院建设行政主管部门应当将经专家评审合格和国务院有关部门初审合格的甲级资质的工程监理企业名单及基本情况,在中国工程建设和建筑业信息网上公示。经公示后,对于工程监理企业符合资质标准的,予以审批,并将审批结果在中国工程建设和建筑业信息网上公告。

申请乙、丙级工程监理企业资质的,实行即时审批或者定期审批,由省、自治区、直辖市人民政府建设行政主管部门规定。

第十四条 新设立的工程监理企业,其资质等级按照最低等级核定,并设1年的暂定期。

第十五条 由于企业改制,或者企业分立、合并后组建设立的工程监理企业,其资质等级根据实际达到的资质条件,按照本规定的审批程序核定。

第十六条 工程监理企业申请晋升资质等级,在申请之日前1年内有下列行为之一的,建设行政主管部门不予批准:

(一)与建设单位或者工程监理企业之间相互串通投标,或者以行贿等不正当手段谋取中标的;

(二)与建设单位或者施工单位串通,弄虚作假、降低工程质量的;

(三)将不合格的建设工程、建筑材料、建筑构配件和设备按照合格签字的;

(四)超越本单位资质等级承揽监理业务的;

(五)允许其他单位或者个人以本单位的名义承揽工程的;

（六）转让工程监理业务的；

（七）因监理责任而发生过三级以上工程建设重大质量事故或者发生过两起以上四级工程建设质量事故的；

（八）其他违反法律法规的行为。

第十七条 工程监理企业资质条件符合资质等级标准，且未发生本规定第十六条所列行为的，建设行政主管部门颁发相应资质等级的《工程监理企业资质证书》。

《工程监理企业资质证书》分为正本和副本，由国务院建设行政主管部门统一印制，正、副本具有同等法律效力。

第十八条 任何单位和个人不得涂改、伪造、出借、转让《工程监理企业资质证书》；不得非法扣压、没收《工程监理企业资质证书》。

第十九条 工程监理企业在领取新的《工程监理企业资质证书》的同时，应当将原资质证书交回原发证机关予以注销。

工程监理企业因破产、倒闭、撤销、歇业的，应当将资质证书交回原发证机关予以注销。

第四章 监督管理

第二十条 县级以上人民政府建设行政主管部门和其他有关部门应当加强对工程监理企业资质的监督管理。

禁止任何部门采取法律、行政法规规定以外的其他资信、许可等建筑市场准入限制。

第二十一条 建设行政主管部门对工程监理企业资质实行年检制度。

甲级工程监理企业资质，由国务院建设行政主管部门负责年检；其中铁道、交通、水利、信息产业、民航等方面的工程监理企业资质，由国务院建设行政主管部门会同国务院有关部门联合年检。

乙、丙级工程监理企业资质，由企业注册所在地省、自治区、直辖市人民政府建设行政主管部门负责年检；其中交通、水利、通信等方面的工程监理企业资质，由建设行政主管部门会同同级有关部门联合年检。

第二十二条 工程监理企业资质年检按照下列程序进行：

（一）工程监理企业在规定时间内向建设行政主管部门提交《工程监理企业资质年检表》、《工程监理企业资质证书》、《监理业务手册》以及工程监理人员变化情况及其他有关资料，并交验《企业法人营业执照》。

（二）建设行政主管部门会同有关部门在收到工程监理企业年检资料后40日内，对工程监理企业资质年检作出结论，并记录在《工程监理企业资质证书》副本的年检记录栏内。

第二十三条 工程监理企业资质年检的内容，是检查工程监理企业资质条件是否符合资质等级标准，是否存在质量、市场行为等方面的违法违规行为。

工程监理企业年检结论分为合格、基本合格、不合格三种。

第二十四条 工程监理企业资质条件符合资质等级标准，且在过去1年内未发生本规定第十六条所列行为的，年检结论为合格。

第二十五条 工程监理企业资质条件中监理工程师注册人员数量、经营规模未达到资质标准，但不低于资质等级标准的80％，其他各项均达到标准要求，且在过去1年内未发生本规定第十六条所列行为的，年检结论为基本合格。

第二十六条 有下列情形之一的，工程监理企业的资质年检结论为不合格：

（一）资质条件中监理工程师注册人员数量、经营规模的任何一项未达到资质等级标准的80％，或者其他任何一项未达到资质等级标准；

（二）有本规定第十六条所列行为之一的。

已经按照法律、法规的规定予以降低资质等级处罚的行为，年检中不再重复追究。

第二十七条 工程监理企业资质年检不合格或者连续两年基本合格的，建设行政主管部门应当重新核定其资质等级。新核定的资质等级应当低于原资质等级，达不到最低资质等级标准的，取消资质。

第二十八条 工程监理企业连续两年年检合格，方可申请晋升上一个资质等级。

第二十九条 降级的工程监理企业，经过1年以上时间的整改，经建设行政主管部门核查确认，达到规定的资质标准，且在此期间内未发生本规定第十六条所列行为的，可以按照本规定重新申请原资质等级。

第三十条 在规定时间内没有参加资质年检的工程监理企业，其资质证书自行失效，且1年内不得重新申请资质。

第三十一条 工程监理企业遗失《工程监理企业资质证书》，应当在公众媒体上声明作废。其中甲级监理企业应当在中国工程建设和建筑业信息网上声明作废。

第三十二条 工程监理企业变更名称、地址、法定代表人、技术负责人等，应当在变更后1个月内，到原资质审批部门办理变更手续。其中由国务院建设行政主管部门审批的企业除企业名称变更由国务院建设行政主管部门办理外，企业地址、法定代表人、技术负责人的变更委托省、自治区、直辖市人民政府建设行政主管部门办理，办理结果向国务院建设行政主管部门备案。

第五章 罚 则

第三十三条 以欺骗手段取得《工程监理企业资质证书》承揽工程的，吊销资质证书，处合同约定的监理酬金1倍以上2倍以下的罚款；有违法所得的，予以没收。

第三十四条 未取得《工程监理企业资质证书》承揽监理业务的，予以取缔，处合同约定的监理酬金1倍以上2倍以下的罚款；有违法所得的，予以没收。

第三十五条 超越本企业资质等级承揽监理业务的，责令停止违法行为，处合同约定的监理酬金1倍以上2倍以下的罚款；可以责令停业整顿，降低资质等级；情节严重的，吊销资质证书；有违法所得的，予以没收。

第三十六条 转让监理业务的，责令改正，没收违法所得，处合同约定的监理酬金25%以上50%以下的罚款；可以责令停业整顿，降低资质等级；情节严重的，吊销资质证书。

第三十七条 工程监理企业允许其他单位或者个人以本企业名义承揽监理业务的，责令改正，没收违法所得，处合同约定的监理酬金1倍以上2倍以下的罚款；可以责令停业整顿，降低资质等级；情节严重的，吊销资质证书。

第三十八条 有下列行为之一的，责令改正，处50万元以上100万元以下的罚款，降低资质等级或者吊销资质证书；有违法所得的，予以没收；造成损失的，承担连带赔偿责任：

（一）与建设单位或者施工单位串通，弄虚作假、降低工程质量的；

（二）将不合格的建设工程、建筑材料、建筑构配件和设备按照合格签字的。

第三十九条 工程监理单位与被监理工程的施工承包单位以及建筑材料、建筑构配件和设备供应单位有隶属关系或者其他利害关系承担该项建设工程的监理业务的，责令改正，处5万元以上10万元以下的罚款，降低资质等级或者吊销资质证书；有违法所得的，予以没收。

第四十条 本规定的责令停业整顿、降低资质等级和吊销资质证书的行政处罚，由颁发资质证书的机关决定；其他行政处罚，由建设行政主管部门或者其他有关部门依照法定职权决定。

第四十一条 资质审批部门未按照规定的权限和程序审批资质的，由上级资质审批部门责令改正，已审批的资质无效。

第四十二条 从事资质管理的工作人员在资质审批和管理工作中玩忽职守、滥用职权、徇私舞弊的，依法给予行政处分；构成犯罪的，依法追究刑事责任。

第六章 附 则

第四十三条 省、自治区、直辖市人民政府建设行政主管部门可以根据本规定制定实施细则，并报国务院建设行政主管部门备案。

第四十四条 本规定由国务院建设行政主管部门负责解释。

第四十五条 本规定自发布之日起施行。1992年1月18日建设部颁布的《工程建设工程监理单位资质管理试行办法》（建设部令第16号）同时废止。

附：工程类别及等级

附： **工程类别及等级**

序号	工程类别		一 等	二 等	三 等
一	房屋建筑工程	一般房屋建筑工程	28层以上；36米跨度以上（轻钢结构除外）；单项工程建筑面积30000平方米以上	14~28层；24~36米跨度（轻钢结构除外）；单项工程建筑面积10000~30000平方米	14层以下；24米跨度以下（轻钢结构除外）；单项工程建筑面积10000平方米以下
		高耸构筑工程	高度120米以上	高度70~120米	高度70米以下
		住宅小区工程	建筑面积12万平方米以上	建筑面积6万~12万平方米	建筑面积6万平方米以下
二	冶炼工程	钢铁冶炼、连铸	年产100万吨以上或单座高炉炉容1000立方米以上或单座公称容量转炉50吨以上或电炉50吨以上	年产100万吨以下或单座高炉炉容1000立方米以下或单座公称容量转炉50吨以下或电炉50吨以下	
		轧钢工程	年产25万吨以上或装备连续、半连续轧机	年产25万吨以下	
		炼焦工程	年产50万吨以上或碳化室高度4.3米以上	年产50万吨以下或碳化室高度4.3米以下	
		烧结工程	单台烧结机90平方米以上	单台烧结机90平方米以下	
		制氧工程	小时制氧10000立方米以上	小时制氧10000立方米以下	
		氧化铝加工工程	年产30万吨以上	年产10万~30万吨	年产10万吨以下
		有色金属冶炼、电解	年产10万吨以上	年产5万~10万吨	年产5万吨以下
		有色金属加工工程	年产3万吨以上	年产1万~3万吨	年产1万吨以下
		水泥工程	日产2000吨以上	日产1000~2000吨	日产1000吨以下
		浮法玻璃工程	日熔量400吨以上	日熔量300~400吨	日熔量300吨以下
三	矿山工程	井工矿工程	年产120万吨以上	年产45万~120万吨	年产45万吨以下
		洗选煤工程	年产120万吨以上	年产45万~120万吨	年产45万吨以下
		立井井筒工程	深度800米以上	深度300~800米	深度300米以下

续表

序号	工程类别		一 等	二 等	三 等
三	矿山工程	露天矿工程	年产400万吨以上	年产100万~400万吨	年产100万吨以下
		铁矿采、选工程	年产100万吨以上	年产60万~100万吨	年产60万吨以下
		黑色矿山采选工程	年产200万吨以上	年产60万~200万吨	年产60万吨以下
		有色砂矿采选工程	年产100万吨以上	年产60万~100万吨	年产60万吨以下
		有色脉矿采、选工程	年产60万吨以上	年产30万~60万吨	年产30万吨以下
		磷矿、硫铁矿工程	年产60万吨以上	年产30万~60万吨	年产30万吨以下
		铀矿工程	年产30万吨以上	年产20万~30万吨	年产20万吨以下
		石膏矿、石英矿工程	年产20万吨以上	年产10万~20万吨	年产10万吨以下
		石灰石矿工程	年产70万吨以上	年产40万~70万吨	年产40万吨以下
四	化工、石油工程	炼油化工工业工程	原油处理能力在500万吨/年以上的一次加工及相应二次加工装置和后加工装置	原油处理能力在50万~500万吨/年的一次加工及相应二次加工装置和后加工装置	原油处理能力在50万吨/年以下的一次加工及相应二次加工装置和后加工装置
		油田工业工程	原油处理能力150万吨/年以上、天然气处理能力150万立方米/天以上、产能50万吨以上及配套设施	原油处理能力80万~150万吨/年、天然气处理能力50万~150万立方米/天、产能30万~50万吨及配套设施	原油处理能力80万吨/年以下、天然气处理能力50万立方米/天以下、产能30万吨以下及配套设施
		输油气管道工程	100千米以上	30千米~100千米	30千米以下
		储油气容器设备安装工程	压力容器8MPa以上；大型油气储罐10万立方米/台以上	压力容器1~8MPa；大型油气储罐1万~10万立方米/台	压力容器1MPa以下；大型油气储罐1万立方米/台以下
		乙烯工程	年产30万吨以上	年产11万~30万吨	年产11万吨以下
		合成橡胶、合成树脂及塑料和化纤	年产4万吨以上	年产2万~4万吨	年产2万吨以下

续表

序号	工程类别		一等	二等	三等
四	化工、石油工程	有机原料、农药、染料	投资额2亿元以上	投资额1亿~2亿元	投资额1亿元以下
		轮胎工程	年产30万套以上	年产20万~30万套	年产20万套以下
		制酸工业工程	年产硫酸16万吨以上	年产硫酸8万~16万吨	年产硫酸8万吨以下
		制碱工程	年产烧碱5万吨以上；年产纯碱40万吨以上	年产烧碱2万~5万吨；年产纯碱20万~40万吨	年产烧碱2万吨以下；年产纯碱20万吨以下
		化肥工业工程	年产20万吨以上合成氨及相应后加工装置；年产24万吨以上磷氨工程	年产8万~20万吨合成氨及相应后加工装置；年产12万~24万吨磷氨工程	年产8万吨以下合成氨及相应后加工装置；年产12万吨以下磷氨工程
五	水利水电工程	水库工程	总库容1亿立方米以上	总库容1千万~1亿立方米	总库容1000万立方米以下
		运河工程	流域面积1万平方千米以上	流域面积1000~10000平方千米	流域面积1000平方千米以下
		水利发电站工程	总装机容量250MW以上	总装机容量25~250MW	总装机容量25MW以下
六	电力工程	火力发电站工程	单机容量30万千瓦以上	单机容量5万~30万千瓦	单机容量5万千瓦以下
		核力发电站工程	核电站		
		输变电工程	330千伏以上	220~330千伏	220千伏以下
七	林业及生态工程	林业局（场）总体工程	面积35万公顷以上	面积35万公顷以下	
		林产工业工程	投资额5000万元以上	投资额5000万元以下	
		生态建设工程	投资额3000万元以上	投资额3000万元以下	
八	铁路工程	铁路综合工程	新建、改建一级干线，单线铁路40千米以上；双线30千米以上及枢纽	新建、改建一级干线，单线铁路40千米以下；双线30千米以下，二级干线及站线	专用线、专用铁路

续表

序号	工程类别		一 等	二 等	三 等
八	铁路工程	铁路桥梁工程	桥长500米以上	桥长100~500米	桥长100米以下
		铁路隧道工程	单线3000米以上，双线1500米以上	单线2000~3000米，双线1000~1500米	单线2000米以下，双线1000米以下
		铁路通信信号、电力电气化工程	新建、改建铁路（含枢纽，配、变电所，分区亭）单双线2000米及以上	新建、改建铁路（不含枢纽，配、变电所，分区亭）单双线2000米及以下	
九	公路工程	公路工程	高速公路；一级公路	高速公路路基；一级公路	二级公路及以下各级公路
		公路桥梁工程	独立大桥工程；特大桥总长500米以上或单跨跨径100米以上	大桥总长100~500米或单跨跨径40~100米	中桥及以下桥梁工程总长100米以下或单跨跨径40米以下
		公路隧道工程	长度3000米以上	长度250~3000米	长度250米以下
		交通工程	通讯、监控、收费等公路机电工程；高速公路环保工程	标志、标线、护栏、护网、反光路标、轮廓标、防眩设施等公路交通安全设施；一级公路环保工程	二级公路及以下各级公路的标志、标线等公路交通安全设施；二级公路及以下各级公路环保工程
十	港口与航道工程	港口年吞吐能力	海港：杂货150万吨以上，散货300万吨以上；河港：杂货250万吨以上，散货300万吨以上	海港：杂货100万~150万吨，散货200万~300万吨；河港：杂货200万~250万吨，散货250~300万吨	海港：杂货100万吨以下，散货200万吨以下；河港：杂货200万吨以下，散货250万吨以下
		码头吨位	海港：2.5万吨级以上码头；河港：5000吨级以上码头	海港：1万~2万吨级码头；河港：1000~5000吨级码头	海港：5000吨级以下码头；河港：500吨级以下码头
		航道、疏浚	通航万吨级以上船舶的沿海复杂航道；通航1000吨级以上船舶的内河航运工程项目	通航万吨级以上船舶的沿海及长江干线航道；通航300~1000吨级船舶的内河航运工程项目	通航万吨级以下船舶的沿海航道；通航300吨级以下船舶的内河航运工程项目
		投资额	投资额在8000万元以上的其他水运工程项目（指建安费）	投资额在5000万~8000万元的其他水运工程项目（指建安费）	投资额在5000万元以下的其他水运工程项目（指建安费）

续表

序号	工程类别		一 等	二 等	三 等
十一	航天航空工程	民用机场工程、风洞工程	飞行区指标为4E及以上，大型跨音速、超音速风洞及特种风洞	飞行区指标为4D，中型跨音速、超音速风洞及特种风洞	飞行区指标为4C及以下，低速风洞及各类小型风洞
		航空专用试验设备工程	大型整机、系统模拟试验设备工程	大型部件模拟试验设备、整机试验设备工程	中、小型模拟试验设备、部件试验设备工程
		航天器及运载工具总装车间，发射试验装置工程	研制、生产航天飞行器、运载火箭、大型动力装置等基地	总体设计部（所），总装厂，发动机、控制系统、惯性器件、地面设备及大型试验台、试车台等综合性建设项目	各类试验室、计算中心、仿真中心、地面测控站、研究用房和试制生产车间等单项工程
十二	通信工程	有线、无线传输通信工程，卫星、综合布线	省际通信、信息网络工程	省内通信、信息网络工程	地、市以下通信、信息网络工程
		邮政、电信、广播枢纽及交换工程	省会城市邮政、电信枢纽	地市级城市邮政、电信枢纽	县级邮政、电信枢纽
		发射台工程	总发射功率500千瓦以上短波或600千瓦以上中波发射台；高度200米以上广播电视发射台	总发射功率150千瓦～500千瓦短波或200千瓦～600千瓦中波发射台；高度100～200米广播电视发射台	总发射功率150千瓦以下短波或200千瓦以下中波发射台；高度100米以下广播电视发射台
十三	市政公用工程	城市道路工程	各类市政公用工程（地铁、轻轨单独批）	各类城市道路、单孔跨径20～40米桥梁；500万～3000万元的隧道工程	城市道路（不含快速路）、单孔跨径20米以下的桥梁；500万元以下的隧道工程
		给水排水建筑安装工程		2万～10万吨/日的给水厂；1万～5万吨/日污水处理工程；0.5～3立方米/秒的给水、污水泵站；1～5立方米/秒的雨水泵站；各类给排水管道工程	2万吨/日以下的给水厂；1万吨/日以下污水处理工程；0.5立方米/秒以下的给水、污水泵站；1立方米/秒以下的雨水泵站；直径1米以下的给水管道；直径1.5米以下的污水管道

续表

序号	工程类别		一 等	二 等	三 等
十三	市政公用工程	热力及燃气建筑安装工程		总储存容积500~1000立方米液化气贮罐场（站）；供气规模5万~15万立方米/日的燃气工程；中压以下的燃气管道、调压站；供热面积50万~150万平方米的热力工程	总储存容积500立方米以下液化气贮罐场（站）；供气规模5万立方米/日以下的燃气工程；2公斤/平方厘米以下的中压、低压管道、调压站；供面积50万平方米以下的热力工程
		垃圾处理		各类城市生活垃圾工程	生活垃圾转运站
十四	机电安装工程		各类一般工业、公用工程及公共建筑的机电安装工程	投资额3000万元以下的一般工业、公用工程及公共建筑的机电安装工程	

说明

1. 表中的"以上"含本数，"以下"不含本数；
2. 表中"机电安装工程"是指未列入前13项工程的机械、电子、轻工、纺织及其他工业机电安装工程；
3. 未列入本表中的国务院工业、交通、信息等部门的其他工程，由国务院有关工业、交通、信息等部门按照有关规定在相应的工程类别中划分等级。

附录Ⅲ 建设工程监理范围和规模标准规定

（2001年1月17日中华人民共和国建设部令第86号发布）

建设工程监理范围和规模标准规定

第一条 为了确定必须实行监理的建设工程项目具体范围和规模标准，规范建设工程监理活动，根据《建设工程质量管理条例》，制定本规定。

第二条 下列建设工程必须实行监理：

（一）国家重点建设工程；

（二）大中型公用事业工程；

（三）成片开发建设的住宅小区工程；

（四）利用外国政府或者国际组织贷款、援助资金的工程；

（五）国家规定必须实行监理的其他工程。

第三条 国家重点建设工程，是指依据《国家重点建设项目管理办法》所确定的对国民经济和社会发展有重大影响的骨干项目。

第四条 大中型公用事业工程，是指项目总投资额在 3000 万元以上的下列工程项目：

（一）供水、供电、供气、供热等市政工程项目；

（二）科技、教育、文化等项目；

（三）体育、旅游、商业等项目；

（四）卫生、社会福利等项目；

（五）其他公用事业项目。

第五条 成片开发建设的住宅小区工程，建筑面积在 5 万平方米以上的住宅建设工程必须实行监理；5 万平方米以下的住宅建设工程，可以实行监理，具体范围和规模标准，由省、自治区、直辖市人民政府建设行政主管部门规定。

为了保证住宅质量，对高层住宅及地基、结构复杂的多层住宅应当实行监理。

第六条 利用外国政府或者国际组织贷款、援助资金的工程范围包括：

（一）使用世界银行、亚洲开发银行等国际组织贷款资金的项目；

（二）使用国外政府及其机构贷款资金的项目；

（三）使用国际组织或者国外政府援助资金的项目。

第七条 国家规定必须实行监理的其他工程是指：

（一）项目总投资额在 3000 万元以上关系社会公共利益、公众安全的下列基础设施项目：

（1）煤炭、石油、化工、天然气、电力、新能源等项目；

（2）铁路、公路、管道、水运、民航以及其他交通运输业等项目；

（3）邮政、电信枢纽、通信、信息网络等项目；

（4）防洪、灌溉、排涝、发电、引（供）水、滩涂治理、水资源保护、水土保持等水利建设项目；

（5）道路、桥梁、地铁和轻轨交通、污水排放及处理、垃圾处理、地下管道、公共停车场等城市基础设施项目；

（6）生态环境保护项目；

（7）其他基础设施项目。

（二）学校、影剧院、体育场馆项目。

第八条 国务院建设行政主管部门商同国务院有关部门后，可以对本规定确定的必须实行监理的建设工程具体范围和规模标准进行调整。

第九条 本规定由国务院建设行政主管部门负责解释。

第十条 本规定自发布之日起施行。

附录Ⅳ 建设工程监理规范
GB 50319—2000

主编单位：中国建设监理协会
批准部门：中华人民共和国建设部

1 总　则

1.0.1 为了提高建设工程监理水平，规范建设工程监理行为，编制本规范。

1.0.2 本规范适用于新建、扩建、改建建设工程施工、设备采购和制造的监理工作。

1.0.3 实施建设工程监理前，监理单位必须与建设单位签订书面建设工程委托监理合同，合同中应包括监理单位对建设工程质量、造价、进度进行全面控制和管理的条款。建设单位与承包单位之间与建设工程合同有关的联系活动应通过监理单位进行。

1.0.4 建设工程监理应实行总监理工程师负责制。

1.0.5 监理单位应公正、独立、自主地开展监理工作，维护建设单位和承包单位的合法权益。

1.0.6 建设工程监理除应符合本规范外，还应符合国家现行的有关强制性标准、规范的规定。

2 术　语

项目监理机构　监理单位派驻工程项目负责履行委托监理合同的组织机构。

监理工程师　取得国家监理工程师执业资格证书并经注册的监理人员。

总监理工程师　由监理单位法定代表人书面授权，全面负责委托监理合同的履行、主持项目监理机构工作的监理工程师。

总监理工程师代表　经监理单位法定代表人同意，由总监理工程师书面授权，代表总监理工程师行使其部分职责和权力的项目监理机构中的监理工程师。

专业监理工程师　根据项目监理岗位职责分工和总监理工程师的指令，负责实施某一专业或某一方面的监理工作，具有相应监理文件签发权的监理工程师。

监理员　经过监理业务培训，具有同类工程相关专业知识，从事具体监理工作的监理人员。

监理规划　在总监理工程师的主持下编制、经监理单位技术负责人批准，用来指导项目监理机构全面开展监理工作的指导性文件。

监理实施细则　根据监理规划，由专业监理工程师编写，并经总监理工程师批准，针对工程项目中某一专业或某一方面监理工作的操作性文件。

工地例会　由项目监理机构主持的，在工程实施过程中针对工程质量、造价、进度、合同管理等事宜定期召开的、由有关单位参加的会议。

　　工程变更　在工程项目实施过程中，按照合同约定的程序对部分或全部工程在材料、工艺、功能、构造、尺寸、技术指标、工程数量及施工方法等方面做出的改变。

　　工程计量　根据设计文件及承包合同中关于工程量计算的规定，项目监理机构对承包单位申报的已完成工程的工程量进行的核验。

　　见证　由监理人员现场监督某工序全过程完成情况的活动。

　　旁站　在关键部位或关键工序施工过程中，由监理人员在现场进行的监督活动。

　　巡视　监理人员对正在施工的部位或工序在现场进行的定期或不定期的监督活动。

　　平行检验　项目监理机构利用一定的检查或检测手段，在承包单位自检的基础上，按照一定的比例独立进行检查或检测的活动。

　　设备监造　监理单位依据委托监理合同和设备订货合同对设备制造过程进行的监督活动。

　　费用索赔　根据承包合同的约定，合同一方因另一方原因造成本方经济损失，通过监理工程师向对方索取费用的活动。

　　临时延期批准　当发生非承包单位原因造成的持续性影响进度的事件，总监理工程师所作出暂时延长合同进度的批准。

　　延期批准　当发生非承包单位原因造成的持续性影响进度事件，总监理工程师所作出的最终延长合同进度的批准。

3　项目监理机构及其设施

3.1　项目监理机构

3.1.1　监理单位履行施工阶段的委托监理合同时，必须在施工现场建立项目监理机构。项目监理机构在完成委托监理合同约定的监理工作后可撤离施工现场。

3.1.2　项目监理机构的组织形式和规模，应根据委托监理合同规定的服务内容、服务期限、工程类别、规模、技术复杂程度、工程环境等因素确定。

3.1.3　监理人员应包括总监理工程师、专业监理工程师和监理员，必要时可配备总监理工程师代表。

　　总监理工程师应由具有三年以上同类工程监理工作经验的人员担任；总监理工程师代表应由具有二年以上同类工程监理工作经验的人员担任；专业监理工程师应由具有一年以上同类工程监理工作经验的人员担任。

　　项目监理机构的监理人员应专业配套、数量满足工程项目监理工作的需要。

3.1.4　监理单位应于委托监理合同签订后十天内将项目监理机构的组织形式、

人员构成及对总监理工程师的任命书面通知建设单位。当总监理工程师需要调整时，监理单位应征得建设单位同意并书面通知建设单位；当专业监理工程师需要调整时，总监理工程师应书面通知建设单位和承包单位。

3.2 监理人员的职责

3.2.1 一名总监理工程师只宜担任一项委托监理合同的项目总监理工程师工作。当需要同时担任多项委托监理合同的项目总监理工程师工作时，须经建设单位同意，且最多不得超过三项。

3.2.2 总监理工程师应履行以下职责：

1. 确定项目监理机构人员的分工和岗位职责；
2. 主持编写项目监理规划、审批项目监理实施细则，并负责管理项目监理机构的日常工作；
3. 审查分包单位的资质，并提出审查意见；
4. 检查和监督监理人员的工作，根据工程项目的进展情况可进行人员调配，对不称职的人员应调换其工作；
5. 主持监理工作会议，签发项目监理机构的文件和指令；
6. 审定承包单位提交的开工报告、施工组织设计、技术方案、进度计划；
7. 审核签署承包单位的申请、支付证书和竣工结算；
8. 审查和处理工程变更；
9. 主持或参与工程质量事故的调查；
10. 调解建设单位与承包单位的合同争议、处理索赔、审批工程延期；
11. 组织编写并签发监理月报、监理工作阶段报告、专题报告和项目监理工作总结；
12. 审核签认分部工程和单位工程的质量检验评定资料，审查承包单位的竣工申请，组织监理人员对待验收的工程项目进行质量检查，参与工程项目的竣工验收；
13. 主持整理工程项目的监理资料。

3.2.3 总监理工程师代表应履行以下职责：

1. 负责总监理工程师指定或交办的监理工作；
2. 按总监理工程师的授权，行使总监理工程师的部分职责和权力。

3.2.4 总监理工程师不得将下列工作委托总监理工程师代表：

1. 主持编写项目监理规划、审批项目监理实施细则；
2. 签发工程开工/复工报审表、工程暂停令、工程款支付证书、工程竣工报验单；

工程开工/复工报审表应符合附录A1表的格式；工程暂停令应符合附录B2表的格式；工程款支付证书应符合附录B3表的格式；工程竣工报验单应符合附录A10表的格式。

3. 审核签认竣工结算；
4. 调解建设单位与承包单位的合同争议、处理索赔、审批工程延期；
5. 根据工程项目的进展情况进行监理人员的调配，调换不称职的监理人员。

3.2.5 专业监理工程师应履行以下职责：
1. 负责编制本专业的监理实施细则；
2. 负责本专业监理工作的具体实施；
3. 组织、指导、检查和监督本专业监理员的工作，当人员需要调整时，向总监理工程师提出建议；
4. 审查承包单位提交的涉及本专业的计划、方案、申请、变更，并向总监理工程师提出报告；
5. 负责本专业分项工程验收及隐蔽工程验收；
6. 定期向总监理工程师提交本专业监理工作实施情况报告，对重大问题及时向总监理工程师汇报和请示；
7. 根据本专业监理工作实施情况做好监理日记；
8. 负责本专业监理资料的收集、汇总及整理，参与编写监理月报；
9. 核查进场材料、设备、构配件的原始凭证、检测报告等质量证明文件及其质量情况，根据实际情况认为有必要时对进场材料、设备、构配件进行平行检验，合格时予以签认；
10. 负责本专业的工程计量工作，审核工程计量的数据和原始凭证。

3.2.6 监理员应履行以下职责：
1. 在专业监理工程师的指导下开展现场监理工作；
2. 检查承包单位投入工程项目的人力、材料、主要设备及其使用、运行状况，并做好检查记录；
3. 复核或从施工现场直接获取工程计量的有关数据并签署原始凭证；
4. 按设计图及有关标准，对承包单位的工艺过程或施工工序进行检查和记录，对加工制作及工序施工质量检查结果进行记录；
5. 担任旁站工作，发现问题及时指出并向专业监理工程师报告；
6. 做好监理日记和有关的监理记录。

3.3 监理设施

3.3.1 建设单位应提供委托监理合同约定的满足监理工作需要的办公、交通、通讯、生活设施。项目监理机构应妥善保管和使用建设单位提供的设施，并应在完成监理工作后移交建设单位。

3.3.2 项目监理机构应根据工程项目类别、规模、技术复杂程度、工程项目所在地的环境条件，按委托监理合同的约定，配备满足监理工作需要的常规检测设备和工具。

3.3.3 在大中型项目的监理工作中，项目监理机构应实施监理工作的计算机辅助管理。

4 监理规划及监理实施细则

4.1 监理规划

4.1.1 监理规划的编制应针对项目的实际情况,明确项目监理机构的工作目标,确定具体的监理工作制度、程序、方法和措施,并应具有可操作性。

4.1.2 监理规划编制的程序与依据应符合下列规定:

1. 监理规划应在签订委托监理合同及收到设计文件后开始编制,完成后必须经监理单位技术负责人审核批准,并应在召开第一次工地会议前报送建设单位;

2. 监理规划应由总监理工程师主持、专业监理工程师参加编制;

3. 编制监理规划应依据:建设工程的相关法律、法规及项目审批文件;与建设工程项目有关的标准、设计文件、技术资料;监理大纲、委托监理合同文件以及与建设工程项目相关的合同文件。

4.1.3 监理规划应包括以下主要内容:

1. 工程项目概况;
2. 监理工作范围;
3. 监理工作内容;
4. 监理工作目标;
5. 监理工作依据;
6. 项目监理机构的组织形式;
7. 项目监理机构的人员配备计划;
8. 项目监理机构的人员岗位职责;
9. 监理工作程序;
10. 监理工作方法及措施;
11. 监理工作制度;
12. 监理设施。

4.1.4 在监理工作实施过程中,如实际情况或条件发生重大变化而需要调整监理规划时,应由总监理工程师组织专业监理工程师研究修改,按原报审程序经过批准后报建设单位。

4.2 监理实施细则

4.2.1 对中型及以上或专业性较强的工程项目,项目监理机构应编制监理实施细则。监理实施细则应符合监理规划的要求,并应结合工程项目的专业特点,做到详细具体、具有可操作性。

4.2.2 监理实施细则的编制程序与依据应符合下列规定:

1. 监理实施细则应在相应工程施工开始前编制完成,并必须经总监理工程师批准；

2. 监理实施细则应由专业监理工程师编制；

3. 编制监理实施细则的依据：

——已批准的监理规划；

——与专业工程相关的标准、设计文件和技术资料；

——施工组织设计。

4.2.3 监理实施细则应包括下列主要内容：

1. 专业工程的特点；

2. 监理工作的流程；

3. 监理工作的控制要点及目标值；

4. 监理工作的方法及措施。

4.2.4 在监理工作实施过程中，监理实施细则应根据实际情况进行补充、修改和完善。

5 施工阶段的监理工作

5.1 制定监理工作程序的一般规定

5.1.1 制定监理工作总程序应根据专业工程特点，并按工作内容分别制定具体的监理工作程序。

5.1.2 制定监理工作程序应体现事前控制和主动控制的要求。

5.1.3 制定监理工作程序应结合工程项目的特点，注重监理工作的效果。监理工作程序中应明确工作内容、行为主体、考核标准、工作时限。

5.1.4 当涉及到建设单位和承包单位的工作时，监理工作程序应符合委托监理合同和施工合同的规定。

5.1.5 在监理工作实施过程中，应根据实际情况的变化对监理工作程序进行调整和完善。

5.2 施工准备阶段的监理工作

5.2.1 在设计交底前，总监理工程师应组织监理人员熟悉设计文件，并对图纸中存在的问题通过建设单位向设计单位提出书面意见和建议。

5.2.2 项目监理人员应参加由建设单位组织的设计技术交底会，总监理工程师应对设计技术交底会议纪要进行签认。

5.2.3 工程项目开工前，总监理工程师应组织专业监理工程师审查承包单位报送的施工组织设计（方案）报审表，提出审查意见，并经总监理工程师审核、签认后报建设单位。施工组织设计（方案）报审表应符合附录A2表的格式。

5.2.4 工程项目开工前，总监理工程师应审查承包单位现场项目管理机构的质量管理体系、技术管理体系和质量保证体系，确能保证工程项目施工质量时予以确认。对质量管理体系、技术管理体系和质量保证体系应审核以下内容：

1．质量管理、技术管理和质量保证的组织机构；
　　2．质量管理、技术管理制度；
　　3．专职管理人员和特种作业人员的资格证、上岗证。

5.2.5 分包工程开工前，专业监理工程师应审查承包单位报送的分包单位资格报审表和分包单位有关资质资料，符合有关规定后，由总监理工程师予以签认。分包单位资格报审表应符合附录A3表的格式。

5.2.6 对分包单位资格应审核以下内容：
　　1．分包单位的营业执照、企业资质等级证书、特殊行业施工许可证、国外（境外）企业在国内承包工程许可证；
　　2．分包单位的业绩；
　　3．拟分包工程的内容和范围；
　　4．专职管理人员和特种作业人员的资格证、上岗证。

5.2.7 专业监理工程师应按以下要求对承包单位报送的测量放线控制成果及保护措施进行检查，符合要求时，专业监理工程师对承包单位报送的施工测量成果报验申请表予以签认：
　　1．检查承包单位专职测量人员的岗位证书及测量设备检定证书；
　　2．复核控制桩的校核成果、控制桩的保护措施以及平面控制网、高程控制网和临时水准点的测量成果。
　　施工测量成果报验申请表应符合附录A4表的格式。

5.2.8 专业监理工程师应审查承包单位报送的工程开工报审表及相关资料，具备以下开工条件时，由总监理工程师签发，并报建设单位：
　　1．施工许可证已获政府主管部门批准；
　　2．征地拆迁工作能满足工程进度的需要；
　　3．施工组织设计已获总监理工程师批准；
　　4．承包单位现场管理人员已到位，机具、施工人员已进场，主要工程材料已落实；
　　5．进场道路及水、电、通讯等已满足开工要求。

5.2.9 工程项目开工前，监理人员应参加由建设单位主持召开的第一次工地会议。

5.2.10 第一次工地会议应包括以下主要内容：
　　1．建设单位、承包单位和监理单位分别介绍各自驻现场的组织机构、人员及其分工；
　　2．建设单位根据委托监理合同宣布对总监理工程师的授权；
　　3．建设单位介绍工程开工准备情况；
　　4．承包单位介绍施工准备情况；
　　5．建设单位和总监理工程师对施工准备情况提出意见和要求；

6. 总监理工程师介绍监理规划的主要内容；

7. 研究确定各方在施工过程中参加工地例会的主要人员，召开工地例会周期、地点及主要议题。

5.2.11 第一次工地会议纪要应由项目监理机构负责起草，并经与会各方代表会签。

5.3 工地例会

5.3.1 在施工过程中，总监理工程师应定期主持召开工地例会。会议纪要应由项目监理机构负责起草，并经与会各方代表会签。

5.3.2 工地例会应包括以下主要内容：

1. 检查上次例会议定事项的落实情况，分析未完事项原因；
2. 检查分析工程项目进度计划完成情况，提出下一阶段进度目标及其落实措施；
3. 检查分析工程项目质量状况，针对存在的质量问题提出改进措施；
4. 检查工程量核定及工程款支付情况；
5. 解决需要协调的有关事项；
6. 其他有关事宜。

5.3.3 总监理工程师或专业监理工程师应根据需要及时组织专题会议，解决施工过程中的各种专项问题。

5.4 工程质量控制工作

5.4.1 在施工过程中，当承包单位对已批准的施工组织设计进行调整、补充或变动时，应经专业监理工程师审查，并应由总监理工程师签认。

5.4.2 专业监理工程师应要求承包单位报送重点部位、关键工序的施工工艺和确保工程质量的措施，审核同意后予以签认。

5.4.3 当承包单位采用新材料、新工艺、新技术、新设备时，专业监理工程师应要求承包单位报送相应的施工工艺措施和证明材料，组织专题论证，经审定后予以签认。

5.4.4 项目监理机构应对承包单位在施工过程中报送的施工测量放线成果进行复验和确认。

5.4.5 专业监理工程师应从以下五个方面对承包单位的试验室进行考核：

1. 试验室的资质等级及其试验范围；
2. 法定计量部门对试验设备出具的计量检定证明；
3. 试验室的管理制度；
4. 试验人员的资格证书；
5. 本工程的试验项目及其要求。

5.4.6 专业监理工程师应对承包单位报送的拟进场工程材料、构配件和设备的工程材料/构配件/设备报审表及其质量证明资料进行审核，并对进场的实物按照委托监理合同约定或有关工程质量管理文件规定的比例采用平行检验或见证取样方式进行抽检。

对未经监理人员验收或验收不合格的工程材料、构配件、设备，监理人员应拒绝签认，并应签发监理工程师通知单，书面通知承包单位限期将不合格的工程材料、构配件、设备撤出现场。

工程材料/构配件/设备报审表应符合附录 A9 表的格式；监理工程师通知单应符合附录 B1 表的格式。

5.4.7 项目监理机构应定期检查承包单位的直接影响工程质量的计量设备的技术状况。

5.4.8 总监理工程师应安排监理人员对施工过程进行巡视和检查。对隐蔽工程的隐蔽过程、下道工序施工完成后难以检查的重点部位，专业监理工程师应安排监理员进行旁站。

5.4.9 专业监理工程师应根据承包单位报送的隐蔽工程报验申请表和自检结果进行现场检查，符合要求予以签认。

对未经监理人员验收或验收不合格的工序，监理人员应拒绝签认，并要求承包单位严禁进行下一道工序的施工。

隐蔽工程报验申请表应符合附录 A4 表的格式。

5.4.10 专业监理工程师应对承包单位报送的分项工程质量验评资料进行审核，符合要求后予以签认；总监理工程师应组织监理人员对承包单位报送的分部工程和单位工程质量验评资料进行审核和现场检查，符合要求后予以签认。

5.4.11 对施工过程中出现的质量缺陷，专业监理工程师应及时下达监理工程师通知，要求承包单位整改，并检查整改结果。

5.4.12 监理人员发现施工存在重大质量隐患，可能造成质量事故或已经造成质量事故时，应通过总监理工程师及时下达工程暂停令，要求承包单位停工整改。整改完毕并经监理人员复查，符合规定要求后，总监理工程师应及时签署工程复工报审表。总监理工程师下达工程暂停令和签署工程复工报审表，宜事先向建设单位报告。

5.4.13 对需要返工处理或加固补强的质量事故，总监理工程师应责令承包单位报送质量事故调查报告和经设计单位等相关单位认可的处理方案，项目监理机构应对质量事故的处理过程和处理结果进行跟踪检查和验收。

总监理工程师应及时向建设单位及本监理单位提交有关质量事故的书面报告，并应将完整的质量事故处理记录整理归档。

5.5 工程造价控制工作

5.5.1 项目监理机构应按下列程序进行工程计量和工程款支付工作：

1. 承包单位统计经专业监理工程师质量验收合格的工程量，按施工合同的约定填报工程量清单和工程款支付申请表；

工程款支付申请表应符合附录 A5 表的格式。

　　2. 专业监理工程师进行现场计量，按施工合同的约定审核工程量清单和工程款支付申请表，并报总监理工程师审定；

　　3. 总监理工程师签署工程款支付证书，并报建设单位。

5.5.2 项目监理机构应按下列程序进行竣工结算：

　　1. 承包单位按施工合同规定填报竣工结算报表；

　　2. 专业监理工程师审核承包单位报送的竣工结算报表；

　　3. 总监理工程师审定竣工结算报表，与建设单位、承包单位协商一致后，签发竣工结算文件和最终的工程款支付证书报建设单位。

5.5.3 项目监理机构应依据施工合同有关条款、施工图，对工程项目造价目标进行风险分析，并应制定防范性对策。

5.5.4 总监理工程师应从造价、项目的功能要求、质量和进度等方面审查工程变更的方案，并宜在工程变更实施前与建设单位、承包单位协商确定工程变更的价款。

5.5.5 项目监理机构应按施工合同约定的工程量计算规则和支付条款进行工程量计量和工程款支付。

5.5.6 专业监理工程师应及时建立月完成工程量和工作量统计表，对实际完成量与计划完成量进行比较、分析，制定调整措施，并应在监理月报中向建设单位报告。

5.5.7 专业监理工程师应及时收集、整理有关的施工和监理资料，为处理费用索赔提供证据。

5.5.8 项目监理机构应及时按施工合同的有关规定进行竣工结算，并应对竣工结算的价款总额与建设单位和承包单位进行协商。当无法协商一致时，应按本规范第 6.5 节的规定进行处理。

5.5.9 未经监理人员质量验收合格的工程量，或不符合施工合同规定的工程量，监理人员应拒绝计量和该部分的工程款支付申请。

5.6　工程进度控制工作

5.6.1 项目监理机构应按下列程序进行工程进度控制：

　　1. 总监理工程师审批承包单位报送的施工总进度计划；

　　2. 总监理工程师审批承包单位编制的年、季、月度施工进度计划；

　　3. 专业监理工程师对进度计划实施情况检查、分析；

　　4. 当实际进度符合计划进度时，应要求承包单位编制下一期进度计划；当实际进度滞后于计划进度时，专业监理工程师应书面通知承包单位采取纠偏措施并监督实施。

5.6.2 专业监理工程师应依据施工合同有关条款、施工图及经过批准的施工组织设计制定进度控制方案，对进度目标进行风险分析，制定防范性对策，经总监理工程师审定后报送建设单位。

5.6.3 专业监理工程师应检查进度计划的实施,并记录实际进度及其相关情况,当发现实际进度滞后于计划进度时,应签发监理工程师通知单指令承包单位采取调整措施。当实际进度严重滞后于计划进度时应及时报总监理工程师,由总监理工程师与建设单位商定采取进一步措施。

5.6.4 总监理工程师应在监理月报中向建设单位报告工程进度和所采取进度控制措施的执行情况,并提出合理预防由建设单位原因导致的工程延期及其相关费用索赔的建议。

5.7 竣工验收

5.7.1 总监理工程师应组织专业监理工程师,依据有关法律、法规、工程建设强制性标准、设计文件及施工合同,对承包单位报送的竣工资料进行审查,并对工程质量进行竣工预验收。对存在的问题,应及时要求承包单位整改。整改完毕由总监理工程师签署工程竣工报验单,并应在此基础上提出工程质量评估报告。工程质量评估报告应经总监理工程师和监理单位技术负责人审核签字。

5.7.2 项目监理机构应参加由建设单位组织的竣工验收,并提供相关监理资料。对验收中提出的整改问题,项目监理机构应要求承包单位进行整改。工程质量符合要求,由总监理工程师会同参加验收的各方签署竣工验收报告。

5.8 工程质量保修期的监理工作

5.8.1 监理单位应依据委托监理合同约定的工程质量保修期监理工作的时间、范围和内容开展工作。

5.8.2 承担质量保修期监理工作时,监理单位应安排监理人员对建设单位提出的工程质量缺陷进行检查和记录,对承包单位进行修复的工程质量进行验收,合格后予以签认。

5.8.3 监理人员应对工程质量缺陷原因进行调查分析并确定责任归属,对非承包单位原因造成的工程质量缺陷,监理人员应核实修复工程的费用和签署工程款支付证书,并报建设单位。

6 施工合同管理的其他工作

6.1 工程暂停及复工

6.1.1 总监理工程师在签发工程暂停令时,应根据暂停工程的影响范围和影响程度,按照施工合同和委托监理合同的约定签发。

6.1.2 在发生下列情况之一时,总监理工程师可签发工程暂停令:
  1. 建设单位要求暂停施工,且工程需要暂停施工;
  2. 为了保证工程质量而需要进行停工处理;
  3. 施工出现了安全隐患,总监理工程师认为有必要停工以消除隐患;
  4. 发生了必须暂时停止施工的紧急事件;

5. 承包单位未经许可擅自施工,或拒绝项目监理机构管理。

6.1.3 总监理工程师在签发工程暂停令时,应根据停工原因的影响范围和影响程度,确定工程项目停工范围。

6.1.4 由于非承包单位且非6.1.2条中2、3、4、5款原因时,总监理工程师在签发工程暂停令之前,应就有关进度和费用等事宜与承包单位进行协商。

6.1.5 由于建设单位原因,或其他非承包单位原因导致工程暂停时,项目监理机构应如实记录所发生的实际情况。总监理工程师应在施工暂停原因消失,具备复工条件时,及时签署工程复工报审表,指令承包单位继续施工。

6.1.6 由于承包单位原因导致工程暂停,在具备恢复施工条件时,项目监理机构应审查承包单位报送的复工申请及有关材料,同意后由总监理工程师签署工程复工报审表,指令承包单位继续施工。

6.1.7 总监理工程师在签发工程暂停令到签发工程复工报审表之间的时间内,宜会同有关各方按照施工合同的约定,处理因工程暂停引起的与进度、费用等有关的问题。

6.2 工程变更的管理

6.2.1 项目监理机构应按下列程序处理工程变更:

1. 设计单位对原设计存在的缺陷提出的工程变更,应编制设计变更文件;建设单位或承包单位提出的工程变更,应提交总监理工程师,由总监理工程师组织专业监理工程师审查。审查同意后,应由建设单位转交原设计单位编制设计变更文件。当工程变更涉及安全、环保等内容时,应按规定经有关部门审定。

2. 项目监理机构应了解实际情况和收集与工程变更有关的资料。

3. 总监理工程师必须根据实际情况、设计变更文件和其他有关资料,按照施工合同的有关条款,在指定专业监理工程师完成下列工作后,对工程变更的费用和进度作出评估:

   1) 确定工程变更项目与原工程项目之间的类似程度和难易程度;
   2) 确定工程变更项目的工程量;
   3) 确定工程变更的单价或总价。

4. 总监理工程师应就工程变更费用及进度的评估情况与承包单位和建设单位进行协调。

5. 总监理工程师签发工程变更单。

   工程变更单应符合附录C2表的格式,并应包括工程变更要求、工程变更说明、工程变更费用和进度、必要的附件等内容,有设计变更文件的工程变更应附设计变更文件。

6. 项目监理机构应根据工程变更单监督承包单位实施。

6.2.2 项目监理机构处理工程变更应符合下列要求:

1. 项目监理机构在工程变更的质量、费用和进度方面取得建设单位授权后,应按施工合同规定与承包单位进行协商，经协商达成一致后，总监理工程师应将协商结果向建设单位通报，并由建设单位与承包单位在变更文件上签字；

  2. 在项目监理机构未能就工程变更的质量、费用和进度方面取得建设单位授权时，总监理工程师应协助建设单位和承包单位进行协商，并达成一致；

  3. 在建设单位和承包单位未能就工程变更的费用等方面达成协议时，项目监理机构应提出一个暂定的价格，作为临时支付工程进度款的依据。该项工程款最终结算时，应以建设单位和承包单位达成的协议为依据。

6.2.3 在总监理工程师签发工程变更单之前，承包单位不得实施工程变更。

6.2.4 未经总监理工程师审查同意而实施的工程变更，项目监理机构不得予以计量。

6.3 费用索赔的处理

6.3.1 项目监理机构处理费用索赔应依据下列内容：

  1. 国家有关的法律、法规和工程项目所在地的地方法规；

  2. 本工程的施工合同文件；

  3. 国家、部门和地方有关的标准、规范和定额；

  4. 施工合同履行过程中与索赔事件有关的凭证。

6.3.2 当承包单位提出费用索赔的理由同时满足以下条件时，项目监理机构应予以受理：

  1. 索赔事件造成了承包单位直接经济损失；

  2. 索赔事件是由于非承包单位的责任发生的；

  3. 承包单位已按照施工合同规定的期限和程序提出费用索赔申请表，并附有索赔凭证材料。

  费用索赔申请表应符合附录 A8 表的格式。

6.3.3 承包单位向建设单位提出费用索赔，项目监理机构应按下列程序处理：

  1. 承包单位在施工合同规定的期限内向项目监理机构提交对建设单位的费用索赔意向通知书；

  2. 总监理工程师指定专业监理工程师收集与索赔有关的资料；

  3. 承包单位在承包合同规定的期限内向项目监理机构提交对建设单位的费用索赔申请表；

  4. 总监理工程师初步审查费用索赔申请表，符合本规范第6.3.2条所规定的条件时予以受理；

  5. 总监理工程师进行费用索赔审查，并在初步确定一个额度后，与承包单位和建设单位进行协商；

  6. 总监理工程师应在施工合同规定的期限内签署费用索赔审批表，或在施工合同规定的期限内发出要求承包单位提交有关索赔报告的进一步详细资料的通知，待收到承包单位提交的详细资料后，按本条的第4、5、6款的程序进行。

费用索赔审批表应符合附录B6表的格式。

6.3.4 当承包单位的费用索赔要求与工程延期要求相关联时，总监理工程师在作出费用索赔的批准决定时，应与工程延期的批准联系起来，综合作出费用索赔和工程延期的决定。

6.3.5 由于承包单位的原因造成建设单位的额外损失，建设单位向承包单位提出费用索赔时，总监理工程师在审查索赔报告后，应公正地与建设单位和承包单位进行协商，并及时作出答复。

6.4 工程延期及工程延误的处理

6.4.1 当承包单位提出工程延期要求符合施工合同文件的规定条件时，项目监理机构应予以受理。

6.4.2 当影响进度事件具有持续性时，项目监理机构可在收到承包单位提交的阶段性工程延期申请表并经过审查后，先由总监理工程师签署工程临时延期审批表并通报建设单位。当承包单位提交最终的工程延期申请表后，项目监理机构应复查工程延期及临时延期情况，并由总监理工程师签署工程最终延期审批表。

工程延期申请表应符合附录A7表的格式；工程临时延期审批表应符合附录B4表的格式；工程最终延期审批表应符合附录B5表的格式。

6.4.3 项目监理机构在作出临时工程延期批准或最终的工程延期批准之前，均应与建设单位和承包单位进行协商。

6.4.4 项目监理机构在审查工程延期时，应依下列情况确定批准工程延期的时间：
1. 施工合同中有关工程延期的约定；
2. 进度拖延和影响进度事件的事实和程度；
3. 影响进度事件对进度影响的量化程度。

6.4.5 工程延期造成承包单位提出费用索赔时，项目监理机构应按本规范第6.3节的规定处理。

6.4.6 当承包单位未能按照施工合同要求的进度竣工交付造成进度延误时，项目监理机构应按施工合同规定从承包单位应得款项中扣除误期损害赔偿费。

6.5 合同争议的调解

6.5.1 项目监理机构接到合同争议的调解要求后应进行以下工作：
1. 及时了解合同争议的全部情况，包括进行调查和取证；
2. 及时与合同争议的双方进行磋商；
3. 在项目监理机构提出调解方案后，由总监理工程师进行争议调解；
4. 当调解未能达成一致时，总监理工程师应在施工合同规定的期限内提出处理该合同争议的意见；
5. 在争议调解过程中，除已达到了施工合同规定的暂停履行合同的条件之外，项目监理机构应要求施工合同的双方继续履行施工合同。

6.5.2 在总监理工程师签发合同争议处理意见后,建设单位或承包单位在施工合同规定的期限内未对合同争议处理决定提出异议,在符合施工合同的前提下,此意见应成为最后的决定,双方必须执行。

6.5.3 在合同争议的仲裁或诉讼过程中,项目监理机构接到仲裁机关或法院要求提供有关证据的通知后,应公正地向仲裁机关或法院提供与争议有关的证据。

6.6 合同的解除

6.6.1 施工合同的解除必须符合法律程序。

6.6.2 当建设单位违约导致施工合同最终解除时,项目监理机构应就承包单位按施工合同规定应得到的款项与建设单位和承包单位进行协商,并应按施工合同的规定从下列应得的款项中确定承包单位应得到的全部款项,并书面通知建设单位和承包单位:

1. 承包单位已完成的工程量表中所列的各项工作所应得的款项;
2. 按批准的采购计划订购工程材料、设备、构配件的款项;
3. 承包单位撤离施工设备至原基地或其他目的地的合理费用;
4. 承包单位所有人员的合理遣返费用;
5. 合理的利润补偿;
6. 施工合同规定的建设单位应支付的违约金。

6.6.3 由于承包单位违约导致施工合同终止后,项目监理机构应按下列程序清理承包单位的应得款项,或偿还建设单位的相关款项,并书面通知建设单位和承包单位:

1. 施工合同终止时,清理承包单位已按施工合同规定实际完成的工作所应得的款项和已经得到支付的款项;
2. 施工现场余留的材料、设备及临时工程的价值;
3. 对已完工程进行检查和验收、移交工程资料、该部分工程的清理、质量缺陷修复等所需的费用;
4. 施工合同规定的承包单位应支付的违约金;
5. 总监理工程师按照施工合同的规定,在与建设单位和承包单位协商后,书面提交承包单位应得款项或偿还建设单位款项的证明。

6.6.4 由于不可抗力或非建设单位、承包单位原因导致施工合同终止时,项目监理机构应按施工合同规定处理合同解除后的有关事宜。

7 施工阶段监理资料的管理

7.1 监理资料

7.1.1 施工阶段的监理资料应包括下列内容:

1. 施工合同文件及委托监理合同;
2. 勘察设计文件;

3. 监理规划；
4. 监理实施细则；
5. 分包单位资格报审表；
6. 设计交底与图纸会审会议纪要；
7. 施工组织设计（方案）报审表；
8. 工程开工/复工报审表及工程暂停令；
9. 测量核验资料；
10. 工程进度计划；
11. 工程材料、构配件、设备的质量证明文件；
12. 检查试验资料；
13. 工程变更资料；
14. 隐蔽工程验收资料；
15. 工程计量单和工程款支付证书；
16. 监理工程师通知单；
17. 监理工作联系单；
18. 报验申请表；
19. 会议纪要；
20. 来往函件；
21. 监理日记；
22. 监理月报；
23. 质量缺陷与事故的处理文件；
24. 分部工程、单位工程等验收资料；
25. 索赔文件资料；
26. 竣工结算审核意见书；
27. 工程项目施工阶段质量评估报告等专题报告；
28. 监理工作总结。

7.2 监理月报

7.2.1 施工阶段的监理月报应包括以下内容：

1. 本月工程概况；
2. 本月工程形象进度；
3. 工程进度：
1) 本月实际完成情况与计划进度比较；
2) 对进度完成情况及采取措施效果的分析。
4. 工程质量：
1) 本月工程质量情况分析；
2) 本月采取的工程质量措施及效果。

5．工程计量与工程款支付：
 1）工程量审核情况；
 2）工程款审批情况及月支付情况；
 3）工程款支付情况分析；
 4）本月采取的措施及效果。
6．合同其他事项的处理情况：
 1）工程变更；
 2）工程延期；
 3）费用索赔。
7．本月监理工作小结：
 1）对本月进度、质量、工程款支付等方面情况的综合评价；
 2）本月监理工作情况；
 3）有关本工程的意见和建议；
 4）下月监理工作的重点。

7.2.2 监理月报应由总监理工程师组织编制，签认后报建设单位和本监理单位。

7.3 监理工作总结

7.3.1 监理工作总结应包括以下内容：
 1．工程概况；
 2．监理组织机构、监理人员和投入的监理设施；
 3．监理合同履行情况；
 4．监理工作成效；
 5．施工过程中出现的问题及其处理情况和建议；
 6．工程照片（有必要时）。

7.3.2 施工阶段监理工作结束时，监理单位应向建设单位提交监理工作总结。

7.4 监理资料的管理

7.4.1 监理资料必须及时整理、真实完整、分类有序。

7.4.2 监理资料的管理应由总监理工程师负责，并指定专人具体实施。

7.4.3 监理资料应在各阶段监理工作结束后及时整理归档。

7.4.4 监理档案的编制及保存应按有关规定执行。

8 设备采购监理与设备监造

8.1 设备采购监理

8.1.1 监理单位应依据与建设单位签订的设备采购阶段的委托监理合同，成立由总监理工程师和专业监理工程师组成的项目监理机构。监理人员应专业配套、数量应满足监理工作的需要，并应明确监理人员的分工及岗位职责。

8.1.2 总监理工程师应组织监理人员熟悉和掌握设计文件对拟采购的设备的各

项要求、技术说明和有关的标准。

8.1.3 项目监理机构应编制设备采购方案，明确设备采购的原则、范围、内容、程序、方式和方法，并报建设单位批准。

8.1.4 项目监理机构应根据批准的设备采购方案编制设备采购计划，并报建设单位批准。采购计划的主要内容应包括采购设备的明细表、采购的进度安排、估价表、采购的资金使用计划等。

8.1.5 项目监理机构应根据建设单位批准的设备采购计划组织或参加市场调查，并应协助建设单位选择设备供应单位。

8.1.6 当采用招标方式进行设备采购时，项目监理机构应协助建设单位按照有关规定组织设备采购招标。

8.1.7 当采用非招标方式进行设备采购时，项目监理机构应协助建设单位进行设备采购的技术及商务谈判。

8.1.8 项目监理机构应在确定设备供应单位后参与设备采购订货合同的谈判，协助建设单位起草及签订设备采购订货合同。

8.1.9 在设备采购监理工作结束后，总监理工程师应组织编写监理工作总结。

8.2 设备监造

8.2.1 监理单位应依据与建设单位签订的设备监造阶段的委托监理合同，成立由总监理工程师和专业监理工程师组成的项目监理机构。项目监理机构应进驻设备制造现场。

8.2.2 总监理工程师应组织专业监理工程师熟悉设备制造图纸及有关技术说明和标准，掌握设计意图和各项设备制造的工艺规程以及设备采购订货合同中的各项规定，并应组织或参加建设单位组织的设备制造图纸的设计交底。

8.2.3 总监理工程师应组织专业监理工程师编制设备监造规划，经监理单位技术负责人审核批准后，在设备制造开始前十天内报送建设单位。

8.2.4 总监理工程师应审查设备制造单位报送的设备制造生产计划和工艺方案，提出审查意见。符合要求后予以批准，并报建设单位。

8.2.5 总监理工程师应审核设备制造分包单位的资质情况、实际生产能力和质量保证体系，符合要求后予以确认。

8.2.6 专业监理工程师应审查设备制造的检验计划和检验要求，确认各阶段的检验时间、内容、方法、标准以及检测手段、检测设备和仪器。

8.2.7 专业监理工程师必须对设备制造过程中拟采用的新技术、新材料、新工艺的鉴定书和试验报告进行审核，并签署意见。

8.2.8 专业监理工程师应审查主要及关键零件的生产工艺设备、操作规程和相关生产人员的上岗资格，并对设备制造和装配场所的环境进行检查。

8.2.9 专业监理工程师应审查设备制造的原材料、外购配套件、元器件、标准件以及坯料的质量证明文件及检验报告，检查设备制造单位对外购器件、外协作加工件和材料的质量验收,并由专业监理工程师审查设备制造单位提交的报验资料,符合规定要求时予以签认。

8.2.10 专业监理工程师应对设备制造过程进行监督和检查,对主要及关键零部件的制造工序应进行抽检或检验。

8.2.11 专业监理工程师应要求设备制造单位按批准的检验计划和检验要求进行设备制造过程的检验工作,做好检验记录,并对检验结果进行审核。专业监理工程师认为不符合质量要求时,指令设备制造单位进行整改、返修或返工。当发生质量失控或重大质量事故时,必须由总监理工程师下达暂停制造指令,提出处理意见,并及时报告建设单位。

8.2.12 专业监理工程师应检查和监督设备的装配过程,符合要求后予以签认。

8.2.13 在设备制造过程中如需要对设备的原设计进行变更,专业监理工程师应审核设计变更,并审查因变更引起的费用增减和制造进度的变化。

8.2.14 总监理工程师应组织专业监理工程师参加设备制造过程中的调试、整机性能检测和验证,符合要求后予以签认。

8.2.15 在设备运往现场前,专业监理工程师应检查设备制造单位对待运设备采取的防护和包装措施,并应检查是否符合运输、装卸、储存、安装的要求,以及相关的随机文件、装箱单和附件是否齐全。

8.2.16 设备全部运到现场后,总监理工程师应组织专业监理工程师参加由设备制造单位按合同规定与安装单位的交接工作,开箱清点、检查、验收、移交。

8.2.17 专业监理工程师应按设备制造合同的规定审核设备制造单位提交的进度付款单,提出审核意见,由总监理工程师签发支付证书。

8.2.18 专业监理工程师应审查建设单位或设备制造单位提出的索赔文件,提出意见后报总监理工程师,由总监理工程师与建设单位、设备制造单位进行协商,并提出审核报告。

8.2.19 专业监理工程师应审核设备制造单位报送的设备制造结算文件,并提出审核意见,报总监理工程师审核,由总监理工程师与建设单位、设备制造单位进行协商,并提出监理审核报告。

8.2.20 在设备监造工作结束后,总监理工程师应组织编写设备监造工作总结。

8.3 设备采购监理与设备监造的监理资料

8.3.1 设备采购监理的监理资料应包括以下内容:
  1. 委托监理合同;
  2. 设备采购方案计划;
  3. 设计图纸和文件;
  4. 市场调查、考察报告;
  5. 设备采购招投标文件;

6. 设备采购订货合同；
7. 设备采购监理工作总结。

8.3.2 设备采购监理工作结束时，监理单位应向建设单位提交设备采购监理工作总结。

8.3.3 设备监造工作的监理资料应包括以下内容：
1. 设备制造合同及委托监理合同；
2. 设备监造规划；
3. 设备制造的生产计划和工艺方案；
4. 设备制造的检验计划和检验要求；
5. 分包单位资格报审表；
6. 原材料、零配件等的质量证明文件和检验报告；
7. 开工/复工报审表、暂停令；
8. 检验记录及试验报告；
9. 报验申请表；
10. 设计变更文件；
11. 会议纪要；
12. 来往文件；
13. 监理日记；
14. 监理工程师通知单；
15. 监理工作联系单；
16. 监理月报；
17. 质量事故处理文件；
18. 设备制造索赔文件；
19. 设备验收文件；
20. 设备交接文件；
21. 支付证书和设备制造结算审核文件；
22. 设备监造工作总结。

8.3.4 设备监造工作结束时，监理单位应向建设单位提交设备监造工作总结。

附录：施工阶段监理工作的基本表式

A 类表(承包单位用表)

A1	工程开工/复工报审表		A6	监理工程师通知回复单
A2	施工组织设计(方案)报审表		A7	工程临时延期申请表
A3	分包单位资格报审表		A8	费用索赔申请表
A4	报验申请表		A9	工程材料/构配件/设备报审表
A5	工程款支付申请表		A10	工程竣工报验单

B 类表(监理单位用表)

B1	监理工程师通知单	B4	工程临时延期审批表
B2	工程暂停令	B5	工程最终延期审批表
B3	工程款支付证书	B6	费用索赔审批表

C类表(各方通用表)

C1	监理工作联系单	C2	工程变更单

为节省篇幅,本教材略去以上表格。

参 考 文 献

1. 丁士昭编著. 建设工程监理导论. 上海：上海快必达软件出发版发行公司, 1990
2. 刘兴东主编. 建设工程监理的理论与实务. 上海：上海快必达软件出版发行公司, 1990
3. 都贻明, 何万钟主编. 建设监理概论. 北京：地震出版社, 1993
4. 毛鹤琴主编. 建设项目质量控制. 北京：地震出版社, 1993
5. 杨劲, 李世蓉编著. 建设项目进度控制. 北京：地震出版社, 1993
6. 徐大图主编. 建设项目投资控制. 北京：地震出版社, 1993
7. 熊景铸, 张道军编著. 建设监理. 郑州：河南教育出版社, 1992
8. 严煦世, 范瑾初主编. 给水工程. 第3版. 北京：中国建筑工业出版社, 1993
9. 张自杰主编. 排水工程下册. 第3版. 北京：中国建筑工业出版社, 1991
10. 太原工业大学, 哈尔滨建筑工程学院, 湖南大学编. 建筑给水排水工程. 第一版. 北京：中国建筑工业出版社, 1993
11. 徐鼎文, 常志续编. 给水排水工程施工. 第二版. 北京：中国建筑工业出版社, 1993
12. 杨南方主编. 建筑与市政工程施工质量监控手册. 北京：中国建筑工业出版社, 1994
13. 北京市建筑工程总公司编. 建筑设备安装分项工程施工工艺标准. 北京：中国建筑工业出版社, 1992
14. 张道军主编. 建设项目法人责任制. 郑州：黄河水利出版社, 1996
15. 杨炳芝主编. 中国经济合同法律知识全书. 北京：法律出版社, 1996
16. 周汉荣主编. 中国投资管理大全. 北京：中国财政经济出版社, 1991
17. 财政部世界银行业务司编. 世界银行重要文件资料汇编. 北京：中国财政经济出版社, 1994
18. 徐国华, 赵平编著. 管理学. 北京：清华大学出版社, 1990
19. 中国工程建设监理赴美国考察团编写. 考察报告. 1994
20. 中国工程建设监理赴马来西亚考察团编写. 考察报告. 1996
21. 王季震主编. 给水排水工程建设监理. 北京：中国建筑工业出版社, 2000
22. 中国建设监理协会组织编写. 建设工程监理概论. 北京：知识产权出版社, 2003
23. 中国建设监理协会组织编写. 建设工程投资控制. 北京：知识产权出版社, 2003
24. 中国建设监理协会组织编写. 建设工程合同管理. 北京：知识产权出版社, 2003
25. 中国建设监理协会组织编写. 建设工程进度控制. 北京：中国建筑工业出版社, 2003
26. 中国建设监理协会组织编写. 建设工程质量控制. 北京：中国建筑工业出版社, 2003
27. 中国建设监理协会组织编写. 建设工程信息管理. 北京：中国建筑工业出版社, 2003
28. 中国建设监理协会组织编写. 全国监理工程师执业资格考试辅导资料2003. 北京：知识产权出版社, 2003
29. 中国建设监理协会组织编写. 建筑工程监理相关法规文件汇编. 北京：知识产权出版社, 2003
30. 中华人民共和国国家标准. 建设工程监理规范（GB 50319—2000）. 北京：中国建筑工业出

版社，2001

31. 中华人民共和国国家标准. 建筑给水排水及采暖工程施工质量验收规范（GB 50242—2002）. 北京：中国建筑工业出版社，2002
32. 中华人民共和国国家标准. 城市污水处理厂工程质量验收规范（GB 50334—2002）. 北京：中国建筑工业出版社，2003
33. 中华人民共和国国家标准. 建筑工程施工质量验收统一标准（GB 50300—2001）. 北京：中国建筑工业出版社，2001
34. 建设部组织编写. 全国监理工程师执业资格考试大纲（2003）. 北京：知识产权出版社，2003
35. George J. Ritz. Total Construction Project Management. Mc Graw-Hill, Inc, 1994
36. George G.E. Rejda Principles of Risk Management and Insurance. Harper Collins College Publishers, 1995
37. U.S. Army IOC Legal Office, Partnering in Army Contract, 1998
38. GIB. Produkt Zentrales Project controlling, 1997
39. Thomas Reichmann. Controlling Concept of Management Control, Controllership, and Rations, Springer, 1997